4186 - 60 S. M.

C. de Myen 4829

VALLERIUS
LOTHARINGIÆ,
OU
CATALOGUE
DES MINES, TERRES,
FOSSILES, SABLES ET CAILLOUX
QU'ON TROUVE
DANS LA LORRAINE
ET LES TROIS ÉVECHÉS ;

Enfemble leurs propriétes dans la Médecine &
& dans les Arts & Métiers.

Par M. PIERRE-JOSEPH BUC'HOZ, *Médecin Botanifte Lorrain, & de feu le Roi de Pologne, Membre de plufieurs Académies.*

A NANCY,
Chez C. S. LAMORT, Imprimeur, près des
RR. PP. Dominicains.
Se vend à PARIS,
Chez DURAND, Neveu, rue S. Jacques, à
la Sageffe.

AVEC APPROBATION ET PERMISSION.

URBI METENSI

INEXPUGNABILI,

SUIS REGIBUS DEVOTISSIMÆ,

HOSTIUM TERRORI,

AUSTRASIÆ OLIM PRINCIPI,

TUTO NUNC FRANCIÆ MUNIMENTO;

HONORATISSIMO PRÆTORI,

PRÆSTANTISSIMIS ÆDILIBUS,

PERENNIS ERGA PATRIAM AMORIS,

GRATIQUE ANIMI MONUMENTUM

DEDICAT, VOVET, CONSECRAT

P. J. BUC'HOZ, DOCTOR MEDICUS

MEDIOMATRICUS.

PRÉFACE.

RIEN n'est plus flatteur à l'homme, que de pouvoir connoître les richesses qui se trouvent dans le pays qu'il habite. La nature varie & se joue à chaque instant, son spectacle est ce qu'il y a de plus agréable & en même tems de plus utile. Cet Essai sur les Minéraux, joint à notre Traité des Plantes & à notre *Aldrovandus Lotharingiæ*, servira à compléter l'Histoire Naturelle de la Lorraine & des Trois-Evêchés. Les voyages que nous avons faits dans les différentes parties de la Lorraine, nous ont mis en état de pouvoir acquérir des connoissances sur la partie Minéralogique de la Province. C'est sur ces observations, & sur différens Mémoires qu'on a bien voulu nous communiquer, que nous avons

PRÉFACE.

rédigé ce Catalogue. Le P. Barnabé Prieur des Carmes de Bar; M. Charvet, Procureur des Antonistes de Metz; M. Bagard, Président du College Royal des Médecins de Nancy; M. Cellier, ancien Chanoine de Bourmont; le P. le Bonnetier, Prieur de Scarpane; M. Lottinger, Médecin Stipendié à Sarbourg; le P. Lejeune, Prémontré à Etival, ont bien voulu nous faire part de leurs découvertes. Nous avons fait usage des Mémoires de M. Saur, Correspondant de l'Académie des Sciences de Paris, de même que des observations sur ce regne, qui se rrouvent répandues dans les Mémoires sur la Lorraine de M. Durival, & dans le Traité du Département de Metz. Nous avons pareillement rectifié les Mémoires qui ont été fournis à feu M. d'Argenville, auteur de la Conchyologie & de l'Oryctologie, des Académies de Londres & de Montpellier, un des illustres Mécenes de notre Traité Historique des Plantes de la Lorraine. Les Auteurs de ces Mémoires sur l'Oryctologie Lorraine, sont Dom George, Professeur de Philosophie à Munster; M. l'Abbé Charroyer, qui a fait une collection des plus intéressantes des Fossiles & des Minéraux de cette Province & de plusieurs endroits des Vosges; & M. le Comte de Tressan, un des plus grands Naturalistes de ce siecle, actuellement Gouverneur à Bitche. Nous invitons, à notre ordinaire, les Curieux de nous faire part de leurs nouvelles découvertes sur cet objet, nous en ferons usage à la suite avec toute la reconnoissance possible.

CATALOGUE
DES MINES,
TERRES, FOSSILES, SABLES
ET CAILLOUX
DE LA LORRAINE.

E Regne minéral renferme les Sables, les Terres, les Cailloux, les Pierres, les Mines, les Fluors, les Fossiles & l'Eau; c'est pourquoi nous diviserons ce Catalogue en cinq classes. La premiere comprendra les Sables & Terres; la seconde, les Cailloux & Pierres; la troisieme, les Minéraux & Métaux; la quatrieme, les Fossiles; & la cinquieme enfin, les différentes especes d'Eau.

CLASSE PREMIERE.

Des Sables & Terres.

LEs Terres, suivant Vallerius, sont des substances minérales peu compactes, composées de parties détachées, & qui

A

ne font point liées les unes avec les autres. Toute terre a les propriétés générales qui suivent.

1°. Ses particules les plus déliées peuvent se séparer ou s'écraser entre les doigts, & ne sont que peu, ou point du tout, liées les unes aux autres.

2°. Il n'y a point de terre qui soit soluble dans l'eau; mais il y en a qui s'y amollit & y devient très-douce & très-tendre au toucher; la même terre a de plus la propriété de s'y gonfler, mais il y en a une portion qui ne s'y amollit point.

3°. Il n'y a point de terre qui s'amolisse dans l'huile; au contraire, il y en a qui a la propriété de s'y durcir.

4°. Les terres sont la base & le principe des pierres; & pour qu'elles se forment, il ne faut qu'une matière propre à les durcir & à les lier.

De ces propriétés on peut donc conclure, dit Vallerius, que la terre est une substance fossile, qui ne se mêle point avec l'eau, qui résiste au feu, qui ne se dissout dans aucun dissolvant ni liqueur, qui est seche de sa nature, qui n'est mêlée ni avec la pierre, ni avec aucun autre minéral; mais il est impossible, continue le Traducteur de Vallerius, de trouver sur notre globe une terre simple & élémentaire de cette espece: toutes celles que nous voyons, sont entremêlées de particules pierreuses, salines, inflammables, ou sulphureuses & métalliques; mélange qui met une grande distance entre les terres. La terre & le sable d'ailleurs sont mêlés l'un avec l'autre. On est donc obligé de considérer les terres, telles qu'elles se trouvent, je veux dire, comme des corps mixtes & composés ; de faire attention à leur mélange & de se régler là-dessus pour en marquer la différence. Vallerius divise les terres en quatre ordres. Dans le premier il parle des terres en poussiere, c'est-à-dire, de celles qui sont en poudre, dont les parties sont détachées les unes des autres; qui sont rudes & seches au toucher; qui paroissent grainelées, quand on les détrempe ; qui prennent une espece de consistance & de liaison, sans cependant aucune forme ni figure, quand on les paîtrit avec les mains, & qui ne conservent ni dureté ni liaison après être sechées; qui ont tant d'élasticité dans l'eau, qu'elles s'y étendent & s'y gonflent plus qu'aucune autre espece de terre. Nous rapporterons à chaque article l'usage qu'on peut retirer de chaque individu, qui compose le Regne Minéral de la Lorraine, tant pour la Médecine que pour les arts & métiers.

1. 1. 1. *Humus communis atra. Vall. sp.* 1. Terreau, terre commune noire ou terre des jardins. Son nom indique assez l'endroit où on la trouve. Cette terre est la plus commune sur la surface du globe; elle est produite par la pourriture des végétaux, & quelquefois par la destruction

des animaux; c'est elle qui fournit la nourriture végétale des plantes.

2. 0. 2. *Humus rubra. Vall. sp.* 2. Terre rouge. On en voit en plusieurs endroits de la Lorraine & des Trois-Evéchés, notamment dans les confins d'Apach.

3. 0. 3. *Humus nigro brunea. Vall. sp.* 3. Terre d'ombre. On en voit aux environs de Metz, du côté de la porte des Allemands. On se sert de cette terre délayée pour donner dans les maisons de cette Ville une couleur grisâtre aux bas des murs.

4. 0. 4. *Humus animalis.* Terre de cimetiere. C'est une espece de terre produite par la putréfaction des animaux & des insectes. Cette terre est pure, lorsqu'elle n'a aucun mêlange avec d'autres terres, & qu'elle n'est uniquement formée que par la simple destruction des animaux qui retournent à leur premier état.

5. 2. 5. *Creta rubens fusca. Vall. sp.* 14. Craie rouge. On en trouve à Crugelborn à cinq lieues de Schambourg. On la taille en crayons pour l'usage des Peintres & Dessinateurs.

Dans le second ordre Vallerius traite des terres argilleuses. Ces terres sont tenaces, compactes, dont les parties sont liées les unes aux autres, sans être friables. Elles semblent au toucher comme enduites de graisse; détrempées dans l'eau elles deviennent glutineuses. Elles sont susceptibles de différentes formes qu'elles conservent, malgré qu'on les fasse seches

& durcir ; elles s'étendent auſſi & ſe gonflent dans l'eau, mais cependant beaucoup moins que les terres ſeches & en pouſſiere.

6. 3. 6. *Argilla cinerea Vall. ſp.* 16. Argille griſe. On en trouve en quelques endroits de la Lorraine. Si on applique de l'argile ſur les plaies, elle arrête le ſang. On s'en ſert pour différens uſages dans l'économie champêtre. On fait des tuiles, des briques, & de la poterie avec l'argile.

7. 0. 7. *Argilla colorata viridescens.* Argille verdâtre. Elle eſt commune aux environs de Moyenvic.

8. 0. 8. *Argilla colorata rubescens. Vall. ſp.* 18. Argille rougeâtre. On en voit aux environs de Neuvillers. C'eſt une variété.

9. 0. 9. *Argilla teſſulata figulina. Vall. ſp.* 19. Argille à Potiers. On s'en ſert en Lorraine pour fabriquer des vaſes de terre. On eſtime beaucoup celle de Pont-à-Mouſſon. On trouve de cette argile à Bening ſur la route de S. Avold à Nancy.

10. 0. 10. *Bolus rubra. Vall. ſp.* 23. Bol rouge. On en trouve à l'orée des bois de Flins près de Bar. Galien le recommande pour la dyſſenterie, les flux de ventre, les crachemens de ſang & les catarrhes ; ce remede, appliqué extérieurement, deſſeche & eſt aſtringent, il arrête l'écoulement du ſang, on le preſcrit dans les plaies pour en arrêter le ſang. On conſeille ordinairement le bol

d'Arménie, mais quelquefois on substitue celui du pays, il est aussi bon, ils sont l'un & l'autre absorbans.

11. 0. 11. *Marga porcellana. Vall. sp.* 26. Terre à porcelaine. On en trouve une espece aux environs de Remiremont & de Plombieres, qui peut approcher celle de la Chine pour la bonté. Cette terre sert, ainsi que son nom l'indique assez, à faire de la porcelaine.

Dans le troisieme ordre Vallerius parle des terres minérales. Elles sont composées d'une substance soluble dans l'eau, ou dans l'huile, ou d'une matiere qui prend après la fusion une surface convexe & qui est plus pesante que la terre; d'où l'on peut conclure qu'elles contiennent du sel, du souffre & du métal.

12. 4. 12. *Terra salina nitrosa. Vall. sp.* 1. Terre nitreuse. Elle est commune dans les caves & les aires de grange de la Lorraine, sur-tout à S. Laurent, à quatre lieues de Longwy. C'est de cette terre dont on tire le salpêtre. Les Médecins attribuent à ce sel la vertu de rafraîchir & d'adoucir le bouillonnement du sang. Les plus grands praticiens l'ordonnent dans l'effervescence de la fievre, dans une soif inaltérable & dans les fievres malignes; on le recommande aussi dans les suppressions d'urine, on le dissout depuis la dose d'un demigros jusqu'à un gros dans deux livres de tisane. On fait en chymie différentes préparations avec le salpêtre, tels que le

salpêtre purifié, le cryſtal minéral, le ſel polycreſte, le diſſolvant univerſel de Glauber, le ſel *de duobus* & l'eau-forte; c'eſt avec le ſalpêtre qu'on fait la poudre à tirer. Il y a à Nancy un bureau de ſalpêtriere; il y en avoit anciennement un à Ligny. Le moulin à poudre, connu ſous le nom de poudriere, eſt à Metz. On fait auſſi avec le nitre la poudre fulminante.

13. 5. 13. *Ochra terra metallica. Vall. ſp.* 21. Ochre. On en trouve dans le territoire de Schambourg. On ſe ſert de l'ochre dans la peinture.

Le quatrieme ordre, ſuivant Vallerius, eſt deſtiné aux ſables. Les propriétés des ſables ſont de n'avoir point leurs grains liés les uns aux autres; d'être durs, ſecs & rudes au toucher; de ne pouvoir ni ſe diſſoudre, ni s'amollir dans l'eau, ni même en être dilaté.

14. 6. 14. *Glarea mobiliſſima, impalpabilis, fluida, albicans. Vall. ſp.* 33. *Glarea mobilis. Linn.* Sable mouvant. Il y en a de très-beaux bancs à Valliere, village ſitué à trois quarts de lieue de Metz, de même que dans pluſieurs endroits de la Lorraine. On ſe ſert de ce ſable dans les Bureaux en guiſe de poudre dorée : il eſt auſſi très-excellent, par ſa fineſſe, pour les crépits des murs.

15. 7. 15. *Sabulum particulis majoribus. Vall. ſp.* 37. Le gravier groſſier. On en trouve dans la Moſelle, la Meurthe, à Roden ſur la Sarre, à Buiſſoncourt à quatre lieues de Vic, & dans la plaine

de Metz, surnommée le Sablon. Ce sable est très-bon pour bâtir; on s'en sert aussi pour charger les levées de la Lorraine & des Trois-Evêchés.

16. 0. 16. *Sabulum particulis minoribus.* Petit gravier. Variété.

17. 8. 17. *Arena micans lutea. Vall. sp.* 40. Sable brillant jaune. On en trouve à la Chapelle à deux lieues de Bruyères. Ce sable sert dans les bureaux.

18. 0. 18. *Arena micans candida.* Sable brillant blanc. Variété.

19. 0. 19. *Arena ferrea. Vall.* §. 20. Sable ferrugineux. On en voit à Helpelmont & auprès de Framont. On peut l'employer dans la Fonderie.

CLASSE II.

Des Pierres & Cailloux.

LEs pierres sont des corps durs, qui ont les parties étroitement liées les unes aux autres; elles ne peuvent aisément s'écraser entre les doigts, ni se tailler avec le fer. Elles sont aigres & cassantes, sans être ni ductiles, ni malléables; elles ne peuvent non plus s'amollir, ni se dissoudre, ni même durcir dans l'eau & dans l'huile. Elles se divisent en quatre ordres suivant Vallerius. Le premier ordre comprend les pierres calcaires.

20. 9. 1. *Calcareus æquabilis colore albo. Vall.*

Vall. sp. 41. La pierre-à-chaux compacte blanche. On en trouve beaucoup aux environs de Nancy, & à Guenange à deux lieues de Thionville.

21. o. 2. *Calcareus æquabilis colore cæruleo.* Pierre-à-chaux compacte bleuâtre. Variété. Elle est fort commune aux environs de Metz. La chaux, qu'on en tire, passe pour la meilleure de toute la terre, excepté celles de Rome & de Treves qui ne lui cedent en rien.

On emploie la chaux pour bâtir. Elle est aussi d'usage extérieurement en Médecine. Lemery s'en sert pour faire des pierres à cautere. Quand la chaux n'est pas lavée, c'est un grand corrosif ; mais quand elle est une fois lavée, elle est desiccative. On la recommande pour desécher les ulceres opiniâtres. On fait, avec l'eau qui a servi à laver la chaux & un peu de sublimé corrosif, l'eau phagédenique ; cette eau est très-bonne pour ronger les chairs fongeuses & superflues, & pour déterger & sécher les vieux ulceres ; on y ajoute de l'esprit de vin ou de vitriol, quand il y a gangrene. On fait, avec l'eau de chaux vitriolée & l'huile rosat, un excellent liniment pour la brûlure. La même eau, dans laquelle on a fait dissoudre du sel de Saturne, convient contre les érésipelles, la galle & les ulceres malins : on fait, plusieurs fois le jour, des fomentations sur la partie avec des linges trempés dans cette liqueur. Depuis quelque tems on em-

B

ploie intérieurement l'eau de chaux. Richard Morton la recommande pour dessécher les vieux ulceres, soit extérieurs, soit intérieurs, & même ceux qui sont dans les poumons. On prépare, par le moyen de la chaux, l'esprit volatil de sel ammoniac & celui d'urine.

22. 0. 3. *Calcareus inæquabilis albus.* Vall. sp. 43. Pierre calcaire blanche. On en trouve au Montet, à Laxou, à Villers près de Nancy, à Vandeuvre, Houdemont, Buthegnémont, Champs-aux-Bœufs, Ste. Genevieve, Norroy, Viterne, &c. Toutes ces pierres sont parsemées de petites oolites; on les emploie à Nancy pour du pavé. On trouve aussi de ces pierres sur la route de Lunéville; celles qu'on voit à Martigny, sont en forme de boules rondes & oblongues.

23. 0. 4. *Calcareus inæquabilis cæruleus.* Pierre calcaire & bleuâtre. On en trouve aux environs de Metz, à Vic, auprès de Millery, à Bourville. On emploie les pierres bleues des environs de Metz, pour faire de la chaux & pour paver.

24. 0. 5. *Calcareus inæquabilis luteus.* Variété. On en voit aux environs de Vic.

25. 10. 6. *Marmor.* Marbre. On en trouve à Sierck, distant de quatre lieues de Thionville, où on a établi depuis peu une scierie à marbre; on en trouve aussi sur la côte Ste. Catherine près de Nancy. C'est avec ce marbre qu'on a fait le por-

tail de la paroisse S. Roch de cette Ville. Il y en a aussi à Chypal près de Ste. Marie. Le P. Abram, dans son histoire de l'université de Pont-à-Mousson, rapporte qu'on trouvoit aussi du marbre sur le mont Ste. Barbe auprès de Maxéville. On emploie le marbre pour les édifices publics, les colonnes, les autels, les épitaphes, les pavés, les manteaux de cheminées, les dessus de table, de commode, &c.

26. 0. 7. *Gypsum particulis minimis punctulis nitens, polituram admittens. Alabastrum. Vall. sp.* 47. Albâtre. M. Kast, ancien Médecin de la Reine de Pologne, Duchesse de Lorraine & de Bar, en a trouvé aux environs d'Einville. On fait avec l'albâtre des vases, des statues, des colonnes; il se polit parfaitement. Lémery dit qu'il est propre pour amollir les duretés & pour les résoudre : il appaise aussi, selon lui, les douleurs de l'estomac; appliqué extérieurement, il absorbe, comme alkali, l'âcreté qui tombe sur les gencives dans le scorbut; il raffermit les dents en les nettoyant.

27. 0. 8. *Gypsum particulis parallepipedeis & globosis concretum. Gypsum. Vall. sp.* 48. Gyps. On en trouve beaucoup aux environs de Lunéville & à Rosieres, de même qu'à Helhing à trois lieues de Thionville, à Bisback aussi distant de trois lieues de la même ville, aux environs de Vic & sur-tout à Serbeville. C'est avec le gyps calciné qu'on fait le plâtre. Le plâtre s'emploie dans les

bâtimens pour les plafonds, les apparois: on s'en sert aussi pour des moules, des figures, &c.

28. 0. 9. *Gypsum crystallisatum. Selenites. Vall. sp.* 49. Gyps crystallisé, congellations jaunes & transparentes. On en voit sur la Montagne S. Quentin à une demi-lieue de Metz, auprès du village de Buissoncourt & de Longueville à six lieues de cette Capitale.

29. 0. 10. *Spatum pellucidum molle. Vall. sp.* 59. Spath transparent, eau de pierre. On en voit aux environs de Sainte-Marie-aux-Mines.

30. 0. 11. *Flos ferri.* Espece de stalactite blanc, qu'on trouve à Ste. Marie-aux-Mines.

31. 0. 12. *Stalagmites.* Stalagmite. On en voit sur le chemin de Commercy, de même qu'à Tamery, distant de trois lieues de Dieuze.

Dans le second ordre de Vallerius sont comprises toutes les pierres vitrifiables, qui entrent en fusion au feu & s'y changent en verre; elles sont si dures qu'elles font feu contre l'acier, elles possedent du moins une de ces propriétés; mais aucune de ces pierres ne fait effervescence soit avec l'eau forte, soit avec d'autres acides.

32. 11. 9. *Fossilis subtilior, polituram quodammodo admittens. Vall. sp.* 65. Ardoise de table. On a découvert depuis peu cette ardoise dans les fossés de la ville de Nancy. C'est à M. Durival, Lieutenant général de Police

de cette Ville, que nous sommes redevables de cette découverte. On a tiré de cette ardoisiere des tables d'une belle grandeur; mais comme elle occasionnoit beaucoup de dépenses, on a abandonné cette entreprise.

33. 0. 10. *Ardesia tegularis. Vall. sp.* 66. Ardoise des toits. Il y a une ardoisiere de cette espece à Mont-Hermé à une lieue de Château-Regnault.

34. 0. 11. *Cos vulgaris. Vall. sp.* 73. Pierre à aiguiser, connue par les anciens sous le nom de *Cos*. On en trouve à S. Praye près de Moyenmoutier. On s'en sert pour aiguiser les instrumens de fer.

35. 12. 12. *Lapis Cotarius rubescens.* Variété. Grais rougeâtre. On en trouve dans la Prévôté de Sierck, & à Hincange à six lieues de Sare-Louis. Cette derniere peut être employée pour les bâtimens; elle se taille très-bien, mais elle est sujette à se calciner.

36. 0. 13. *Cos particulis minimis glareosis, mollis, cædua, quadrum. Cæsalp.* Grais à bâtir, pierre de taille. On en trouve à Valmerange, à les Remilly, à une lieue & demie de Sedan & de Mouson, à la Porcelette à quatre lieues de Sare-Louis, à Lissey à une lieue de Damvillers, à Helring, à Hemmering à deux lieues de Sare-Louis, à Beneftroff sur la route de S. Avold, à Dieuze, à Angecourt à deux lieues de Sedan, à Amanville à deux lieues de Metz, à Pierre dépendance de Toul, à Siftroff à deux lieues de Sare-Louis, à Niderhoff à trois lieues de

cette Ville, à Baronville sur la route de Nancy à S. Avold, à Montmédy, à Tremont à sept lieues de Vitry, à Valmerange, à Servigny, à Escherange sur la route de Thionville à Longwy, à Savonieres-en-Perthois, à Clement, à Colombey-aux-Belles-Femmes, à Pagney-la-Blanche-Côte, S. Germain, Vaucouleurs, Reignier-la-Sale, Champogney, Chalaine, Viterne, Germini, à Norroy-devant-le-Pont, à Ligny, à Ville-Issey près de Commercy. Toutes ces pierres sont propres au bâtiment & à être taillées, quoique cependant quelques-unes sont préférables. Celle de Savonieres est bonne à la sculpture; celle de Clement est blanche ou bleuâtre & parsemée de parties blanches & spatheuses; celle de Neufchâteau, de Colombey-aux-Belles-Femmes, de Pagney-la-Blanche-Côte, est formée de petites oolites. La pierre de S. Avold est blanche; on estime beaucoup, pour les pavés & escaliers, celle de Servigny & de Viterne. La pierre des carrieres de Norroy-devant-le-Pont est blanche & dure, c'est avec cette pierre qu'on a construit la Place Royale de Nancy. La pierre de Ligny est d'un grain dur, fin & susceptible d'être poli comme le marbre. A Ville-Issey près de Commercy on tire dans les carrieres des blocs qui ont près de trente-cinq à trente-six pieds de longueur. Les ponts de Toul & de Vaucouleurs en sont couverts.

37. 0. 14. *Lapis particulis arenosis, inæqualibus, dura vulgaris. Vall. sp. 77.* Grais

grossier. On en voit à S. Quentin près de Metz, à Bacarat, à Heudremont à une lieue & demie de Verdun, à Guenange à deux lieues de Thionville, à Floing près de Sedan, à Delme, à Alteville, à Pierre dépendance de Toul & en plusieurs autres endroits du pays ; il y en a du blanc, du jaunâtre & du gris; on l'emploie pour les murailles.

38. 0. 15. *Cos in lammellas fissilis. Vall. sp.* 78. Grais feuilleté. On en trouve aux environs de Ligny & de Neufchâteau; on s'en sert, en forme d'ardoise, pour servir de couverture aux maisons.

39. 13. 16. *Silices gregarii. Silices opaci. Vall. sp.* 80. Cailloux opaques & grossiers. On en trouve de différentes nuances & couleurs sur la Moselle & la Meuse.

40. 0. 17. *Silex semipellucidus, intrinsecè ferè æqualis, mollior.* Cailloux demi-transparent. On en trouve sur la Moselle & la Meurthe ; il y en a même qui sont aussi transparens que ceux du Rhin; on pourroit les tailler. On en voit aussi des ferrugineux, des cuivreux & des talqueux.

41. 0. 18. *Brocatella metæa.* Caillou connu à Metz sous le nom de brocatelle ; on en trouve à Grimont & à S. Julien, villages distans de trois quarts de lieue de Metz : ces cailloux sont remarquables par leurs mines nuancées & par le beau poli dont ils sont susceptibles.

42. 14. 19. *Chalcedonius ; candida onix. Vall. sp.* 85. Calcédoine. On en trouvoit

anciennement d'une grosseur considérable dans le territoire de Schambourg & à Vagney. La calcédoine étoit très-estimée des anciens. Les Empereurs Romains recherchoient cette pierre comme une matiere rare & précieuse ; on en faisoit des vases, & on l'employoit dans les plus beaux ornemens des édifices. Quant à sa vertu médicinale, elle est alkaline ; lorsqu'elle est broyée subtilement sur le porphyre, elle adoucit les acides de l'estomack, & arrête les hémorrhagies & cours de ventre.

43. O. 20. *Achates durissima, ferè pellucens diversis coloribus nitens, variegata. Vall. sp.* 89. Agate. On en trouve dans le territoire de Schambourg, au Val-d'Ajol, anciennement à Vagney, à Obsteten, à Fraizen, à Calmes-Weiller. On la travaille actuellement dans cet endroit & on l'emploie à des tabatieres, boutons, vases, &c. On en voit aussi à Vomécourt & Bult, distant d'une lieue de Remberviller, & quelquefois sur les rives de la Moselle. Cette pierre est d'un grand usage dans l'Orfévrerie. On fait des bagues avec celles qui sont arborisées. L'agate porphyrisée & prise intérieurement, est astringente & arrête le flux.

44. 15. 21. *Jaspis.* Jaspe. On en trouvoit anciennement dans le territoire de Schambourg. Elle est mise au nombre des pierres précieuses, on l'emploie pour les tabatieres, bagues, &c. Sa vertu médicinale est la même que celle de l'agate.

45. O. 22. *Jaspis durissima, rubens lapillu-*

tis variis infperfis. Porphyrites. Vall. fp. 99. Porphyre. On en trouvoit anciennement aux environs de Vagney. On fait avec le porphyre des vafes, des buftes, des tables, des molettes. On voit dans la Cathédrale de Metz un bain de porphyre d'une grandeur confidérable & d'une feule piece. On prétend qu'il eft du tems de Jules Céfar.

46. 16. 23. *Quartzum. Silex authorum. Vall. fp.* 100. *& fequent.* Quartz. M. Guettard prétend que les cailloux de la Meufe, de même que ceux des environs de Nancy, font des quartz gris, ou blancs, ou des granits gris-blancs, ou rouges & blancs.

47. 17. 24. *Cryftallus montana. Vall. fp.* 109. Cryftal de roche. On en trouve à Couvay & Ancerville proche Blâmont, à S. Praye près de l'Abbaye de Moyenmoutier, à Remiremont fur le chemin du Val-d'Ajol & fur la montagne, dite la Quarrée, fur la roche du S. Mont à une lieue de Remiremont, aux environs des bains de Plombieres, à Ste. Marie-aux-Mines, à Remberviller & à Fontenoy, diftant de deux lieues d'Epinal. On fe fert du cryftal extérieurement pour frotter les dents; il ôte, par fon frottement, lorfqu'il eft pulvérifé, la croute tartareufe des dents. On fait avec le cryftal de très-beaux vafes; on contrefait avec cette pierre la plûpart des pierres précieufes.

48. 0. 25. *Amethyftus. Gemma pellucidiffima, duritie feptima, colore violaceo, in igne liquefcens. Vall. fp.* 121. Amethyfte. On en trouve

à Sierck, distant de quatre lieues de Thionville. On fait avec l'amethyste des cuvettes, des couvercles de tabatieres & autres bijoux. Mise dans un bain de sable, elle perd sa couleur & acquiert celle de diamant. Son usage dans la Médecine est d'être astringente, lorsqu'elle est pulvérisée.

49. 0. 26. *Granatus. Gemma plus minùs pellucida, duritie octava, colore obscurè rubro, in igne permanente, lapide liquescente. Vall. sp.* 123. Grenat. On en trouvoit anciennement, même de différentes couleurs, dans le territoire de Schambourg & à Vagney près de Remiremont. M. Geoffroy prétend que le grenat a les mêmes vertus que le fer dans l'usage de la Médecine; quelques auteurs lui attribuent une vertu alkaline. On taille cette pierre; elle sert à faire des bagues, des colliers, qui étoient jadis très-estimés des Dames. Elle fait partie d'un des cinq fragmens précieux.

50. 0. 27. *Hyacinthus. Gemma plus minùs pellucida, duritie nona, colore ex flavo rubente. Vall. sp.* 124. Hyacinthe. On en trouve dans les environs de Geslater à quatre lieues de Sare-Louis, à S. Avold & à quatre lieues de Boulay. Schroder vante l'hyacinthe comme un spécifique contre le spasme & les contractions; on l'emploie avec les autres fragmens des pierres précieuses dans l'électuaire de pierres précieuses. Il donne son nom à la célèbre confection d'hyacinthe. Les Jouailliers s'en servent pour des bagues.

Le troisieme ordre de cette classe comprend les pierres réfractaires, qui soutiennent l'action d'un feu très-violent, sans se changer ni en chaux ni en verre; elles sont pour l'ordinaire si tendres & si peu liées, qu'elles ne donnent point d'étincelles, lorsqu'on les frappe avec l'acier; elles ne font point effervescence avec l'eau-forte ni avec les autres acides, à l'exception d'un très-petit nombre.

51. 18. 28. *Talcum*. Talc. On en trouve au S. Mont, à Rosieres-aux-Salines, à Millery & à Pont-à-Mousson. Les anciens se servoient de talc au lieu de verre. On fait avec cette pierre une pommade, que les Dames emploient pour se blanchir la peau & la rendre plus belle. Le quatrieme ordre est destiné aux pierres composées, c'est-à-dire, à celles qui sont formées de différentes substances hétérogenes.

52. 19. 29. *Saxum simplex. Vall. sp.* 156. Granit. On en trouve en différens endroits des Vosges.

53. 0. 30. *Saxum mixtum*. Roche mêlée. On en trouve mêlée avec du mica, ou du sable, ou des cailloux.

54. 20. 31. *Lapides ferruginosi*. Pierres spongieuses & ferrugineuses. On en trouve dans le lit de la Moselle.

55. 21. 32. *Lapides sulphurei & saponacei*. Pierres sulphureuses & savoneuses. On en trouve dans les bains de Plombieres.

CLASSE III.
Des Minéraux & Métaux.

Les minéraux & les métaux constituent, suivant Vallerius, deux classes différentes; la premiere, comprend les minéraux; la seconde, les métaux. Les minéraux, qui forment la premiere classe, ont les propriétés générales suivantes: 1°. Ils contiennent ou de la terre, ou de la pierre, ou du sel, ou du soufre, ou du métal, ou du demi-métal, tantôt deux de ces choses, tantôt trois, quelquefois même toutes les quatre. 2°. La terre, ou pierre, qui contient quelques-unes des substances qu'on vient de nommer, est ordinairement plus pesante que celle qui n'en contient point. 3°. Tous les minéraux sont colorés, & leur couleur est différente de celle que la terre ou pierre a pour l'ordinaire; 4°. Les minéraux, à l'exception d'un très-petit nombre, perdent de leur poids, lorsqu'ils ont été pendant quelque tems, soit dans le feu, soit dans l'eau. Les minéraux se distribuent en quatre ordres. Le premier renferme les sels. Les sels sont des minéraux, qui ont la propriété de se dissoudre dans l'eau, d'entrer en fusion & de donner de la fumée dans le feu sans s'y enflammer; portés sur la langue, ils ont de la saveur, ou y excitent & laissent une sensation différente de celle qui est occasionnée par leur pesanteur.

16. 22. 1. *Alumen*. *Vall*. Alun. Il se trouve

dans le petit village de Touteweiller à une lieue de Sarbruck. L'alun est un puissant astringent; on l'emploie intérieurement pour les pertes de sang; il se prescrit pour-lors sous la formule de pilules. Dans la squinancie on prépare des gargarismes avec l'alun. On prépare aussi avec l'alun & un blanc d'œuf un collyre qui est très-efficace pour appaiser l'inflammation des yeux & arrêter la fluxion. Quelques-uns vantent l'alun comme un spécifique singulier dans les fievres intermittentes; les préparations chymiques de l'alun sont sa purification, sa distillation & sa calcination. L'alun brûlé consume les excrescences des chairs; on en met souvent sur du linge pour empêcher la puanteur des aisselles, des aines & des pieds. Les Peintres & les Teinturiers emploient souvent l'alun dans la préparation de leurs couleurs.

57. 23. 2. *Sal fontanum. Vall. sp.* 188. Sel de fontaine. On en tire de Dieuze, de Château-Salins & de Moyenvic, où on le prépare par le feu. Le sel est d'usage dans tous les alimens : on l'emploie aussi quelquefois en médecine.

58. 0. 3. *Sal fontanum majoribus cubis. Vall. sp.* 188. Variété. Sel crystallisé & quarré. Les puits de Rosieres-aux-Salines à trois lieues de Nancy en fournissoient; il y avoit autrefois dans cette ville une très-belle usine pour faire le sel; mais comme la fontaine d'eau salée a été confondue avec celle d'eau douce, on n'a pu en tirer assez de profit pour subvenir aux frais, c'est ce qui a fait abandonner cette saline.

59. 24. 4. *Alkali compactum crystallisabile, corporibus superficialiter adhærens. Aphronatron. Vall. sp.* 191. Sel mural. Ce sel se forme sur les murs de toutes les vieilles maisons.

60. 25. 5. *Sal ammoniacum.* Sel ammoniac. On l'a contrefait cette année dans la saline de Dieuze. Le sel ammoniac, pris intérieurement, incise & atténue les humeurs épaisses & visqueuses, & les fait passer par les voies de la transpiration, de la sueur & des urines. On le recommande dans les fievres intermittentes comme un excellent fébrifuge ; la dose est d'un demi-gros avec vingt grains de yeux d'écrévisses avant l'accès. On prescrit de ce sel à la même dose avec de l'extrait de coquelicot dans la pleurésie, pour pousser la sueur & exciter l'expectoration ; on emploie aussi le sel ammoniac extérieurement en gargarisme dans le gonflement des amygdales & de la luette, & dans la paralysie de la langue, qui vient d'humeurs pituiteuses & visqueuses. On fait avec le sel ammoniac le sel fébrifuge & le sel aromatique huileux de Sylvius.

61. 0. 6. *Sal epsomense.* Sel d'epsom. On préparoit autrefois de ce sel dans la saline de Rosieres par un privilege exclusif, accordé par feu Sa Majesté le Roi de Pologne le 5 Octobre 1741. Ce sel est un assez bon purgatif.

Le second ordre comprend les corps qui ont, soit par eux-mêmes, soit par un mélange, la propriété de s'enflammer au feu &

d'y répandre une odeur. Ils ne se dissolvent point dans l'eau, mais dans les huiles ; ils sont de la nature des soufres.

62. 26. 7. *Lithontrax durior. Schistus carbonarius. Vall. sp.* 206. Charbon fossile dur. On en trouve près des glacis de la porte des Allemands de la ville de Metz, de même que dans un endroit surnommé la Ley dans le Val-de-Ville proche Saal, à S. Hypolite, à Hargarthen & à Millery au dessous de l'Hermitage de Ste. Barbe.

63. 0. 8. *Lithontrax fragilior.* Variété. Houille. On en trouve à Hargarthen dans la Lorraine Allemande, à Touteweiller à une lieue & demi de Sarbruck, à Griesborn à une demi-lieue de Sare-Louis, à Hondelfangen, à Créange & à Puttelange. On emploie la houille & le charbon de terre dans les forges ; on substitue souvent cette matiere au bois dans les pays où il est rare. On prétend que l'usage journalier du charbon de terre pour le chauffage, est capable d'occasionner la maladie de la consomption.

64. 27. 9. *Gagas. Succinum nigrum. Vall. sp.* 207. Jayet ou jais. On en trouvoit anciennement dans le territoire de Schambourg. La fumigation du jayet est utile dans la suffocation de la matrice. Son huile tirée par la chymie convient aux femmes hystériques en l'approchant des narines.

65. 28. 10. *Pyrites sulphureus rudis, lapide duro mixtus. Vall. sp.* 215. Pyrite dur. On en trouve à Fontenoy à deux lieues d'Epinal, à Destord, Gugnécourt, Girecourt,

Dompierre, Ailloncourt, Domevre & Bagécourt, villages situés entre Remberviller & Epinal. On en voit aussi à Remberviller, aux environs de Remiremont, sur le chemin qui conduit au Val-d'Ajol. Ces pyrites contiennent beaucoup de soufre. Les modernes recommandent l'usage intérieur du soufre dans les maladies des poumons; c'est encore un remede efficace contre les maladies de la peau. On fait avec le soufre différentes préparations chymiques.

66. 0. 11. *Marcassita. Vall. sp. 217.* Marcassite. On en trouve près de Metz dans les carrieres de pierres-à-chaux & auprès de Millery. On les tailloit anciennement à Fautter, c'est ce qu'on appelloit pierres d'Espagne.

67. 0. 12. *Ceraunia.* Marcassite en fleche. On en voit sur le chemin de Commercy.

Le troisieme ordre comprend les demi-métaux : ces substances sont des corps terrestres, pesans, fusibles au feu, où ils acquierent de l'éclat, ils se durcissent ensuite à l'air & prennent à la partie supérieure une surface convexe; ils ne sont que peu ou point du tout malléables, & sont plus ou moins fixes ou volatils au feu.

68. 29. 13. *Hydrargyrum. Vall. sp. 219.* Mercure. On en trouve à Ste. Marie. On emploie le vif argent tant intérieurement qu'extérieurement en Médecine; c'est le vrai spécifique des maladies vénériennes, il est aussi vermifuge. On fait dans la chymie, avec le mercure, différentes préparations. Les Artistes

tes en font aussi un grand usage : on s'en sert pour étamer les miroirs, pour faire les barometres, &c. On prétend qu'on en trouvoit autrefois à Chipal & à la Croix. C'est à tort que Vallerius a placé le mercure, ou vif argent, parmi les demi-métaux; il passe chez les Minéralogistes pour un vrai métal.

69. 0. 14. *Hydrargyrum sulphure mineralisatum. Minera rubra. Cinnabaris. Vall. sp.* 220. Cinnabre. On en trouve beaucoup à Ste. Marie.

70. 30. 15. *Arsenicum. Vall. sp. gen.* 41. Arsénic. L'arsénic est un puissant corrosif, on le place parmi les plus violens poisons. Le spécifique contre ce poison est le lait, l'huile, le bouillon pris en abondance. On fait avec l'arsénic l'aimant arsénical; cet aimant est un caustique doux, il est très-bien appliqué extérieurement contre les bubons vénériens & pestilentiels, on s'en fer aussi pour les écrouelles; on trouvoit anciennement au Val-de-Lievre de l'arsénic; il y en a encore à Ste. Marie-aux-Mines.

71. 31. 16. *Cobaltum. Cadmia vitri cærulei. Vall. gen.* 42. Cobalt. On en trouve dans la Vallée de Ste. Marie. On tire du cobalt, par la chymie, un beau verd-bleu, qu'on appelle bleu d'émail ; on s'en sert dans la peinture pour la fayence, la porcelaine, dans la teinte des émaux & dans le bleu d'empois. Le cobalt, dissout dans l'eau régale, forme une encre de sympathie très-curieuse.

72. 32. 17. *Antimonium. Stibium. Vall. gen.* 43. Antimoine. On en trouve au Val-

de Lièvre & à Ste. Marie-aux-Mines ; on en trouvoit aussi anciennement à la Croix & à Chipal. L'antimoine fournit de grands médicamens dans la Médecine ; l'antimoine crud, pris intérieurement, depuis un scrupule jusqu'à deux gros, guérit les obstructions ; c'est un vrai spécifique contre les maladies de la peau & la consomption. On l'emploie aussi extérieurement dans les onguens pour dessécher les ulceres & guérir les maladies de la peau ; on le fait aussi entrer dans les collyres pour guérir les inflammations des yeux. On prépare dans la chymie, avec l'antimoine, plusieurs médicamens, tels que le foie d'antimoine, le safran des métaux, le vin émétique, le tartre émétique, le verre d'antimoine, le régule, le soufre doré, les fleurs, le beurre, le cinnabre, la poudre d'algaroth, la panacée universelle, le bésoard minéral, le diaphorétique minéral & les teintures d'antimoine. Toutes ces préparations sont très-utiles en Médecine, la plûpart purgatives & le plus souvent vomitives.

La seconde famille de cette classe traite des métaux. Ces substances sont les corps terrestres les plus pesans ; ils entrent en fusion dans le feu & y acquierent de l'éclat ; en se durcissant, ils prennent une surface convexe, ils ont la propriété d'être ductiles & malléables, c'est-à-dire, de s'étendre sous le marteau. Tous les métaux résistent à l'action du feu, mais les uns plus que les autres.

73. 33. 18. *Ferrum. Vall. gen.* 46. Fer. On en trouve à Heange, à Hetange, à

LOTHARINGIÆ.

Moyeuvre, distant de cinq lieues de Metz ; à Thicourt proche Créange ; distant de six lieues de la même Ville ; à Attainville, distant de cinq quarts de lieue de Neufchâteau ; à Harreville, distant de trois lieues de la Marche ; à Boncourt, distant d'une lieue de Commercy ; on en trouve aussi auprès de Ligny en Barrois & de S. Aman ; à Framont, situé au pied de la montagne du Donon, la plus haute des Vosges ; à Conflans-en-Bassigny, distant de trois lieues de Lunéville ; à S. Thibault sur la route de Nancy à Langres ; à Signy-Mont-Libert ; à Maugiennes, distant de douze lieues de Metz ; à la Porcelette, à quatre lieues de Sare-Louis ; à Malmaison, à trois lieues de Longwy ; à Rioutange, à cinq lieues de Metz ; à Haraucourt sur le ruisseau de Marne ; à Créange ; Puttelange à trois lieues de Sare-Louis ; à Beaumarais, à un quart de lieue de la même Ville ; à S. Pancré, à deux lieues & demie de Villers-la-Montagne ; à Lebach, à Ferrieres & à Castel, tous trois à deux lieues de Schambourg ; à Betting sur la Brême, à Lorquin auprès de Xirey & de Moivron. Parmi ces mines les unes sont en roche, les autres en grains.

De tous les métaux le fer est celui qui est le plus nécessaire dans la société civile ; tous les métiers sont obligés d'y avoir recours ; par sa grande utilité il doit être plus précieux que l'or le plus pur. Dans la Médecine le fer a deux vertus contraires : il est apéritif & astringent ; il est très-bien indiqué dans la sup-

C ij

pression des menstrues, les obstructions du foie, des visceres & de la rate ; dans les hémorragies, les flux, la maladie hypocondriaque & la cachexie. Les préparations les plus usitées du fer sont le safran de mars apéritif, le sel de mars, le sel de mars de riviere, le tartre martial soluble, la teinture de mars apéritive & les fleurs martiales.

74. 0. 19. *Hæmatites. Schistus. Vall. sp.* 258. Hématite. On en trouve aux environs de Framont. Il a à peu près les mêmes vertus que le fer.

75. 34. 20. *Cuprum, æs, venus. Vall. gen.* 47. Cuivre. On en trouve à Blauberg & Vaudrevange, à Castel Jurisdiction de Schambourg, où il y a une fondriere ; à Thillot & à Bussang, distant de six lieues de Remiremont ; à Ste. Marie, distante de quatre lieues de S. Diey ; au village de Ste. Croix, à une demi-lieue de Ste. Marie ; au Val-de-Lievre ; à Chipal, banc de la Croix ; à la-Croix-aux-Mines, à trois lieues de S. Diey ; à Lubine & à Lusse, dans le Val de S. Diey ; à Remiremont, à Misloch, & à Fresse.

Le cuivre, à cause de sa grande ductilité & de son éclat, est d'un fréquent usage. On s'en sert fréquemment pour les ustensiles de cuisine ; mais M. Thierry, Médecin consultant du Roi, vient de faire soutenir, dans les Ecoles de Médecine de Paris, une These par laquelle il prouve qu'on ne doit jamais l'employer à cet usage. Ce métal n'est d'aucun usage dans la Médecine. Quant à l'intérieur, c'est un violent poison, sur-tout sa rouille; l'antidote est le lait, l'huile & le beurre frais fondu.

Le verdet est une préparation du cuivre dont se servent les Peintres & les Teinturiers; les Médecins s'en servent aussi extérieurement toutes les fois qu'il s'agit de déterger & de sécher les ulceres, de consumer les chairs fongeuses & superflues, & de ronger les carnosités. On fait avec le cuivre, le sel ammoniac & l'eau de chaux, un collyre qui est très-bon pour les maladies des yeux; on se sert aussi de ce remede pour arrêter les gonorrhées, déterger & sécher les ulceres.

76. 35. 21. *Cæruleum montanum terreum. Cæruleum montanum lapideum. Azutum. Vall. sp.* 270. Mine d'azur, bleu de montagnes. On en trouve dans la mine de Vaudrevange, près de Sare-Louis, & à Blauberg dans le Bailliage de Schambourg. On réduit cette mine en poudre, on la broie pour l'employer en peinture; mais ce bleu est sujet à devenir bleuâtre.

77. 36. 22. *Plumbum. Saturnus. Vall. gen.* 48. Plomb. On en trouve aux environs de Bouley, à Chipal, Ste. Marie, Misloch, Lievre proche Ste. Marie-aux-Mines; à Remiremont, à deux lieues de S. Diey; à la Croix, distante de trois lieues de la même ville; à Marthon, distant de deux lieues de Sare-Louis; à Hargarthen & Falck, villages dépendans de Bouley; à S. Nicolas auprès d'Hargarthen. On fait avec le plomb différentes préparations, qui sont en usage tant dans les Arts que dans la Mé-

decine, pourvu cependant que ce soit extérieurement. Ces préparations sont la chaux de plomb, le vermillon, la litharge, le plomb brûlé, la céruse, le vinaigre de saturne, le sucre de saturne, le baume, l'esprit ardent & l'huile.

78. 37. 23. *Luna, argentum. Vall. gen.* 50. Argent. On en trouve à Thillot & à Bussang, distant de six lieues de Remiremont; à Ste. Marie, distant de cinq lieues de S. Diey; à Ste. Croix & à une demi-lieue de Ste. Marie; au Val de Lievre, à Misloch, à Lusse, à Chipal, territoire & ban de la Croix. Les mines de cet endroit sont très-riches & ont beaucoup d'étendue. Celles de la Croix-aux-Mines sont regardées comme les plus abondantes de toute l'Europe. Il y a aussi des mines d'argent à Remiremont; mais elles sont abandonnées.

Les préparations chymiques de l'argent les plus usitées en Médecine, sont les cryftaux de lune & la pierre infernale. On recommande les cryftaux dans la paralysie & l'hydropisie ascite; on les réduit en une poudre très-fine que l'on pétrit avec la mie de pain, & dont on fait des pilules que l'on appelle pilules lunaires de Boylé. Dans l'hydropisie elles sont puissantes pour évacuer les eaux.

La pierre infernale est un excellent cauftique & qui dure toujours: elle ronge & consume très-promptement les chairs & les os sur lesquels on l'applique après l'avoir mouillée.

79. 38. 24. *Aurum. Sol. Vall. gen.* 51. Or. On en trouve fur le territoire de l'Aveline dans le village appellé l'Auterupt, à trois lieues de S. Diey; on en a abandonné l'exploitation. On en trouve auffi, mais en petite quantité, à Chypal & à la Croix. L'or, ce métal précieux, n'a aucune vertu conftatée pour la Médecine.

CLASSE IV.

Des Foffiles & Pétrifications.

Quoique par le nom de Foffiles on entende généralement toutes les fubftances qui fe tirent du fein de la terre & qui appartiennent au regne minéral; cependant nous reftraignons ici le fens de ces mots & nous ne l'appliquons qu'aux pétrifications, c'eft-à-dire, aux fubftances étrangeres à la terre, quoiqu'on les tire de fon fein : ces fubftances contiennent des productions du regne animal & du regne végétal.

Le premier ordre comprend les pétrifications qui doivent leur origine à quelques os d'animaux, devenus pierres par les fables & matieres hétérogenes qui s'y font infinuées.

80. 37. 1. *Pes ardeæ petræus.* Patte d'héron pétrifiée. M. Charvet, Procureur des Antoniftes à Metz, l'a trouvée aux environs

des portes de cette ville; elle fait l'admiration des curieux.

80. 40. 2. *Dens charatias*. Dent du grand chien marin. Elle s'est trouvée aux environs de Metz; on en trouve aussi à Thicourt proche Créange.

82. 0. 3. *Dentes lapidei*. Dents pétrifiées. On en a trouvé une sur le bord de la Seille, remarquable par sa longueur, sa grosseur & sa belle conservation. On en a trouvé une autre agatisée, du poids de deux livres, auprès de Dieulouard, & deux autres sur le ruisseau de Natain près de Scarpane, dont une du poids de six livres & demie, qui a six pouces de hauteur sur neuf de largeur & trois d'épaisseur; l'autre, du poids de quatre livres & demie.

83. 41. 4. *Cornu bovis lapideum*. Corne de bœuf pétrifiée. Elle a été trouvée auprès de l'Abbaye de Lisle en Barrois; elle se trouve dans le cabinet d'histoire naturelle du Séminaire de Toul.

84. 42. 5. *Caput monstri marini lapideum*. Tête pétrifiée. Elle a été trouvée près de Mousson par le P. Lejeune, Prémontré.

85. 43. 6. *Ossa petrosa*. Os pétrifiés. On en trouve aux environs de Toul & depuis Pont-à-Mousson jusqu'à Milléry. On a découvert un os de femur pétrifié sous l'hermitage de S. Blaise, de même que des os de vertebres; on a trouvé aussi de ces derniers à Serriere & à Beleau. M.

Lottinger conserve dans son cabinet à Sarebourg la côte d'un adulte, qu'il a découverte en allant voir des malades à la campagne. Cette côte a huit pouces six lignes, & six pouces sans fracture, de longueur ; dix lignes dans sa plus grande largeur, & un peu plus de sept dans la moindre ; on y distingue très-parfaitement l'intérieur, & l'on y remarque les différentes couches de l'os. Le Supérieur du Séminaire de Toul possede une grosse vertebre d'hipopotame pétrifiée, qu'on a trouvée auprès de Sorcy.

86. 44. 7. *Fragmenta cancrorum.* Fragmens d'écrévisses. On en trouve depuis Pont-à-Mousson jusqu'à Millery.

Le second ordre comprend les analogues pétrifiés des coquillages marins.

87. 45. 8. *Belemnita.* Belemnites. La formation des Belemnites est une matiere qui exerce nos Naturalistes ; nous allons rapporter ici un Mémoire en forme de lettres, qui nous a été adressé par M. Charvet, Procureur des Antonistes de Metz, sur la nature de ce fossile.

Le hazard, Monsieur, vient de me procurer le moyen de répondre avec plus de certitude à la Lettre dont vous m'avez honoré, & de vous faire part de mes conjectures sur la Belemnite, ainsi que vous le souhaitez ; ce sont deux fragmens de ce fossile, dont l'un a trois pouces & sept lignes de largeur, & l'autre environ quinze lignes de longueur sur dix de largeur ; l'un

& l'autre différemment ouverts, mais qui le sont assez tous les deux pour laisser à découvert partie d'un insecte qui se termine en cône, & qui remplit exactement toute la capacité vuide de la Belemnite.

La multiplicité des anneaux dont ces insectes sont composés & qui paroissent encore bien distingués les uns des autres, ne permettent presque pas de douter que ce ne soit des vers ou quelques autres insectes marins. Comme leur figure est un cône, dont l'extrêmité est très-pointue, leurs anneaux sont plus ou moins gros & multipliés à proportion de leur diminution, de façon qu'ils sont très-minces & serrés dans la partie pointue. Il paroit que la nature a revêtu cet insecte d'une membrane très-fine & propre à se prêter à tous les différens mouvemens de leurs boucles ou anneaux.

Il me semble que cette découverte pourroit fixer l'état de cette pétrification, sur lequel les Naturalistes ont varié. Les uns (Sp. de la nat. ent. 24. p. 385.) veulent qu'elle soit la dent de quelque monstre marin inconnu jusqu'à nos jours; les autres assurent qu'elle n'est autre chose que les pointes ou piquans de l'oursin ou hérisson de mer. On croyoit bonnement autrefois qu'elle étoit le carreau ou la foudre qui tombe; c'est delà que lui est venu le nom de pierre de tonnerre, que le peuple lui donne encore aujourd'hui.

Si ma conjecture fait fortune, elle ne sera plus que le coquillage & la demeure de quelque infecte, ou le tuyau d'un ver marin; en effet sa cavité, les fibres, les lames dont elle est composée, couchées horizontalement les unes sur les autres pour aboutir à un même centre, & rangées à peu près de la même maniere que celles de l'écorce d'un arbre, principalement du chêne, paroissent nous indiquer qu'elle n'est elle-même qu'une simple enveloppe ou l'habitation de quelque infecte, bien différent de la finesse de l'émail qui couvre les dents dont les fibres entrelassées en tout sens forment l'enveloppe la plus légere & en même tems la plus dure.

Je ne puis me persuader que des dents aussi creuses & aussi fragiles que la belemnite, soient propres à garnir la mâchoire d'un monstre marin, qui risqueroit de les casser & de les perdre à la premiere résistance que lui feroit sa proie. Pourquoi seroit-il le seul que la nature auroit privé de ce bel émail si propre à affermir & à conserver les dents des autres créatures? Et cette espece de fente ou de suture que l'on apperçoit régner le long des belemnites, paroît plutôt être l'ouverture d'une gaîne que l'infecte ouvre quand il veut, que d'une dent dont elle affoibliroit la solidité.

Parmi les belemnites que j'ai actuellement, il s'en trouve quelques-unes qui me paroissent être d'une espece différente de celles dont il s'agit ici, soit par leur figure, soit par la maniere dont les fibres qui les composent sont arrangées; elles paroissent disposées partie horizontalement, partie verticalement ; j'ai cru même en appercevoir quelques-unes transversalement mises, sur-tout dans le milieu.

Quant à la figure, elle imite assez le battant d'une cloche, dont le gros bout se termine dans une pointe médiocrement allongée ; les autres, au contraire, semblables à une pyramide arrondie, vont toujours en diminuant uniformément depuis leur base jusqu'au sommet. Quelqu'attention que j'aie apportée à considérer celles qui ressemblent au battant d'une cloche, que j'ai examinées même avec le microscope, je n'ai jamais apperçu dans aucune le moindre vestige de cavité ; cette solidité qui se trouve dans toute leur longueur, me donne lieu de croire qu'elles sont les véritables piquans des oursins ou hérissons de mer ; la solidité est une qualité nécessaire à ces sortes d'armes offensives pour en assurer la bonté ; en quoi elles diffèrent encore essentiellement des autres qui sont toutes creusées en forme d'étui, très-propre pour le logement de quelque animal.

Je croirois volontiers que celles où regne la solidité dans toute leur longueur, qui ont une figure à peu près semblable entr'elles, & différente de celles des autres, seroient de véritables piquans d'oursin ; & que les autres qui sont toutes creuses en dedans & uniformes dans leur figure, avec une suture dans toute leur longueur, sont la demeure de quelque ver ou insecte marin que nous ne connoiſſons pas, ainſi que ſemblent nous l'aſſurer les deux fragmens dont j'ai l'honneur de vous parler, où l'on diſtingue parfaitement deux reſtes de ver ou autres inſectes remplis d'anneaux.

Ce foſſile paroît être commun dans la Lorraine & le Pays Meſſin, principalement au bas des côtes qui bordent la plaine de Richemont entre Metz & Thionville, dans l'endroit où eſt ſituée l'Abbaye de Juſtemont, où j'en ai trouvé quelques-unes d'aſſez belles & d'aſſez bien conſervées. J'ai l'honneur d'être, &c.

On trouve auſſi de ces foſſiles ſur la montagne de Bourmont ; à Graffigny, village peu éloigné de cette ville ; à Martigny, à Millery ſur la Moſelle, à Toul, à Nancy, à Pont-à-Mouſſon, à Châtenoy diſtant de dix lieues de Nancy ; ſur la côte Ste. Catherine près de Bar il y en a de tranſparentes ; à S. Mihiel il s'y en trouve de métalliſées.

Les Belemnites, de même que tous les autres foſſiles marins, ſont des vraies médailles du déluge ; le ſouverain Etre de l'Univers a inſpiré aux hommes la recherche de ces médailles dans le ſiecle de l'incrédulité même, afin que ces foſſiles puiſſent être des témoignages authentiques de la vérité des Ecritures ; mais la plûpart de nos Philoſophes modernes, en rejettant ce qui paroiſſoit le plus vrai pour expliquer les pétrifications de ces corps marins, & comment ils ont pu parvenir à des diſtances trop éloignées de la mer &

se trouver dans les entrailles de la terre souvent à plus de quatre-vingt pieds de profondeur, ont imaginé des systêmes contraires à la raison & à l'Ecriture. Tant il est vrai que ce qui devroit nous servir de conviction, est le plus souvent le principe de nos erreurs par la dépravation de nos mœurs & par le dérangement de notre raison.

Les Allemands croient que la Belemnite est bonne contre le cochemar & le calcul des reins : ils la pulvérisent & en donnent depuis un demi-gros jusqu'à un gros dans une liqueur appropriée. Les Allemands emploient encore en Médecine les différens ossemens d'animaux pétrifiés dont nous avons parlé plus haut ; ils les nomment dans leurs boutiques *Unicornu fossile* ; ils leur attribuent une vertu astringente, alexipharmaque & sudorifique, & ils les emploient souvent de puis un demi-scrupule jusqu'à un gros dans une liqueur appropriée pour le flux de ventre, la dyssenterie, l'hémorragie, les fleurs blanches, les fievres malignes, pestilentielles & l'épilepsie. Il ne faut pas se servir indifféremment de toute sorte d'unicorne : il faut choisir celle qui a une odeur agréable, & qui a été éprouvée auparavant dans les chiens & les autres animaux ; car il arrive quelquefois qu'elle contient du poison, quand on la tire d'une terre arsénicale, à quoi il faut faire une grande attention. Quant à nous, nous pensons que la belemnite & l'unicorne fossile, ne peuvent s'employer dans les médicamens que comme de simples absorbans.

88. 46. 9. *Echinorum clavicula lapidea*. *Lapis judaïcus*. Pierre judaïque. Pointes d'ourfins. On en trouve fur les montagnes voifines de Metz & à Fontenay à deux lieues d'Epinal, à Crevy & Haraucourt, à S. Mihiel, fur le mont Ste. Marie, à Norroy devant le Pont-à-Mouffon. On fe fert de cette pierre en Médecine, on la prefcrit en poudre à la dofe d'un gros dans une liqueur convenable, c'eft ordinairement dans le calcul des reins & la pierre de la veffie qu'on recommande la pierre judaïque; mais nous doutons, avec M. Geoffroy, de cette prétendue vertu lithontriptique. Il eft vrai que l'on eft obligé de convenir que la bélemnite, la pierre judaïque, les yeux d'écréviffe & quelques autres remedes qu'on nomme lithontriptiques, ont une vertu diurétique; car l'expérience le démontre; mais parce que l'on voit quelques petits grains de fable dans les urines, on ne doit pas pour cela attribuer à ces remedes la vertu de diffoudre la pierre; car les fels, qui abondent dans les liqueurs du corps humain, fe mêlant aux particules de terre les plus fixes de ces pierres, cette union les rend plus fixes, & par conféquent elles font portées plus difficilement aux pores les plus éloignés de la peau; mais elles coulent bien plus facilement par les couloirs des reins; ainfi à proportion qu'il en paffe moins par la tranfpiration, il en doit paffer davantage par les urines; d'ailleurs la

sérosité de l'urine étant plus abondante dans les reins, elle entraine les parties sablonneuses qui peuvent s'y trouver, & les urines deviennent troubles ; & même les grains de sable, qui sont un peu plus gros, sont entraînés par la liqueur qui coule en abondance, pourvu que le passage soit assez ouvert. Voilà la maniere dont on peut concevoir que ces pierres ont une vertu diurétique. Pour ce qui est de celle de dissoudre la pierre, ni l'expérience ni la raison ne l'ont pas encore démontré. Un bourgeois de Nancy attaqué depuis long-tems de la pierre, en a fait usage pendant plus de dix-huit mois sans s'appercevoir d'aucun effet.

89. 47. 10. *Cardiolithes. Lithocardites, conchites insigniter ventricosus, qui proin cordis bovini vel vitulini figuram refert.* Boucardes, cœurs de bœuf. On en trouve à Bourmont & à S. Blaise peu éloigné de cette ville ; on en voit beaucoup depuis Millery jusqu'à Pont-à-Mousson, & même jusqu'au Rupt-de-Maid, à Scarpane, à Marbache, à Saizerey, à Viéville-en-Haye, à Thiaucourt, à Dieulouard, à Planteville, à Scy, Lessy, Lorry, tous quatre près de Metz ; à S. Mihiel ; sur la côte Ste. Catherine près de Bar ils sont transparens ; à Boncourt, à une lieue de Commercy ; dans le duché de Bar à cinq lieues de Verdun.

90. 48. 11. *Fragmenta variorum fossilium.*

LOTHARINGIÆ.

lium. Gazons de fossiles. On en trouve près de la porte d'Allemagne de la ville de Metz & à Gesluter distant de quatre lieues de Sare-Louis, de même qu'à Thionville à deux lieues de la côte de Delme.

91. 49. 12. *Pectinites.* Peignes. On en trouve à Martigny sur la route de Neufchâteau, sur les montagnes qui conduisent de Millery à Pont-à-Mousson, à Thimonville à trois lieues de Morhange, à Hablainville à une lieue & demie de Badonviller, à Vroville à une lieue de Mirecourt, à Chavelot & à Golbey proche d'Epinal, à Fontenay à deux lieues d'Epinal, à Destord, Gugnécourt, Girecourt, Padoue, Dompierre, Villoncourt, Domêvre & Bayécourt, villages situés entre Remberviller & Epinal, à Remberviller, Xaffeviller, Doncieres, Nossoncourt, Nomécourt & Bult à une lieue de Remberviller, à Magnieres à deux lieues de la même ville, à Choloy, Lucey, Ceronner, Menil-la-Tour, à Oron près de Thimonville. Bailliage de Pont-à-Mousson, à Longueville à six lieues de Metz; à Rosieres-aux-Salines, à Champigneulle, Bouxieres-aux-Dames, Clevant, Custine & Autreville, villages situés entre Nancy & Pont-à-Mousson; à Moyen & Vallois villages distans de trois lieues de Lunéville, à Crevy & Haraucourt, à S. Mihiel sur le mont Ste. Marie, dans les carrieres de Norroy près de Pont-

D

à-Mousson, à Thicourt proche Créange, à Planteville, Scy, Lessy, Lorry, villages situés aux environs de Metz.

92. 50. 13. *Dentaliti, tubuliti, cangliti.* Dentalites. On en trouve dans le territoire de S. Avold à quatre lieues de Bouley, sur la montagne de S. Quentin près de Metz & auprès de S. Mihiel.

93. 51. 14. *Cornu Ammonis vel Hammonis, Ammonia, Ammonites.* Cornes d'Ammon. On ne connoît pas encore le coquillage marin, dont cette pétrification est analogue. On en voit à Plantieres près de Metz; il y en a de pyriteuses & de cryftallisées à Norroy près de Pont-à-Mousson, à Nomeny, à Pont-à-Mousson; sur la côte Ste. Catherine près de Bar il y en a de transparentes; à Crévy & Haraucourt, à Bourville; on en trouve de quinze pouces de diametre qui sont cryftallisées, à Moyen & Villers distans de trois lieues de Lunéville, à Pompey distant de trois lieues de Nancy; celles qui s'y rencontrent sont de l'espece de celles qu'on nomme *Arborescentes*; à Rosieres-aux-Salines, à Longueville distant de six lieues de Metz, à Creue distant de trois lieues de S. Mihiel, à Oron près de Thimonville, à Charleville, aux environs de Toul, dans le Duché de Bar à cinq lieues de Verdun, à S. Mihiel, à Hardancourt & à Romont à une lieue de Remberviller, à Destord, Gugnécourt, Girecourt, Dompierre, Villancourt, Domèvre & Bayécourt entre Remberviller &

Pont-à-Mouſſon, aux environs de Nomeny, à Boncourt à une lieue de Commercy, à Crévy & Haraucourt, à Champigneulle, à Bouxieres-aux-Dames, Clevant, Cuſtine, Millery & Autreville près de Nancy, à Creue à trois lieues de S. Mihiel, à S. Gorgon, Ste. Hélene, Xaſſeviller, Doncieres & Noſſoncourt, à une lieuë de Remberviller, de même qu'à Vomécourt & Bult pareillement diſtans de Remberviller, à Remberviller même, à Deſtord, Gugnécourt, Girecourt, Villoncourt, Domèvre auprès d'Epinal, à Geſluter, à quatre lieuës de Sare-Louis, dans la vallée de Plombieres & le Val d'Ajaret, à l'hermitage de Corrupt près de Bourmont ; on en voit en quantité à Loiſy, Ste. Genevieve, Beſaumont & Laudemont à une lieue de Pont-à-Mouſſon, à Vroville à une lieue de Mirecourt. On trouve à Crevy & Haraucourt des huitres, qu'on nomme pelures d'oignon.

97. 55. 18. *Entrochitæ, volvolæ.* Entroques. On en trouve à Geſluter à quatre lieues de Sare-Louis, dans la vallée de Plombieres & d'Ajaret, à Fontenay à deux lieues d'Epinal, à Domèvre & Bayécourt près de Remberviller, à la Neuveville près de Nancy, à Remberviller, à S. Gorgon & Ste. Hélene diſtans d'une lieue de Remberviller, ſur les montagnes entre Nancy & Pont-à-Mouſſon, à S. Nicolas, à Thicourt proche Créange.

98. 56. 19. *Echiniti, echinodermata.* Our-

fins de mer fossiles. On en trouve en Lorraine de différentes especes ; les plats sont fort communs depuis Scarpane jusqu'au Ru de Maid, à Marbache, Saizerey, Viéville-en-Haye, Thiaucourt & auprès de Dieulouard. On voit des oursins en quantité à l'Est de la montagne de Bourmont; le grand se rencontre avec plusieurs corps marins métallisés sur la montagne de Liffol; rien n'est si commun que les oursins au haut de Charmois entre Fontenay & Dompierre, à Girecourt, à Toul, à Liverdun près de Nancy, à Novian sur la route de S. Mihiel à Nancy, dans les carrieres de Ste. Marie près de S. Mihiel, à Norroy près de Pont-à-Mousson, à Thicourt proche Créange, à Planteville, Scy, Lessy près de Metz, à Fey & à Remenoville près de Pont-à-Mousson.

99. 57. 20. *Astroites*. Pierres étoilées. Il s'y en trouve aux environs de Metz sur les côtes de Planteville, Scy, Lessy & Lorry; à Norroy devant le Pont, à S. Mihiel sur le mont Ste. Marie, à Crevy & Haraucourt, à Longueville à six lieues de Metz, à Fontenay à deux lieues d'Epinal & proche Girecourt, à Dompierre.

100. 58. 21. *Gryphiti*. Gryphites. On en trouve à Vroville à une lieue de Mirecourt, à Fontenay à deux lieues d'Epinal, à Charleville, à Oron près de Thimonville, à Longueville à six lieues de Metz, dans les villages entre Nancy & Pont-à-Mousson, à Crevy & Haraucourt, à S. Mihiel

sur le mont S. Michel, à Louvigny à trois lieues de Metz, dans les environs de Vic & sur les bords de la Seille.

101. 59. 22. *Bucciniti*. Buccinites. On en trouve auprès de Metz, à Thicourt, à Norroy devant le Pont, à S. Mihiel, à Crevy & Haraucourt, aux environs de Toul, à S. Gorgon & Ste. Helene, à Remberviller, à Girecourt & Fontenay.

102. 60. 22. *Chamiti*. Chamites. On en trouve près de Metz, à Crevy & Haraucourt, à Pont-à-Mousson & à Nancy, à Longueville à six lieues de Metz, à Oron près de Thimonville, à Toul, à Magniere à deux lieues de Remberviller, à S. Maurice, Hardaucourt & Romont à une lieue de Remberviller, à S. Genest, Moyémont & Fauconcourt à pareille distance aussi de Remberviller, à Domptaille & à Girecourt, à Martigny sur la route de Neufchâteau, & depuis Pont-à-Mousson jusqu'à Millery.

103. 61. 23. *Strombus, turbo*. Vis. On en trouve aux environs de Metz, à Thicourt proche de Créange, à Norroy près de Pont-à-Mousson, auprès de S. Mihiel derriere le couvent des Capucins, à Boncourt à une lieue de Commercy.

104. 62. 24. *Frondipora*. Madrepore. On en trouve aux environs de Metz, à Lorry devant le Pont-à-Mousson, à Pagny à deux lieues de cette derniere ville, à Dun-en-Barrois, à Toul.

105. 63. 25. *Cochlea valvata lapidea.*

Néritite. On en trouve à Fontenay à deux lieues d'Epinal, à S. Mihiel fur le mont Ste. Marie.

106. 64. 26. *Raſtellum.* Crête de coq, raſtellite. On en trouve depuis Scarpane juſqu'au Ru de Maid, à Marbache, Saizerey, Viéville-en-Haye, Thiaucourt; Dieulouard & à Norroy devant le Pont.

107. 64. 27. *Bucardites.* Boucardes. On en trouve à Fontenoy, à Nancy, à Pont-à-Mouſſon, à Dun-en-Barrois, à S. Mihiel, fur le mont S. Michel, à Norroy près de Pont-à-Mouſſon.

108. 64. 26. *Troci.* Sabots. On en trouve dans les carrieres de Ste. Marie auprès de S. Mihiel.

109. 65. 27. *Cerebrites, Neptuni cerebrum.* Cerebrites. On en trouve dans les carrieres de Ste. Marie auprès de Pont-à-Mouſſon.

110. 66. 28. *Cancer petrefactus, aſtacolithus.* Crabe. On en trouve à S. Mihiel.

111. 67. 29. *Nautilus petrefactus.* Nautilite. On en trouve à l'Orient de la montagne de Bourmont & à Thicourt proche de Créange, & depuis Pont-à-Mouſſon juſqu'à Millery.

112. 68. 30. *Paſſus equinus.* Pas de poulain. On en trouve auprès de Metz & à Fontenay à deux lieues d'Epinal.

113. 69. 31. *Concha Veneris.* Conque de Venus. On en trouve entre Remberviller & Epinal, à S. Maurice, à Hardancourt & à Romont à une lieue de Remberviller.

114. 70. 32. *Tellini.* Tellinites. On en

trouve fur la côte S. Quentin près de Metz & à S. Mihiel fur le mont Ste. Marie, à Crevy & Haraucourt.

115. 71. 33. *Pectonculites*. Pétoncles. On en trouve depuis Pont-à-Mouſſon juſqu'à Millery.

116. 72. 34. *Volutiti, cuculliti*. Volutes, cornets. On en trouve auprès de Toul & à S. Nicolas, à Crevy & Haraucourt, de même qu'à S. Mihiel.

117. 73. 35. *Cochlites. Cochlea lunaris lapidea*. Limaçons, eſcargots. On en trouve à Norroy devant le Pont, à Thicourt proche Créange & à S. Nicolas, & depuis Pont-à-Mouſſon juſqu'à Millery; on trouve aux environs de Toul une eſpece d'eſcargots, qu'on nomme cul-de-lampe.

118. 74. 36. *Tubularia*. Tubulaire. On en trouve à Norroy devant le Pont, à S. Mihiel, à Boncourt à une lieue de Commercy.

119. 75. 37. *Pſeudo corallum*. Faux corail. On en voit ſur la côte S. Michel proche Verdun.

120. 76. 38. *Patellites*. Les pas. On en voit auprès de Thicourt proche Créange, à S. Mihiel ſur le mont Ste. Marie, à Boncourt à une lieue de Commercy.

121. 77. 39. *Globoſiti*. Tonnes. On en trouve à Boucourt diſtant d'une lieue de Commercy & à S. Mihiel.

122. 78. 40. *Lumbrici terreſtres petrefacti*. Vers de terre pétrifiés. On en trouve à Fontenay à deux lieues d'Epinal & à

Creue distant de trois lieues de S. Mihiel ; on voit des pierres chargées de vermisseaux depuis Scarpane jusqu'au Ru de Maid, à Marbache, à Saizerey, Viéville-en-Haie, Thiaucourt & Dieulouard.

Le troisieme ordre comprend tout ce qui a rapport au regne végétal parmi les pétrifications.

123. 79. 41. *Lignum petrefactum, crystallisatum & metallisatum.* Bois pétrifié, crystallisé, metallisé & quelquefois agathisé. On en voit depuis Pont-à-Mousson jusqu'à Millery, sur la côte d'Hermomont entre Millery, Viller-le-Prud'homme & Scarpane, à Loisy, Ste. Genevieve, Basaumont, Laudemont, Serriere & Belleau ; on en trouve aussi près des glacis de la porte des Allemands de Metz & à Norroy près de Pont-à-Mousson.

124. 80. 42. *Dendrites.* Dendrite. On en trouve auprès de Flavigny sur la Moselle, à Saint-Mihiel sur le mont Ste. Marie & à Pompey.

125. 81. 43. *Lapides spongiosi foliis impregnati.* Pierres spongieuses empreintes de feuillages. On en trouve aux environs de Longwy, de Montmédy & de S. Mihiel.

126. 82. 44. *Uvæ petrefactæ.* Raisins pétrifiés. M. Charvet en a trouvé sur la côte Ste. Catherine près de Bar ; on en trouve aussi à Saint-Mihiel dans les carrieres de Ste. Marie.

123. 83. 45. *Bellaria lapidea.* Dragées & Nompareilles. On en trouve à une lieue de S. Mihiel, dans un lieu dit Jar.

CLASSE V.

Des différentes espèces d'Eau.

L'EAU est un corps mixte, qui souffre une diminution continuelle, & qui a les propriétés suivantes : 1°. Elle est fluide à un degré de chaleur très-modéré ; mais lorsqu'il fait froid, elle se change en un corps solide ou feuilleté, qu'on appelle glace.

2°. Lorsqu'elle est dans l'état de fluidité, elle mouille ; c'est-à-dire, que quand elle s'est étroitement unie à d'autres corps & insinuée dans leurs pores, on leur trouve au toucher une qualité qu'on appelle l'humide.

3°. Toute eau, ou fluide ou glacée, est transparente ; mais elle a différens degrés de transparence, selon la plus ou moins grande quantité d'autres corps qui y sont mêlés.

4°. L'eau, soit dans l'état de fluidité, soit dans l'état de solidité, est sujette à une diminution ou à une évaporation continuelle.

5°. L'eau n'a rien en elle dont elle puisse tirer de quoi s'entretenir & s'accroître ; mais elle fournit de la nourriture aux minéraux, aux végétaux & aux animaux.

Les eaux se divisent en deux sections, dont la premiere comprend les eaux communes ; la seconde, les eaux minérales.

Les eaux communes sont celles qui sont transparentes, quoique cependant il s'y en trouve quelquefois qui font un peu troubles, fans ceffer d'être fluides ; & d'autres qui le deviennent quand elles font glacées; elles n'ont auffi ni goût, ni odeur, ni couleur fenfibles, elles prennent feulement en fe glaçant un œil blanchâtre. Les eaux communes fe divifent en deux ordres.

Le premier ordre comprend les eaux de l'air ou du ciel.

127. 84. 1. *Ros matutinus. Vall. fp.* 16. Rofée du matin. Elle eft falutaire pour l'accroiffement des plantes.

128. 0. 2. *Ros vefpertinus. Idem.* Serein. Cette rofée eft pernicieufe, parce qu'en tombant elle entraîne avec elle les exhalaifons qui s'étoient élevées pendant le jour du fein de la terre.

129. 0. 3. *Ros diurnus. Idem.* Rofée du jour. Elle n'arrive pas communément.

130. 85. 4. *Pluvia. Vall. fp.* 2. Pluie. Elle fert à humecter la terre. On la ramaffe dans les citernes, on en fait ufage pour boire & pour préparer les alimens ; elle eft plus légere que l'eau de puits.

131. 86. 5. *Nix. Valler. gen.* 11. Neige. Elle eft de différentes efpeces, fuivant la forme des rayons & des fleurons dont elle eft compofée ; la neige fert à fertilifer la la terre, à caufe du nitre dont elle eft empreinte ; on prétend que l'eau qu'on en tire, lorfqu'elle eft fondue, eft bonne contre les engelures ; on conferve auffi la neige au lieu de glace dans les lieux deftinés à cet ufage ; elle eft auffi bonne pour

rafraîchir les liqueurs qu'on boit pendant les grandes chaleurs. On prétend que ceux qui boivent de l'eau provenant des neiges ou des pluies, sont sujets à la goûetre, comme on le peut voir dans les habitans de la Suisse & du Tyrol.

132. 87. 6. *Pruina autumnalis antecedente calore orta. Vall.* Gelée blanche.

133. 0. 7. *Pruina hyberna antecedente gelu orta. Vall.* Verglas.

134. 88. 7. *Grando. Vall. sp.* 5. Grêle. Il y en a différentes formes. Personne n'ignore les dommages qu'occasionne souvent la grêle aux biens de la terre.

Le second ordre comprend les eaux terrestres, ce sont les eaux communes & insipides qui se trouvent par-tout. On les rencontre sur notre globe dans des canaux ou cavités; elles y sont ou coulantes ou stagnantes; elles deviennent blanchâtres & troubles quand on les mêle avec les eaux du ciel; elles sont plus long-tems à s'échauffer & à bouillir que les eaux de pluie; elles sont aussi plus lentes à refroidir. Elles ne dissolvent pas aisément le savon & ne forment point d'écume avec lui; ses effets sont cependant proportionnés au plus ou moins de grossièreté de l'air. Elles sont d'un usage indispensable pour tous les animaux vivans & les plus propres à appaiser la soif, tandis que les eaux du ciel, quelques pures qu'elles soient, sont de peu d'utilité pour les hommes, quoiqu'elles soient excellentes pour les végétations des plantes.

135. 89. 8. *Aqua fontana. Aqua viva perpetuò scaturiens. Vall. sp.* 7. Eau de fontaine ou de source. Les sources qui coulent dans le voisinage des buttes de sable fournissent l'eau la plus pure, ensuite ce sont les buttes du sable même, après ces eaux ce sont celles qui sortent des terres argilleuses; l'eau en est parfaitement claire, ne forme que très-peu de bulles, ne s'épaissit point avec le savon, mais le dissout entièrement & approche le plus de l'eau du ciel par sa légéreté, on remarque les effets de sa pureté dans la cuisson des pois, des fèves & de la viande, l'infusion du thé, la décoction du caffé & la cuisson du pain.

Il y a en Lorraine une quantité prodigieuse de fontaines. Les eaux de fontaine les plus renommées sont celles de la Bonne-Fontaine ou Saint-Fontaine à trois lieues de S. Diey, celles de Savonieres près de Bar, celles de Scy, celles de Lagney à une lieue de Toul, celles de Dieulouard, d'Hultanhausen, celles de Bonne-Fontaine, sortant de la Chapelle de S. Gundelbert, dont les environs sont garnis d'une quantité d'yeble.

136. 90. 9. *Aqua puteatis. Vall. sp.* 10. Eau de puits. L'eau de puits n'est pas de beaucoup si bonne que celle de fontaine, elle augmentera en bonté, à proportion qu'on en puisera, ou qu'on vuidera les pluies plus souvent.

137. 91. 10. *Rivus. Aqua fluviatilis minimo fluens canali. Vall. sp.* 11. Ruisseaux.

Ses eaux en font ordinairement impures; les principaux ruisseaux de la Lorraine & des Trois-Evêchés sont le Fansche, l'Ache, l'Ar, il passe à Germiny, se perd en terre avec bruit près de Thuiley-aux-Grozeilles; l'Auger, le Beaulong, le Belliard, vulgairement Bullia, le Belvute, la Briche, le Brotterhorff, le Chonville, le Colmey, le Colon, l'Engreshin, l'Espence, le Fougerol, le Frambar, Girouez, l'Illon, Longeau, Maid, Mance, Marsoupe, le Mory, le Neuné, le Pierri, le Teintrux, le Vagney, le Verbach, le Vicheray, le Villers, les ruisseaux de Gorze & de Chaumont.

138. o. 11. *Aqua fluviatilis*. Eaux de riviere. Les rivieres de la Lorraine & des Trois-Evêchés sont les rivieres d'Aishe, d'Aire, d'Albe, d'Amancieule, d'Aviere, de Baignerot, de Bievre, de Blette, de Blise, de Brems, de Brenon, de Chez, de Chiers, de Cosné, de Crune, d'Eaugrogne, d'Eiguel ou d'Eigle, d'Euron, de Faves, de Fenche, de Horn, d'Iron, d'Isch, de Lanterne, de Leber, de Madin, de Madon, de Meurthe, de Meuse; cette derniere disparoît tout-à-coup au village de Bazoilles à une lieue au dessus de Neufchâteau, ses eaux ne se montrent ensuite qu'au dessous du jardin de l'hôpital de Neufchâteau, à cent verges du lit que suit la riviere, quand elle est enflée, & y forment un grand bassin; au sortir de ce bassin elles font moudre trois moulins. Les autres rivieres sont la Mor-

LOTHARINGIÆ.

tagne, le Mouzon, la Moselle, la Nied-Françoise, la Nied-Allemande, l'Ornain, l'Orne, l'Ottain, la Plaine, le Plané, le Rapodon, la Rosselle, le Sanon, la Saône, la Sarre, la Saux, le Schwolbe, la Seille, la Petite-Seille, la Semouze, le Spin, le Vadonville, le Vair, la Vezouze, la Vologne, la Vraine & la Zelle.

139. 92. 12. *Aqua stagni.* Eau d'étang. Les étangs de la Lorraine sont l'étang de Lindre auprès de Dieuze, à la source de la riviere de Seille, c'est le plus considérable; l'étang des Bois de la Reine au Bailliage de Commercy, de la Chaussée dans la dépendance de Thiaucourt, de Bouconville dans le Bailliage de S. Mihiel, ceux de la Baronnie de Fénétrange & de la Principauté de Lixheim & plusieurs autres moins considérables.

140. 93. 13. *Aqua paludosa. Vall. sp. 13.* Eau de marais & bourbeuse. Cette eau, la plus mauvaise de toutes, ne laisse pas d'être d'une grande utilité. 1°. C'est une espece de magasin dans les années de sécheresse. 2°. C'est la retraite d'une infinité d'insectes. 3°. Elles sont les plus propres pour faire le mortier & pour la teinture, mais leur odeur, leur goût & leur saveur sont nuisibles aux hommes.

141. 94. 14. *Aquæ lacustres.* Eaux de lacs. Les quatre de la Lorraine sont Retournemer, Longuemer, Gérarmer & Paterhut. Les eaux de lacs tiennent le milieu entre les eaux coulantes & les stagnantes.

L'eau en général sert de boisson à tous les animaux dans tous les pays, & l'emporte sur toutes les liqueurs pour l'homme; elle aide la digestion & la distribution des alimens, elle rend le chyle plus fluide & plus doux; elle empêche qu'il ne devienne bouillant, âcre & capable d'irriter; elle donne une fluidité convenable au sang & à toutes les humeurs, elle adoucit l'âcreté qui s'y trouve, elle en calme le bouillonnement, elle ouvre les conduits de l'urine, elle rend le ventre libre, elle calme le sang, la bile, les eaux & humeurs bouillantes; elle délaie celles qui sont trop épaisses, elle rend plus fluides celles qui coulent lentement; elle donne de la souplesse & de la flexibilité aux parties solides, & elle en amollit la rigidité; c'est pourquoi elle est très-utile à ceux qui se portent bien & à ceux qui sont malades; il faut qu'elle soit tempérée pour les premiers & qu'elle soit chaude pour les derniers; l'eau froide ou l'eau à la glace est rarement utile, car elle est ennemie des nerfs: elle cause l'engourdissement & la paralysie des parties internes; elle excite des douleurs de colique; elle diminue ou même elle empêche entiérement la digestion des alimens; elle rallentit & elle arrête le mouvement du sang & des autres liqueurs du corps. L'eau chaude, prise en trop grande quantité, n'est pas exempte de danger; car souvent elle relâche trop les fibres de l'estomac; ce qui fait que les alimens en sortent trop tôt &

avant

LOTHARINGIÆ.

avant qu'ils y aient été digérés suffisamment.

L'eau n'est pas moins utile, lorsqu'on l'emploie extérieurement, soit pour les lotions, soit pour les bains. L'usage de l'eau tiede, ou légérement chaude, que l'on emploie avec modération dans les bains, est très-souvent salutaire ; car l'eau chaude déterge & ouvre les pores de la peau ; c'est par eux qu'elle s'insinue dans le corps ; elle ramollit & relâche les parties, elle dissoud les humeurs & les attenue ; elle aide leur circulation & excite la transpiration : c'est pourquoi elle dissipe les fatigues & les lassitudes, & calme les douleurs ; c'est pourquoi on recommande le bain dans les douleurs de la néphrétique, dans les inflammations & même dans les obstructions de la vessie, des reins, des intestins & des autres visceres du bas-ventre : on l'emploie aussi heureusement pour guérir les maladies de la peau, telles que sont la gratelle, la galle & les autres de cette nature.

Il faut cependant observer que souvent les bains incommodent beaucoup, principalement ceux qui n'y sont pas accoutumés, ceux qui sont plétoriques & qui sont remplis d'humeurs crues, ceux qui sont sujets aux catarrhes ou qui sont menacés de paralysie. Il est rare qu'ils conviennent dans les maladies aigues, dans les fievres, les délires, le flux de ventre & les hémorrhagies. Ils sont aussi nuisibles à ceux qui ont de la foiblesse dans les parties nobles, de même qu'aux hypocondriaques, à moins

E

qu'on n'ufe de beaucoup de précautions. Plufieurs Médecins ordonnent auffi l'ufage des bains d'eau froide, mais cependant rarement; le feul cas où on les emploie le plus communément, eft la manie.

140. 92. 12. *Glacies, aqua congelata. Vall. gen.* 6. La glace. La maniere la plus fûre & la plus abrégée de féparer une huile diftillée de fon phlegme & de l'obtenir parfaitement pure, eft de mettre le tout dans une bouteille bien bouchée, & de l'expofer pendant les nuits d'hiver à la gelée; par ce moyen le phlegme fe change en glace, & l'on peut aifément en décanter l'huile. On emploie pendant les groffes chaleurs la glace pour rafraîchir les liqueurs & plufieurs mets dont on fait ufage dans cette faifon; mais la plûpart de ces liqueurs & de ces mets, mis à la glace, font plus propres pour contenter la fenfualité, que pour conferver la fanté.

La feconde fection comprend les eaux minérales & qui ont de la faveur. Voici leurs principales propriétés: 1°. Il y en a qui font entiérement claires & limpides, d'autres ont moins de tranfparence. 2°. Prefque toutes les eaux minérales, fi on en excepte un très-petit nombre, ont de l'odeur. 3°. Elles ont auffi une faveur dont il eft aifé de s'appercevoir. 4°. Souvent elles ont une couleur qui les fait aifément diftinguer des autres eaux. 5°. Elles ne fe changent que rarement, ou même point du tout, en glace.

141. 93. 13. *Aqua tophacea petrificans.*

Vall. Eau pétrifiante. On en trouve une fontaine auprès de Remberviller & en quelques autres endroits de la Lorraine.

142. 94. 14. *Aqua muriatica fontana. Vall. sp.* 21. Eau de fontaine avec du sel commun. Le sel qu'on tire de cette eau est beaucoup plus net que celui de l'eau de la mer ; mais il n'a pas tant de force. On trouve des sources d'eau salée à Salone, Château-Salins, Moyenvic, Dieuze & Rosieres. Celles de Salone subsistoient au quatorzieme siecle ; mais elles se sont perdues par le mélange avec les eaux douces. Il y a à Dieuze une saline établie & connue dès le commencement du onzieme siecle ; l'eau est à seize degrés, c'est-à-dire, qu'avec cent livres de cette eau on forme seize livres de sel. A Château-Salins la fontaine est à onze degrés ; celle de Rosieres est aussi perdue depuis quelque tems par sa confusion avec l'eau douce, c'est le sieur Gauthier, Directeur de cette saline, qui est la cause de la perte de cette fontaine. Au huitieme siecle il y avoit encore auprès de Marsal, du côté d'Haraucourt, une source d'eau salée dont il paroît encore quelques rameaux, malgré l'envie qu'on a eue de la perdre, la saline étoit à Marsal. Au treizieme siecle on découvrit aussi une source salée à Morhange ; mais les salines n'y réussirent pas. On apperçoit quelques sources salées dans la petite riviere de Sanon ; & on en découvrit une nouvelle lorsqu'on travailla sous œuvre à la réparation du pont de Dombasle. A Saltz-

broon, hameau près de Saralbe, il y a eu une source d'eau salée ; en 1200 il y avoit une saline. On voit encore quelques sources d'eau salée à Lezey, village sur la route de Metz à Strasbourg ; à Berich, auprès de l'Eglise, à côté de la route de Thionville à Sierck ; à Metz auprès du fort de la Belle-Croix en allant à S. Julien ; enfin si l'on vouloit faire des recherches, on en trouveroit le long de la Seille. Tout le monde sait l'utilité du sel, tant pour les alimens que pour les médicamens. Les salines sont d'un grand rapport dans la Lorraine, mais elles consument beaucoup de bois ; le sel qu'on y fabrique est blanc.

143. 95. 15. *Aquæ thermales Plumbariæ*. Eaux chaudes de Plombieres. Ces eaux sont alkalines & minérales, elles sont très-renommées. M. Berthemin, Médecin de Henri II. Duc de Lorraine, en a fait l'analyse. Plusieurs célebres Ecrivains ont traité de ces eaux qui ont acquis depuis peu un nouveau lustre par deux aimables Princesses, filles de notre auguste Monarque, qui sont venues, pendant deux années de suite, exprès à Plombieres pour les prendre.

Les eaux chaudes de Plombieres agissent, suivant qu'il est rapporté dans Dom Calmet, par les voies des sueurs, des urines, des vaisseaux salivaires, rarement par les selles. Elles purifient le sang & le rendent plus fluide ; elles soulagent les fluxions de tête, surdités, mémoire affoiblie, vertiges symptomatiques, léthargie ; elles chassent l'engourdissement & le tremblement des parties du corps, elles détruisent l'humeur mélancolique, les coliques néphrétiques, venteuses & humorales ; elles guérissent les flux séreux, bilieux, convulsifs, lientériques récens, les indigestions & les diarrhées ; elles emportent les ulceres corrosifs, malins, les fistules, la lepre récente, les dartres vives, les ouvertures aux pieds, le prurit, & autres maladies de la peau ; elles fortifient les nerfs, les os brisés ou déplacés, redressent les boiteux ; elles sont utiles contre la strangurie, contre les maladies des reins ou de la vessie, les maladies chroniques, & toutes celles qui procedent d'humeurs séreuses ; elles font mourir les vers, elles rendent aux femmes la fécondité, empêchent l'avortement, raffermissent les vaisseaux spermatiques ; elles servent contre les palpitations du cœur, les passions histériques & les vapeurs ; elles guérissent les rhumatismes & les sciatiques, les fievres invétérées, l'hydropisie naissante, où il n'y a point de dureté squirreuse. Comme les eaux chaudes de Plombieres ont beaucoup d'esprits volatils qui sont très-actifs & assez forts pour ouvrir les pores, & donner par-là des issues aux humeurs visqueuses & aux extravasées, en s'insinuant jusqu'à la partie affectée, pour la débarrasser des digues faites par les humeurs fixées ; on conçoit aisément que les bains & les douges doivent faire sur les corps les effets merveilleux que l'on voit tous les jours à Plombieres. C'est par les mêmes raisons que les étuves pour les hydropisies naissantes, sont un remede infaillible, les vapeurs des eaux ouvrent les vaisseaux lymphatiques, qui sont obstruées par un sel volatil, pénétrant & insinuant, qui se glisse & s'arrête dans les glandes cutanées, qu'il ouvre & en fait distiller les sérosités limpides qui en formoient l'enflure ; alors les fibres reprennent leur élasticité & leur oscillation naturelle, & insensiblement fraient les parties étrangeres & chyleuses qui ne s'assimiloient pas bien ; le sang devient comme une liqueur homogene, & par les vibrations réglées toutes les parties se remettent en leur place, & tout ce qui doit se séparer par les couloirs & par la peau, se sépare effectivement.

144. 0. 16. *Aquæ saponaceæ Plumbariæ*. Eaux savonneuses de Plombieres. Il y en a deux sources principales & fort fréquentées ; l'une dans le jardin des Peres Capucins ; & l'autre, dans une roche enfermée dans une petite chambre sur le chemin de Plombieres à Luxeuil. M. Malouin a fait l'analyse de ces eaux savoneuses.

Ces eaux sont bonnes contre plusieurs maladies, comme celles des reins & de la vessie, l'inflammation d'entrailles, l'intempérie au foie, les chaleurs internes, les fluxions de poitrine causées par voie d'irritation, dont la lymphe est chargée d'un sel trop acrimonieux ; en les mêlant avec les eaux chaudes minérales ; elles empêchent de trop fouetter le sang des personnes qui ont des hémorragies ou autre perte de sang. Elles servent à rafraîchir, humecter, adoucir, dessaler, absorber & briser intérieurement les sels caustiques. Elles enlevent les fleurs blanches & tous les autres écoulemens ; elles appaisent la bile trop exaltée par les déjections ; elles moderent les sueurs excessives, elles aident à guérir les ulceres, en donnant au sang des parties plus affinées, plus douces & plus balsamiques ; reçues en lavement, elles calment toute sorte de coliques & forment un bain intérieur. Toutes ces propriétés sont tirées mots à mots de Dom Calmet.

145. 96. 17. *Aquæ thermales Bainenses*. Eaux chaudes minérales de Bains en Lorraine. M. Bagard, premier Médecin de Léopold I. Duc de Lorraine, & M. Liabé, premier Médecin de Madame la Duchesse, prétendent que les eaux de Bains l'emportent, dans certains cas, sur celles de Plombieres, comme pour les maladies de poitrine, les gouttes vagues & rhumatismes goutteux ; à l'égard des autres maladies pour lesquelles on fait usage des eaux de Plombieres, celles de Bains les égalent en vertus & en qualités ; elles ont de plus une vertu laxative qu'on ne trouve point dans celles de Plombieres.

146. 97. 18. *Aquæ acidulæ Bussanenses*. Eaux aigrelettes de Bussang. On prétend que les eaux de Bussang sont froides,

aigres, alkalines & diffolvantes; auffi les ordonne-t-on dans les obftructions & contre l'effervefcence du fang; mêlées avec le vin, elles le rendent fort agréable.

147. 98. 19. *Aquæ Contrexevillanæ. Bagard.* Eaux de Contrexéville. M. Bagard, Préfident du Collège Royal des Médecins de Nancy, eft le premier qui a traité de ces eaux; elles font, fuivant ce célèbre Médecin, favonneufes & font bonnes pour prévenir les retours de la goutte, en rétabliffant la foupleffe des nerfs & des parties membraneufes defféchées par l'humeur de cette maladie; elles conviennent dans les cas de ce vice de la lymphe qui caractérife une acrimonie fcrophuleufe; on les emploie avec fuccès dans les maladies de cette nature & dans celles des glandes, foit en boiffon, foit en douge; obfervant, dans ces cas, de les faire dégourdir au bain-marie; elles font fouveraines auffi dans les maladies des reins, des ureteres, de la veffie & de l'uretre, telles que la pierre, la gravelle, les glaires, les fuppurations, les ulceres de ces parties & les carnofités de l'uretre.

148. 99. 20. *Aquæ petrolicæ Valfbornenfes.* Eau pétrolique de Wadefbronn. Il y a un Mémoire fur ces eaux qui a remporté depuis peu le prix à l'Académie Royale des Sciences & Belles-Lettres de Nancy. Nous le rapporterons à la fin de cet Ouvrage. On remarque une fontaine prefque pareille à Niderborn.

149. 100. 21. *Aquæ Dannenfes.* Eaux de

la Bonne-Fontaine près du village de Dann. Les eaux de cette fontaine font très-légeres & apéritives; elles paſſoient pour être un excellent fébrifuge dans le pays; mais depuis elles ont été négligées jufqu'en 1715, que les Régimens de Foix Alſace infanterie & Germinon cavalerie, formant la garniſon de Phalſebourg, ayant imaginé d'en faire uſage pour arrêter un flux de ſang contagieux, dont ils étoient attaqués, ils s'en trouverent ſi promptement ſoulagés & guéris, qu'en reconnoiſſance les Soldats firent conſtruire, près de la fontaine, une petite Chapelle devenue dans la ſuite très-fameuſe par les pélerinages & les cures que les eaux opéroient tous les jours; ſans doute que ces eaux ſont martiales & ferrugineuſes.

150. 101. 22. *Aquæ Nanceianæ.* Les eaux de la fontaine S. Thibault de Nancy. Ces eaux font très-bonnes, ſuivant le Docteur Marquet, dans les hydropiſies. M. Bagard, dans une diſſertation qu'il a fait imprimer ſur les eaux de S. Thibault, prétend que les eaux de cette fontaine font martiales; il leur attribue des vertus rafraîchiſſantes, apéritives, diurétiques, atténuantes & en certains cas aſtringentes.

151. 0. 23. *Aquæ Muſſipontanæ.* Les eaux de la fontaine de Mouſſon. Elles font auſſi ferrugineuſes. M. Pacquotte a fait un traité ſur ces eaux.

152. 0. 24. *Aquæ martiales.* Eaux martiales. Outre les deux fontaines de Nancy

& de Pont-à-Mouſſon, dont nous venons de parler, on en trouve encore à Faux, à Eulmont, à Agincourt, à Millery, à Toul, à Fontigny, à Domêvre, à Friſon, à Planteville près de Metz, à Veſon, à Bégniécourt ſur le Madon, à Porcieux, à Remberviller dans une Iſle de la Mortagne, à Bezange-la-grande à une lieue de Vic, à Fontet, à Haucheloupt à deux lieues de Mirecourt. Toutes ces eaux ſont deſobſtructives.

153. 102. 25. *Aquæ vitriolicæ*. Eaux vitrioliques. Il y en a une fontaine à Sarmoiſe; les eaux de cette fontaine contiennent beaucoup de vitriol, très-peu de fer & médiocrement de ſoufre.

154. 103. 26. *Aquæ cuproſæ*. Eaux cuivreuſes. On en trouve une ſource à Guentrange à une lieue de Thionville. Suivant l'analyſe chymique qu'on en a faite, on a trouvé un tiers de cuivre ſur deux tiers d'eau.

155. 104. 27. *Aquæ bituminoſæ*. Eaux bitumineuſes. Il y en a une fontaine à Freſne à deux lieues de Vezelize.

156. 105. 28. *Aquæ martiales alkalinæ*. Eaux martiales alkalines. Telles ſont les eaux du fauxbourg S. Epvre de Toul.

157. 106. 29. *Aquæ martiales dictæ Blancheſne*. La cenſe ſeigneuriale de Gros-Termes auprès de l'Abbaye de S. Hoïlde, dans la Paroiſſe de Laimont Bailliage de Bar, eſt remarquable par une ſource d'eaux minérales appellées les eaux de Blanc-Chêne; elles ſont ferrugineuſes, froides & ſortent d'une eſpece de marre.

OBSERVATIONS

Sur le Regne Minéral de la Lorraine.

SI la Lorraine & les Trois-Evêchés abondent en plantes & en animaux, elle est encore plus riche par ses mines & ses fossiles; on y trouve de toutes les espèces de métaux, si on en excepte l'étain; des fossiles en abondance; des pierres de différentes sortes, des transparentes, demi-transparentes & opaques. Les meilleurs matériaux qu'on puisse employer pour les bâtimens, se remarquent dans cette Province; un fonds de terre admirable & propre à toutes sortes de productions; on peut dire que la Lorraine est de toutes les Provinces de la France la mieux partagée; rien n'est si commun que d'y voir des eaux minérales de toute espèce, qu'on vient prendre sur les lieux de toutes les parties de l'Europe; nous avons même eu l'avantage de voir de nos jours les plus aimables Princesses, filles de notre auguste Monarque, quitter la Cour d'un Pere le plus chéri, pour venir jouir de l'air tempéré de cette portion de la France, & chercher du soulagement dans les eaux minérales qui y coulent en abondance. Nous allons rapporter ici succinctement différentes Observations qui concernent le Regne Minéral de la Lorraine.

Nous donnerons d'abord une énumération des différentes mines qui ont été anciennement exploitées, & dont quelques-unes le font encore. Nous rapporterons ensuite la description des Cabinets de Minéralogie de la Province; nous ferons une Liste des Professeurs de Chymie du Pays, de même que des Curieux & Amateurs dans cette partie de l'Histoire Naturelle. Nous finirons enfin par le rapport exact de différens Mémoires, tant manuscrits qu'on nous a bien voulu communiquer, que ceux que nous avons trouvés répandus dans différens livres & que nous avons rassemblés ici. Nous ne cessons d'inviter les Curieux de nous faire part de ce qu'ils pourroient découvrir de nouveau sur les trois Regnes de la Province, nous en ferons toujours usage avec toute la reconnoissance possible.

Mines anciennement exploitées en Lorraine, & dont quelques-unes le sont encore de nos jours.

AU Tillot il y a deux mines dites S. Charles & Henri de Lorraine, contenant cuivre & argent. Le quatrieme d'avril 1598 Louis Barnet, Secretaire du Duc, en obtint la concession pour la manufacture de cuivre & de laiton à Nancy, avec une permission de faire construire sur le ruisseau de Champigneulle un moulin pour battre la pierre calaminaire, qui sert à faire le cuivre jaune. Ces deux mines auparavant servoient pour l'arsenal & la maison du Prince.

Les mines suivantes ont été exploitées sous le regne du grand Duc Charles, elles ont même occasionné des guerres bien long-tems avant le regne de ce Duc; ce qui prouve leur ancienneté. Les mines du Val-de-Lievre étoient connues sous ces noms: Ste. Anne & Herchaff au hameau de Misloch, Finchenstreich, S. Esprit au Glers-Pré, S. Jean, Pheningehuin, S. Barthelémi à S. Pierremont, hameau qui subsiste; S. Michel à la Goutte-Martin, S. Jean dit Fundt, Ste. Barbe à Fanatuz, hameau appellé aujourd'hui Vanarie, S. Laurent à Dénegoute; toutes ces mines donnoient argent, cuivre, plomb, antimoine, arsenic.

Les mines de la Croix du Chypal, de Lesse & aux environs, s'appelloient S. Nicolas à la Croix, la grande montagne & S. Jean au Chypal, S. Antoine & S. Barthelémi au Repas, Notre-Dame à Lusse, S. Jean à Muxhusse, aujourd'hui Merlusse; Notre-Dame à Benabois, les Rouges Ouvrages à la Croix, S. Jean aux Fossés, aujourd'hui les Fosses S. Jean, S. Dominique, S. Jean. Ces mines donnoient argent, cuivre, plomb, antimoine & autres demi-métaux & substances arsénicales & bitumineuses.

M. Saur, grand Minéralogiste & ancien

VALLERIUS

Directeur des mines de Lorraine, a analysé toutes les mines de cette Province; l'extrait de leur production est tiré d'un Mémoire qu'il a composé sur cet objet, & qui se trouve inséré dans les Hommes illustres de Chevrier. Ste. Marie, dit M. Saur dans Chevrier, produit de l'argent, du cuivre & du plomb; la monnoie de Strasbourg ne reconnoît d'autres matieres que celles qu'elle reçoit des mines de Ste. Marie. Les mines de la Croix, situées entre Ste. Marie & S. Diey, fournissent de l'argent & du plomb; celles de Misselot distant d'une heure de Ste. Marie, ont les mêmes propriétés que les mines de cette derniere ville. Tillot, situé sur les frontieres de la Franche-Comté, ne produit que du cuivre. Les villages de Hargarthen & de Falck dépendans de la petite ville de Boulay, Prévôté de la Lorraine-Allemande, ont des mines considérables de plomb. Celui de Vaudrevange, situé sur la Sarre, a de très-bonnes mines en cuivre & en azur. C'est de cet azur dont on forme le bleu dont les Peintres se servent; il rapporte moins que l'argent, mais beaucoup plus que le cuivre. M. Saur prétend aussi avoir été le premier qui a découvert en Lorraine les charbons de terre qu'on nomme houille. Cette houille est une pierre noirâtre qu'on trouve à quarante, cinquante ou soixante pieds sous terre : les seuls villages de Griesborn & de Houdelfangen situés, le premier à une demie, & l'autre à quatre lieues de Sare-Louis, en produisent à vingt pieds ; l'utilité de cette matiere est reconnue composée de parties sulphureuses ; elle sert à défaut de bois dans tous les fourneaux. On a voulu tenter de l'employer dans les salines de Lorraine en guise de bois ; mais on a abandonné ce projet, je ne sais par quelle raison, car il auroit ménagé des milliers de cordes de bois à la Province.

Cabinets de Minéralogie.

LE premier Cabinet que nous avons vu, est celui de Messieurs les Chanoines Réguliers de S. Louis de Metz. Défunt M. Michelet, ancien Principal de la Maison, s'étoit appliqué à faire, avec son zèle ordinaire & le discernement le plus juste, un Cabinet très-complet de fossiles, mines, pierres, fluors, cryftallisations. Il avoit un grand soin de rassembler, sur-tout sous un même coup d'œil, toutes les richesses du Pays ; mais depuis la mort de ce Curieux ce Cabinet est totalement dévasté ; la nombreuse collection de fluors & de cryftallisations les mieux assorties, est disparue ; la seule chose passable qu'on y remarque, est une écrévisse incruftée dans une matiere pierreuse & rougeâtre, & trois fruits de grenade pareillement incruftés, d'une beauté parfaite.

Le second Cabinet est celui de feu M. le Febvre, Conseiller à la Cour souveraine de Lorraine & de Bar; il y a près de quatorze ans que nous n'avons pas vu ce Cabinet; il étoit pour-lors très-riche en mines de toutes especes, tel que l'argent natif, l'argent rouge, l'argent ramifié, le cinnabre, le cuivre, &c. Ce Cabinet, à ce qu'on nous a dit, est toujours le même depuis ce tems, il n'a été ni diminué ni augmenté.

Le troisieme est celui de M. Antoine, anciennement Conseiller au Parlement de Metz & actuellement Procureur Général aux Isles de France. Ce Cabinet renfermoit ce qu'il y avoit de plus curieux dans le Regne Minéral; on y remarquoit sur-tout une végétation d'argent, dont la valeur intrinseque étoit de quinze louis; une corne d'Ammon d'un pied & demi de diametre, coupée en deux, & dont toutes les cellules étoient crystallisées, des nautiles pétrifiées d'une belle grosseur, sur lesquelles on remarquoit encore la nacre & plusieurs autres morceaux intéressans; il y avoit aussi dans ce Cabinet une belle suite de plantes marines, madrepores, coraux avec leurs analogues fossiles; on y admiroit sur-tout un corail rouge d'un pied & demi de haut sur un pied de large, un cérébrite du poids de quatre-vingt livres, un corail blanc articulé, de toute beauté; un tuyau d'orgue aussi d'une belle grosseur. Les coquillages qui se trouvoient dans ce Cabinet étoient aussi des mieux choisis,

choisis, pareillement avec leurs analogues fossiles, & la plûpart du Pays; il y avoit l'arrosoir, la celle Polonoise, les amiraux, les huitres épineuses & feuilletées, de très-belles crêtes de coq, &c. Ce Cabinet subsiste encore, quoiqu'il y ait beaucoup de morceaux qui sont disparus.

Le quatrieme est celui du Sr. Jonveau, Orfevre à Verdun, nous ne l'avons ni vu ni pu avoir la description; tout ce que nous savons, c'est qu'il doit être assorti des plus beaux fossiles du Pays; puisque le Sr. Jonveau depuis long-tems s'occupe uniquement à en faire les recherches par lui-même dans les montagnes, carrieres & ruines.

Le cinquieme est celui de M. de Besse, Chanoine à Metz. Nous en donnerons la description dans notre *Aldrovandus Lotharingiæ*.

Le sixieme appartient à M. Charvet, Procureur des Antonistes de Metz; tout ce qu'on y remarque de plus curieux, est une patte de héron pétrifiée, un glossopetre d'une belle grosseur & des fossiles, la plûpart transparens, & dont plusieurs ont été trouvés à Bar.

Le septieme est celui de M. Villiez, Marchand à Nancy. Nous renvoyons, pour la description de ce Cabinet, à notre *Aldrovandus Lotharingiæ*.

Le huitieme a été formé par M. Charroyer à Girecourt, uniquement des fossiles & fluors des Vosges; il y a dans ce Cabinet une suite de plus de quatre-vingt

F

façons de cornes d'Ammon, une suite de mines de fer, des perles trouvées dans la riviere de Vologne près de Girecourt.

Le neuvieme est celui de M. de Mont-Libert, ancien Ingénieur, Seigneur de Secours & autres lieux. Ce Cabinet est un amas informe de la plûpart des fossiles de la Lorraine & des Trois-Evêchés; ils y sont en si grand nombre & si souvent répétés, qu'il faudroit, s'ils étoient étalés, trois salles pour les contenir; ce Cabinet vient d'être transporté de Nancy à Metz.

Le dixieme est celui de M. de la Galaiziere, Intendant de la Lorraine; il est composé, pour la plus grande partie, des mines & fossiles de la Province; nous avons coopéré à l'enrichir, autant que nous avons pu, en faisant nos courses d'herborisation dans cette Province.

Le onzieme se voit chez M. Guyot, ancien Avocat à Nancy; il y a dans ce Cabinet une suite de fossiles assez beaux & quelques coquillages, la plûpart communs; mais en revanche il y a chez ce Curieux une très-belle collection de tableaux, dont la plûpart est des plus grands Maîtres, & une quantité d'armes antiques trouvées pour la plûpart dans la Lorraine. Ce Cabinet est vendu depuis peu, vente occasionnée par la mort de M. Guyot.

Le douzieme est au Séminaire de Toul, il commence seulement à naître; on y remarque, entr'autres choses, une grosse vertebre d'hippopotame pétrifiée, trouvée à

Sorcy; une vertebre humaine, auſſi pétrifiée; une corne d'Ammon nacrée; une dent molaire d'éléphant pétrifiée, trouvée auprès de Dieulouard; une corne de bœuf pétrifiée, trouvée auprès de l'Abbaye de l'Iſle-en-Barrois, & une porcelaine en foſſiles de Champagne.

Le treizieme Cabinet qu'on ait vu en Lorraine, a été celui de M. de Treſſan; il nous l'a vendu, il y a douze ans, nous l'avons réuni à ce que nous avions ramaſſé dans nos voyages; c'eſt-là, & d'après ce grand Maître, que nous avons pris quelque connoiſſance de l'Hiſtoire naturelle; mais la modicité de notre fortune ne nous ayant pas permis de conſerver quelque choſe d'auſſi cher, nous avons été, pour ainſi dire, forcés de nous en défaire; il renfermoit pour-lors deux mille quatre cens eſpeces différentes, tirées des trois regnes; nous avions ſur-tout dans ce Cabinet de la mine de diamant, qui venoit du Royaume de Golconde, & qu'on nous avoit donnée dans nos courſes métallurgiques. Depuis la vente de ce Cabinet M. le Comte de Treſſan a voulu en former un nouveau, mais il eſt peu conſidérable; nous allons rapporter ici la deſcription de ce Cabinet, telle qu'elle eſt inſérée dans la Conchyologie.

Cette collection conſiſte en une ſuite de cent cinquante oiſeaux Européens très-bien conſervés; une autre, de papillons & inſectes étrangers, quelques reptiles, entr'autres l'aspic de Bengale. Les coquillages sont rangés suivant la méthode de la Conchyologie & présentent plusieurs morceaux rares ; on y voit des lithophites, panaches de mer, madrepores, coralloïdes, éponges, mousserons, aigrettes de toute couleur, parmi lesquels est un arbre de corail rouge de quatorze pouces de haut sur un pied de large. Les fossiles sont des plus variés avec plus de cent cinquante pieces analogues aux coquillages marins ; on y compte vingt oursins pétrifiés en silex, en agates, en marbres ; un grand nombre de nautiles, de fossiles, des cornes d'Ammon ouvertes & séparées en plusieurs cellules cryftallisées, il y en a quelques-unes de métallisées. Les bois pétrifiés offrent un morceau d'un pied de long sur neuf pouces de diametre, changé dans une belle agate couleur de chair & violette. Les pieces d'Anatomie, les fœtus & plusieurs animaux étrangers s'y trouvent, ainsi qu'une tête entiere d'un gros quadrupede, pesant cent livres, avec des parties d'os qui sont pétrifiés. Les mines & minéraux de Hartz, Lovennitz, Palatinat, Saxe, des Deux-Ponts, des Pyrénées, y sont en grand nombre, & les échantillons d'or & d'argent du Pérou, du Potosi ; une mine d'argent natif, du poids de douze onces en feuille de fougere ; une autre d'argent rouge pesant près de deux marcs & demi, toute cryftallisée, venant des mines de Ste. Marie ; une suite d'aimant naturel & factice, en tr'autres une petite piece qui porte deux cens fois son propre poids; les pierres figurées, les cailloux, les jaspes, agates, cornalines & autres pierres précieuses, brutes & taillées; les dendrites ne sont pas oubliées, ainsi que les livres de Physique & les instrumens nécessaires aux expériences de l'aimant, du vuide & de l'électricité.

Le quatorzième Cabinet, qui est celui de M. le Comte de Cuftine, se distingue à Nancy, & prouve ses belles connoissances dans la partie de l'Histoire naturelle & particulièrement des fossiles, qui y sont en grand nombre & des plus curieux. Celle des minéraux est ce qu'on y remarque de plus considérable; on y trouve depuis l'or jusqu'aux minéraux les plus communs. Ceux des Pays étrangers ont été recueillis avec soin & offrent de grosses pieces fort rares. Cette collection passe chez les Naturalistes pour une des plus completes qu'il y ait, on ne doit pas oublier une suite d'oiseaux & d'animaux rares, parfaitement conservés.

La quinzième collection est à Senones; elle a été formée par le R. P. Dom Calmet, ancien Abbé de ce lieu, si renommé par ses savans ouvrages sur l'Ecriture sainte & par son Histoire de Lorraine; elle consiste dans un nombre de coquillages marins, rangés suivant la méthode de la Conchyologie. Il y en a de belles, quoique les plus rares y manquent; les fossiles forment la partie la plus curieuse, ils sont presque tous Lorrains ou Champenois, collés sur le fond des tiroirs, ayant depuis une ligne juſqu'à un pouce d'étendue. On y voit le coq & la poule d'une grandeur conſidérable, & une belle huitre épineuſe avec partie de ſes pointes; une ſuite de cornes d'Ammon depuis deux lignes juſqu'à huit pouces, la plûpart polies & tranſparentes comme des agates, quoiqu'elles ne ſoient pas de la même nature, ni dureté; une belle ſuite de madrepores, un fragment de cornes d'Ammon, dont les vertebres ſont entiérement détachées & cryſtalliſées.

Le regne minéral comprend quelques pierres précieuſes, des cryſtaux, des agates choiſies, la plûpart gravées & antiques. Une coupe d'agate de cinq pouces de diametre, portée ſur un pied, repréſentant des tourbillons; les marbres & les agates s'y voient en nombre, une pierre d'aigle de cinq pouces, un cryſtal des Pyrénées rempli de mines d'amianthe & en dehors couvert d'herboriſations; une ſuite de minéraux de différens Pays, avec des morceaux de mines de fer très-curieuſes; des congélations, cryſtalliſations, ſtalagmites de Ste. Marie-aux-Mines formées de lames cryſtallines adoſſées les unes contre les autres.

Le ſeizieme Cabinet eſt chez M. Lartillier, Lieutenant Général & Subdélégué à S. Mihiel. Ce Cabinet, ſuivant la deſcription que nous en a donnée ce Collecteur naturaliſte, conſiſte en ſix grandes armoires, dont les panneaux ſont en glaces, où toutes les pieces font rangées méthodiquement fur des ftu-rioles, de maniere que d'un feul coup d'œil on voit le tout. Les deux premieres contiennent le marin, qui confifte en une collection de dix-huit cens vingt coquilles de différentes efpeces, dans le nombre defquelles on trouve des huitres épineufes les mieux confervées, plufieurs en grouppe, de toute beauté ; des cœurs épineux, la bécaffe épineufe ; des nautiles de toute efpece, l'ourfin appellé le *digitatus*, le coq & la poule, la quenouille de deux efpeces, le fufeau, la mufique, trois harpes différentes, le bois veiné, de beaux grouppes de gâteaux feuilletés en rouge & en jaune, un raftellum, l'amiral, le vice-amiral, de beaux draps d'or, deux efpeces de fcorpion, la fole, le manteau ducal & deux manteaux royaux différens, avec la collection la plus complete de l'efpece des peignes, moules & cames, trois beaux *concha Veneris*, dont un d'une groffeur furprenante ; un fcorpion de quatorze pouces de longueur, le maron d'Inde à épines couleur de rofe, l'âne Buccin, la pinne-marine de fix efpeces, un corail noir de quatorze pouces de hauteur fur dix de large, un corail rouge fur fon rocher de huit pouces fur neuf de large, des coralloïdes de trente efpeces différentes de madrepores, l'oifeau marin appellé Fouliman, trois efpeces de colibris, la taupe blanche. La troifieme armoire eft la collection complete des foffiles. La quatrieme représente une collection de marbre très-étendue, des agates, des minéraux, dans le nombre desquels est un morceau de mine de vitriol, de toute beauté, que le hazard a produit & formé en une croix; des métaux depuis le fer jusqu'à l'or, de différentes especes; des agates arborisées, des cryftallifations & congelations, un très-beau morceau d'émail naturel.

Les cinquieme & fixieme armoires renferment les pétrifications, dont parties font analogues au marin des deux premieres armoires; la collection des ourfins y eft des plus completes, de belles huitres épineuses, des cornes d'Ammon depuis trois pieds de tour jufqu'à deux pouces, dans le nombre defquels il en eft de marbrifiés, agatifés & cryftallifés; des *concha Veneris*, écrévisse; un morceau de bois d'un pied & demi de longueur fur fept pouces de hauteur, marbrifié & cryftallifé; un autre agatifé, un minéralifé, une dent macheliere d'un animal marin très-grosse, des madrepores & nautiles de différentes especes, un morceau de bois pétrifié de deux pieds de longueur, entrelaffé de charbons de terre & de pierres de Florence.

Le dix-septieme & dernier Cabinet eft celui de M. Dupré de Geneft; il confifte en une très-belle collection de pierres précieuses tant transparentes qu'opaques. Deux tiroirs renferment des camées cornalines au nombre de fept, dont deux de vieille roche, l'une repréfentant Seneque mourant,

LOTHARINGIÆ.

de la plus grande beauté & de la plus forte expreſſion ; l'autre, un *Janus-Bifrons*. Ces ſept cornalines ſont toutes de grandeur, depuis un pouce en quarré juſqu'à huit lignes en ovale. Sept buſtes d'Empereurs & d'Impératrices Romaines, taillés à l'antique, d'os d'hyppopotame. On y voit Jules-Céſar, Tite, Veſpaſien, *Julia Titi*, un caracole, *Julia Pia* & *Julia Mammæa*. Une agate onyx également camée, de quatorze lignes en ovale, repréſentant un phénix dans les flammes. L'ouvrier a trouvé dans la pierre les plus belles couleurs, tant pour exprimer les plumages de l'oiſeau, que pour la flamme & le bois du bûcher. Quatre cornalines noires, gravées en relief, repréſentant Jules-Céſar, deux Philoſophes & un Maure ; on croit ces quatre morceaux de gravure Angloiſe ; ils ſont de la plus belle expreſſion. Une ſardoine orientale de treize lignes en ovale & de ſix lignes d'épaiſſeur, taillée en amande & chargée de l'un & de l'autre côté d'anciens caracteres Grecs ; morceau que le Poſſeſſeur croit unique, dont il fait un très-grand cas, & qu'il ſe propoſe de publier inceſſamment ; une cornaline onyx portant une tête radiée qui eſt d'un tel relief, qu'elle paroît détachée du fond, l'ouvrage en eſt des plus finis. Cinq autres agates onyx camées, dont deux repréſentant l'aigle Romaine. La troiſieme, deux chiens accouplés & couchés. La quatrieme, un Empereur & la cinquieme un Philoſophe. Quatre guſguneches ou pierres de soleil, dont l'une de cinq pouces en ovale, représente un lion couché, de la plus belle expression, & les trois autres des têtes inconnues. Onze sardoines onyx, représentant des têtes Grecques, de toute expression & du plus grand fini ; une autre représentant une Impératrice Romaine, dont le travail est très-beau ; une agate onyx représentant Mars & Venus. Une autre grande représentant l'Empereur Commode ; une autre Pallas ; une autre de de dix-huit lignes en ovale, représentant Cléopâtre, & du plus grand relief. Dix-sept camées coquilles représentant différens bustes d'Empereurs & de Philosophes.

Parmi les pierres gravées de ce Cabinet on en remarque trente-trois fines, gravées en creux ; savoir, un rubis Oriental laiteux, chargé d'une tête de Philosophe, d'une gravure admirable ; un grenat Syrien portant des armoiries inconnues ; deux hyacinthes gravées antiques ; cinq primes d'émeraude, dont l'une gravée de mains Grecques ; neuf améthistes, dont la plus remarquable porte la tête de l'Empereur Héraclius ; six sardoines, dont trois de gravure grecque, l'une desquelles est chargée du nom du Graveur ΛΟΥΚΙC ; une topaze chargée de la tête d'un Philosophe ; trois crystaux de roche, dont deux d'un très-grand volume représentent, l'un la Déesse Pallas & l'autre le buste de Mars armé. Six pierres Egyptiennes ; savoir, un Karabé, pierre de touche ; une autre pierre de touche, dont la gravure est presqu'usée; un jaspe chargé d'un côté de figures, en creux, d'Isis & d'Osiris; & au revers de sept lignes de vieux caracteres grecs, un jaspe verd chargé d'Isis & d'Osiris, en creux, posé sur un Autel, & dont les bustes sont taillés en canope; une pierre de touche sur laquelle est gravée en creux l'Ibis Egyptien; une cornaline représentant d'un côté une tête de face; au revers un Prêtre Egyptien, dont le biso qui l'entoure est chargé de caracteres indéchiffrables; sept pattes antiques, dont l'une, qui représente les trois Graces, est de la plus grande beauté, & une autre représentant *Amor leonem vincens*; dix grandes agates Orientales, dont l'une de vingt-cinq lignes d'ovale & la plus petite d'un pouce, représentant divers sujets d'antiquités, dont la description seroit trop longue; douze sardoines antiques, dont l'une est chargée de la tête de l'Empereur Tibere, une autre de celle d'un Philosophe, une troisieme du buste de l'Empereur Posthume, & les autres de différens sujets historiques; cent cinquante cornalines Grecques, Romaines, Etrusques, de la décadence des Arts anciens & modernes, dont une grande partie de la plus rare gravure; on y voit un Marc Antoine, un Néron, un Cicéron, un Tite-Live, une Déesse Roma, un Haëno Barbus, un Iole, une tête de Méduse de l'expression la plus forte; Diomede ravissant le palladium, une belle tête de Mercure, un Galba, un Neptune; *quos ego*, Jupiter accompagné des Déesses de l'abondance & de la tranquillité publique, ayant tous les trois le probosaïde sur la tête, & autres; trente-six *lapis lazuli* gravées, antiques, Etrusques, Arabes & Turques; treize jaspes sanguins, dont trois remarquables par l'excellence de leur gravure; l'une est la tête de Jules César, on ne peut pas mieux exécutée; l'autre, qui porte un pouce de large sur huit lignes de hauteur, représente un Autel enflammé, & pour devise en beaux caracteres Romains : *Si fallo, sic cremer absens*; la troisième porte d'un côté une figure de boue & passant de gravure Etrusque; & au revers, un caducé entouré de deux cornes d'abondance, dont la gravure est exquise; une agate Orientale veinée, représentant l'enlévement d'Europe, morceau admirablement bien exécuté; six cailloux, dont l'un chargé de caracteres astrologiques, les autres de différens sujets très-bien gravés; vingt-quatre onyx, dont quatre de gravure Grecque, d'une rare beauté, tant pour le choix des pierres que pour l'exécution; on voit sur une Archimede, méditant sur une sphere, une tête de bouc singuliérement exécutée; la Déesse de l'Arabie, coéffée de la tête d'éléphant, ayant deux javelots derriere elle & un épis devant. Il y a encore dans ce Cabinet un grand nombre d'autres pierres gravées, dont l'énumération seroit trop longue.

LOTHARINGIÆ. 85

Les bagues qui sont dans ce Cabinet, sont, un rubis balai grand & de la plus belle eau; un beau saphir blanc, une émeraude montée en bagues, du douzieme siecle, qui a été trouvée à l'exhumation d'un Evêque de Metz; une prime d'émeraudes chargée de paillettes d'argent, dans le goût de l'avanturine; un grenat Syrien, d'un volume considérable & de la plus grande beauté; un autre beau grenat Oriental; deux Turquoises, vieille roche, sur monture ancienne; une opale, trois yeux de chat très-beaux, dont l'un de pierre Orientale; un gusguneche ou pierre du soleil, d'un très-grand volume & d'un chatoiement extraordinaire.

Parmi les bagues, dont les pierres sont gravées, on remarque une hyacinthe d'un volume considérable, gravée du signe du Verseau d'un côté, & du caractere de ce signe de l'autre; c'est une des douze bagues talismanides de la Reine Marie de Médicis; une améthyste sur laquelle est gravée la tête de l'Empereur Heraclius, monture d'Italie, ornée de diamant; trois agates onyx, dont l'une représente la tête d'Alexandre encamée; une autre, la tête d'une Vestale voilée; & la troisieme, une tête Grecque; une agate onyx avec sa monture antique, qui représente en creux un Berger qui trait sa chevre; une cornaline, vieille roche, sur laquelle est gravée en creux la tête d'un pere & de ses deux fils dans le goût de Janus; on lit à côté ●ⁱN●O, lesquels caracteres sont posés à l'envers : ce morceau est de la plus grande beauté ; un jaspe Oriental monté à l'antique, chargé d'un Amour débout, s'appuyant du bras gauche sur un Autel & de l'autre sur son arc tendu, gravure de la plus belle exécution ; une agate Orientale sur laquelle on voit un cerf terrassé par un lévrier ; une cornaline, vieille roche, représentant deux Amours qui se jouent avec un sanglier ; une autre cornaline montée à l'antique, on y remarque une femme couchée sur un lit & un petit Amour qui la quitte pour courir après un papillon ; une sardoine montée à l'antique, chargée d'une tête de bœuf, vue de face ; elle a servi de *Secretum* au feu Roi de Pologne, Duc de Lorraine, qui ne l'a jamais quitté.

Parmi les choses curieuses de ce Cabinet on remarque encore une bague d'or d'un singulier travail, du treizieme ou quatorzieme siecle ; les nobles familles de Nuremberg en conservent de pareilles pour la cérémonie de leurs nôces ; une cassolette ou boëte de senteur d'albâtre, d'un travail percé à jour & d'une délicatesse inconcevable ; une pierre verte, du volume d'environ un pouce quarré, d'une belle eau & très-dure, dont le bloc qui étoit de deux tiers plus considérable avant la taille, a été trouvé en creusant les fondemens de l'Hôtel-de-Ville de Metz ; un filet de soixante grenats Syriens, taillé à l'antique & gros chacun comme un gros pois ; une tabatiere d'une prime d'améthyste, formant une cuvette d'un goût très-agréable, elle est montée en or avec beaucoup de goût; une prime de malachite, de la plus belle eau, elle porte deux pouces de large sur vingt lignes de haut, chargée de tubercules, on croit ce morceau unique; trois besoards, dont deux Orientaux, l'un étant de la grosseur & de la forme d'un gros œuf d'Inde, d'un poids considérable; le second, de deux pouces huit lignes de longueur, sur un diametre de sept lignes en forme de cylindre; le troisieme est Occidental, mais d'une grosseur prodigieuse.

Ce Cabinet renferme une jolie suite de pierres fines: 1°. Un joli assortiment de diamans pour en connoître les nuances & les différentes tailles; 2°. Un assortiment de cent rubis Orientaux, depuis la couleur la plus forte & la plus éclatante, jusqu'au légérement rosé, de toutes les nuances; six rubis balais de différentes nuances; vingt rubis spinelles; 3°. Un assortiment de soixante-dix saphirs, depuis le plus riche en passant par le verd, jusqu'au rouge nuancé de bleu: cette partie est très-riche y ayant des pierres d'un très-grand poids; trois saphirs blancs d'un volume considérable & qui ne le cedent pas au diamant pour l'éclat; une aigue marine, d'un beau volume & de la plus belle eau; onze topazes Orientales, dont trois d'un beau volume, toutes faisant nuance; cinq topazes du Brésil, d'un volume considérable; sept topazes d'Europe, d'un beau choix & d'une belle eau;

quatre topazes presque blanches, dont deux taillées en poire, sont de la plus belle eau; un assortiment de vingt-quatre améthystes faisant nuances, dont une du plus grand volume & de la plus belle perfection; cinq primes d'améthyste d'un beau choix & volume; l'assortiment de dix-sept hyacinthes: il y en a de considérables, tant pour la perfection que pour la belle couleur; un assortiment de vingt-neuf émeraudes de différentes eaux: il y en a une qui est très-considérable par son volume & sa couleur verre de Lorraine; un assortiment de dix-sept paquets de grenats, tant Syriens, que de Bohême, d'Alsace, & autres parties de l'Europe, dont le nombre se monte à près de trois cens; sept Périgueux d'un volume considérable, d'un très-beau choix; trois chrysolites d'un grand volume; une belle crysophase; deux très-belles argentieres; un Iris d'un beau volume & très-net; un petit assortiment de neuf beaux cryftaux de roche, taillés en forme de diamant; un assortiment de cailloux du Rhin; un assortiment de plus de trente opales; neuf primes d'opales; une avanturine naturelle; environ quarante dendrites, dont plusieurs représentent des insectes; des yeux de chat; des rubis calcédoineux & oculés, on ne peut pas plus agréables & plus rares; des opales très-belles & d'un assez beau volume; trois chatoyantes noires & argentines; une sardonix œillée des plus belles; une prime d'émeraude, dont la transparence

rence est rougeâtre ; trois sardoines Orientales rares & précieuses par leur belle couleur & volume ; une sardoine sanguinolente ; une sardoine agatisée ; une sardoine calcédoine fort singuliere ; deux jaspes Orientaux d'un très-beau choix ; une cornaline onyx & transparente ; un sardonix de cinq couleurs, de la plus belle rareté ; une calcédoine onyx œillé ; une calcédoine Orientale, dont la teinte est de saphir, mais nuageuse, elle en a la dureté, son volume est très-considérable, cette pierre est rare ; une calcédoine laiteuse & nuageuse, d'un très-grand volume ; une calcédoine sardonisée Orientale très-rare & d'un grand volume ; une cornaline blanche onyx de quatre teintes différentes, très-rare ; une cornaline onyx rouge & blanche, parfaite, d'un volume peu commun & le rouge de vieille roche ; une cornaline blanche fauve, & presque transparente ; une cornaline blanche neigeuse ; une autre, de nouvelle roche très-belle ; une autre agréablement variée & d'un grand volume ; une autre de belle roche, du plus grand éclat ; une autre de vieille roche, de la plus belle teinte ; une cornaline onyx œillée très-rare ; une cornaline de belle roche & d'un volume peu commun ; une autre, d'une couleur de chair, belle & rare ; une cornaline sardoine de la plus grande beauté ; une cornaline fauve & neigeuse, très-singuliere.

Les agates de ce Cabinet sont une agate onyx transparente ; une agate blanche Orien-

G

tale calcédoineuse, singuliere & très-rare ; une agate onyx de neuf zones, œillée & la plus rare qu'on connoisse ; une agate Orientale sardonisée, très-belle, on y voit distinctement une tête de mort ; une agate Orientale figurée en paysage avec un Maur appuyé sur une terrasse, elle a dix-huit lignes en ovale ; une agate Orientale veinée, noire, rare ; une agate Orientale sanguinolente ; une agate Orientale chatoyante ; une autre Orientale, de la plus grande beauté ; une autre Orientale, sanguinolente, appellée par les Anciens Amachate ; une autre Orientale, d'une couleur unique & dont la transparence est de la couleur de la sardoine, de dix-huit lignes en ovale ; cinq dendrites très-rares, dont l'une représente une araignée, l'autre une fourmi, la troisieme un très-beau paysage en terrasse avec réflexion des arbres en l'eau, les deux autres par les ramifications de ces arbres ; une agate blanche & opaque très-dure ; une agate œillée des plus rares & veinée ; cinq agates œillées, d'un beau choix ; une agate grise jardinée, de verd singulier ; une autre dont le ton de couleur est aussi rare que singulier ; plusieurs agates variées très-singulieres ; deux agates jaunes variées, très-rares ; une agate rouge, fauve, rare & singuliere ; deux agates rouges rembrunies, variées ; deux agates rouges variées ; une agate jaune très-rare ; une agate rouge fauve & jaune, fort agréable, représentant une pierre de

LOTHARINGIÆ.

Florence; une agate fauve & jaune, fort agréable; une autre jardinée; deux agates de Hongrie; singulieres & très-rares; une agate fleurie, rare & très-agréable; deux agates musiques très-rares; des agates veinées fort belles; des agates variées très-jolies.

Deux jaspes fleuris, verds & blancs, très-rares; une agate œillée dont les yeux sont jumeaux & accollés, de la plus parfaite égalité & perfection, très-rare; deux jaspes singuliérement variés & très-rares; l'héliotrope sanguin; jaspe sanguin, varié; jaspe verd, transparent & très-rare; un jaspe verd, tacheté de blanc & de jaune; quatre lapis lazuli, des plus belles nuances, & dont l'un est prodigieusement chargé d'or; deux madrepores agatifés, connus sous le nom de cérébrites; des astroïtes agatifés; deux beaux échantillons de cailloux d'Egypte; un besoard fossile; quatre crapaudines; dix yeux de serpent; un morceau d'electrum; une agate quartzeuse, tenant de l'argent natif, morceau très-rare, tant par sa nature que par son volume; un autre morceau d'agate de roche, portant prime & tenant de l'argent natif, morceau rare & très-intéressant; une agate jaune & sang de bœuf, sur laquelle on apperçoit la tête d'un vieillard qui remplit tout le champ de la pierre, ayant vingt-cinq lignes de diametre; une agate de grenade roche, nouvellement découverte; quatre belles calcédoines avec les variétés de la pierre de lune; des agates Orientales, œillées & cataracteuses; vingt-sept turquoises de vieille roche, toutes considérables par leur grandeur, la beauté de leur émail & le poli; un assortiment de quinze malachites, d'un beau choix & d'un grand volume; des jaspes variés, très-jolis; trois cryftaux Orientaux, dont l'un est très-beau & bien taillé; une agate Orientale, représentant un oiseau de proie perché, qui tient quelque chose dans une de ses serres; une perle Orientale irréguliere, fort grosse; un caillou d'Egypte, trois cailloux brûlés très-beaux & variés; une quantité considérable de pierres fausses & taillées, servant à comparaison pour les pierres fines.

On voit de plus dans ce Cabinet une collection de médailles Grecques, des Rois, des Empereurs, des Colonies, des Consulaires, en argent & en bronze; des Impériales en or, au nombre de plus de soixante, dont il y en a plusieurs d'uniques; beaucoup de médaillons Grecs & Romains, d'or, d'argent & de bronze; une suite de médailles Impériales en argent, de plus de quatre mille; une suite Impériale en grands bronzes d'environ deux mille; *idem*, en moyens bronzes d'environ six cens; une collection presque complete des médailles des Papes; une grande quantité de médailles des hommes illustres dans les Sciences & les Arts; une collection de plus de deux mille monnoies des trois races de nos Rois; une suite de plus de quatre cens médailles & monnoies des Ducs de Lorraine, de plus de six cens monnoies de la Ville & des Evêques de Metz; une collection, non exactement suivie, des monnoies de Toul, Verdun, Luxembourg, Treves, Cologne, Strasbourg & autres Villes d'Allemagne, au nombre de plus de trois cens; une riche collection des livres imprimés par les premiers Inventeurs de l'Impression depuis le milieu jusqu'à la fin du quinzieme siecle, cette partie est considérable & très-rare; une collection de plus de cent tableaux des meilleurs Maîtres.

Professeurs en Chymie.

MR. JADELOT, Doyen de la Faculté de Médecine de Pont-à-Mousson. Jamais on n'a enseigné la Chymie dans cette Faculté.

M. CUPERS, Docteur aggrégé au College Royal des Médecins de Nancy, Membre de l'Académie de la même Ville, Premier Professeur de Chymie audit College.

M. THIRION, Apothicaire à Metz, Membre de l'Académie de la même Ville, Démonstrateur Royal en Chymie; cet habile Chymiste a déja fait trois cours de Chymie à Metz, avec l'applaudissement de tous ceux qui y ont assisté; ce qui lui a mérité une pension de six cens livres.

Amateurs en Chymie & Histoire Naturelle.

MR. le Comte DE TRESSAN, Gouverneur de Bitche; de l'Académie Royale des Sciences; c'est un des plus savans Physiciens & Naturalistes de ce siecle.

M. le Comte de CUSTINE d'Auxfiance; ce Seigneur embrasse toutes les parties de l'Histoire naturelle, il s'applique surtout à la Botanique.

M. BAGARD, Président du College Royal des Médecins de Nancy, Chevalier de S. Michel; il a composé un Traité manuscrit sur les Eaux de la Lorraine.

M. de BESSE de la Richardie, Chanoine de la Cathédrale de Metz; ce Curieux a déja fait une collection qui mérite l'éloge de tous ceux qui la connoissent.

M. VILLIEZ, Marchand & Juge-Consul à Nancy; on peut dire que son Cabinet l'emporte sur la plûpart même des plus beaux de Paris; la facilité de son Commerce, qui est des plus étendus, jointe à sa capacité & à sa fortune, lui procure tout ce qu'il y a de plus rare dans les deux Hémispheres.

M. SAUR, Directeur des Mines de Ste. Marie. Les connoissances que ce Monsieur s'est acquises, tant par ses voyages que par sa propre expérience & son étude, lui ont acquis, à juste titre, le surnom d'être le plus grand Connoisseur de la Lorraine dans la partie métallurgique.

M. CHARVET, Procureur des Antonistes de Metz; nous avons de lui un Mémoire sur les limaçons, inséré dans le Mercure de France.

M. CHARROYER, grand Collecteur de Fossiles.

M. JONVEAU, Orfevre à Verdun. Ce Naturaliste iroit aux extrêmités de l'Europe pour découvrir quelques Fossiles rares, tant il a d'inclination pour l'Oryctologie.

M. BRICLOT, Prévôt à Dieulouard. Ce Naturaliste fournit des Fossiles de la Lorraine à tous ceux qui en demandent, tant il en est abondamment pourvu.

M. le Supérieur du Séminaire de Toul, de la Congrégation de S. Lazare, homme versé dans l'Histoire sacrée, profane & naturelle.

Le P. LEJEUNE, ancien Prieur de Ste. Marie des Prémontrés de Pont-à-Mousson. On verra à la fin de cet ouvrage un Mémoire qui lui mérite, à juste titre, le vrai nom de Naturaliste.

Le P. BONNETIER, Curé de Sarpane; cet Amateur n'est pas seulement versé dans l'Histoire naturelle, mais il s'applique encore aux antiques.

Le P. BARNABÉ, Carme-Déchaussé & Prieur à Bar.

M. PIERRE-JOSEPH BUCHOZ, Auteur du Traité hiſtorique des Plantes de la Lorraine, du *Tournefortius Lotharingiæ*, de la Médecine rurale, tirée uniquement des végétaux indigens & du préſent ouvrage. Il s'applique à l'Hiſtoire naturelle. Il a fait en 1767 à Nancy un Cours d'Hiſtoire naturelle & de matiere médicale.

On voit à Neuviller, chez M. de la GALAIZIERE, Intendant de la Province, un très-beau Cabinet de Chymie.

Extrait d'une Lettre de M. Lottinger, Médecin Stipendié à Sarbourg, sur les Eaux Minérales des environs de cette Ville.

LEs Fontaines minérales ne manquent pas dans les environs ; entre un grand nombre les ſuivantes ſont celles qui ont le plus de célébrité : 1°. Celle de Lixheim, à un quart de lieue de cette Ville & à une lieue de Sarbourg ; elle eſt placée ſur le chemin de Lixheim à Sarbourg, & ſa ſource ſe trouve dans le tronc d'un arbre. 2°. Celle de Monhigny près du village de ce nom, à une lieue de Blâmont ; elle eſt dans un très-beau baſſin entretenu proprement ; on en fait uſage dans les environs, & elle ne manque pas de réputation. 3°. Celle de Domêvre à un quart de lieue de ce village vers celui de S. Martin ; celle-ci eſt moins employée que l'autre. 4°. Celle près de l'Abbaye de Haute-Seille.

J'ai fait, dit M. Lottinger, l'analyse de ces eaux, à l'exception de celles de Domêvre, & j'ai trouvé qu'elles étoient à peu près les mêmes, je ne les crois pas différentes de celles de Neuweyer dans le Nassau; ainsi elles conviennent dans les mêmes maladies. Pour procéder à leur analyse, j'ai suivi la méthode de M. Marteau; mais ce qui dépose plus en leur faveur que toutes les analyses, c'est l'usage heureux que j'en ai fait dans quelques maladies. J'ai vu celle de Domêvre réussir dans une constipation accompagnée de colique, de *Miserere*, qui avoit résisté à tous les remedes. J'ai employé celle de Lixheim, avec le plus grand succès, dans des jaunisses opiniâtres; celles de Monhigny ont opéré nombre de cures dans des cas semblables. Toutes ces eaux lâchent le ventre pour l'ordinaire, quelquefois même elles purgent assez vigoureusement. Il y a encore une fontaine qui est beaucoup vantée, parmi le peuple des environs de Sarbourg, c'est celle de S. Quirin, village placé au pied de la montagne, à trois lieues de cette Ville; une infinité de personnes affligées d'ulceres rebelles, s'y rendent ou font chercher de cette eau, & la plûpart se trouvent guéries après en avoir usé quelque tems. J'ai examiné ces eaux, & je les ai trouvées toutes semblables aux autres du pays, elles n'ont certainement rien de minéral. Comme ceux qui en font usage trempent des feuilles de chêne dans cette eau, & qu'ils ont soin de les renouveller souvent, n'est-il pas à présumer que toute leur efficacité ne provient que de ces feuilles ? ce qui pourroit mériter l'attention des Chirurgiens.

Recherches & Observations sur l'ancienne Fontaine de Pétrole, du Comté de Bitche.

Proprios discite cultus. (Virgil.)

LE Pétrole est un baume minéral d'une utilité très-grande dans la médecine & dans les arts. On en distingue de plusieurs especes, & par conséquent de différentes qualités. Le noir est le plus commun, presque tous les pays du monde en produisent; c'est aussi le moins estimé ; il n'est propre que pour les usages civils, à moins que l'art ne l'ait séparé des matieres étrangeres qui le dégradent ; mais sa rectification coûte beaucoup plus qu'elle ne vaut, & jamais il n'égale celui que la Nature a préparé elle-même.

Le rouge se rencontre moins fréquemment, il est presque toujours mêlé avec le noir ; tel est celui de Gabian proche Beziers & dans notre voisinage ; celui de

Lamperſloch en baſſe Alſace & celui de Geeſbach ſur les limites du Val-de-Lievre.

Le jaune eſt encore plus rare & plus fin ; celui du Mont-Zibio, près de Modene, eſt renommé depuis pluſieurs ſiecles ; c'eſt une plainte ordinaire, qu'on l'envoie falſifié avec le rouge, mais la nature ne le donne pas autrement à Zibio.

Le pétrole blanc eſt le plus précieux de tous, il eſt clair & fluide comme l'eau ; ſon odeur eſt très-pénétrante, nullement déſagréable, quoique ſi ſinguliere qu'on ne peut le comparer qu'à elle-même. Il eſt ſi léger qu'on ne peut le falſifier avec aucune autre ſubſtance ; il ſurmonte toutes celles qu'on a éprouvé de mêler avec lui ; ſon extrême rareté fait qu'il n'eſt connu parmi nous que par le rapport des Auteurs ; on n'en ſait qu'une ſource en Europe ; celle du Mont-Feſtin, à vingt mille de Modene, il eſt ſi pur, en ſortant du puits, qu'on travailleroit en vain à le perfectionner.

En voici une autre ſource au milieu de nous, célebre autrefois ; ſa réputation eſt tombée lentement par les malheurs des tems, bien plus que par notre défaut de curioſité.

Le ſeul document domeſtique qui nous en reſte, vient du ſavant & laborieux Thiery Alix, Préſident de la Chambre des Comptes de Lorraine. Il diſoit, dans ſa deſcription manuſcrite du Comté de Bitche, faite par les ordres & adreſſée au grand Duc

VALLERIUS

Charles en 1594 au village de Walſbroon.
» Souloient être des bains jadis fort fré-
» quentés & uſités par ceux principale-
» ment, qui étoient perclus des membres;
» l'on a, du vivant du feu Comte Jacques,
» laiſſé ruiner le puits, lequel à peu de
» frais ſe pourroit réparer; au fond d'icelui
» ſe tiennent grand nombre de pierres,
» en forme de cailloux, qui y ſont ainſi
» naturellement, leſquelles ſont aucune-
» ment noirâtres & dures; icelles miſes,
» l'eſpace d'un quart d'heure, en eau
» tiede, deviennent molles & maniables
» comme de la cire, & rendent une odeur
» retirant ſur celui de poix réſine; ils les
» appellent par-delà *Berwachs*, qui eſt
» autant à dire que cire ou bitume de
» montagne. Joignant ledit puits, grande
» maiſon & haute élevée, appartenante
» à Votre Alteſſe, en laquelle on ſou-
» loit baigner & s'y tenoit le Maître deſ-
» dits bains. » On y voit encore les lieux,
où étoient les cuves à baigner.

Il eſt pardonnable à un Juriſconſulte de
n'avoir pas donné une idée plus nette de
cette fontaine, & d'avoir reconnu le pétrole blanc, qui en fait le principal mérite.

Gauthier d'Andernac, fameux Médecin
de la Faculté de Paris, Médecin Phyſi-
cien de la ville de Metz & enſuite Pro-
feſſeur à Straſbourg, avoit viſité pluſieurs
fois les eaux de Walſbroon, il n'en eſt
aucune qu'il recommande davantage, à
cauſe de leur pétrole (*Fons ſylvaticus in*

Comitatu Bitch infectus est lapidibus bituminosis, supra quem oleum album non graviter olens ut judaicum, sed potius odoratum apparet, &c. in Dial. 1. *p.* 7.) dans ses Dialogues sur les Eaux minérales, imprimés en 1565. Elles jouissoient encore de son tems de leur ancienne réputation. Il rapporte leur découverte au regne de l'Empereur Frederic Barbe-Rousse, beau-frere du Duc Matthieu I.

Il insinue même que ce Monarque eut la gloire de la construction du puits & des bains. L'Histoire nous apprend qu'il se plaisoit beaucoup dans les environs, & qu'il y fut le fondateur de plusieurs Villes qui subsistent.

Les Archives du Comté de Bitche, transférées dans celles de l'illustre Maison de Hanaw-Lichtemberg, lorsqu'elle fut contrainte d'évacuer cet Etat, nous instruiroient de ces anecdotes curieuses ; mais il n'est pas facile d'y pénétrer. Il est certain que cette fontaine étoit déja connue du temps du Duc Matthieu I. dans sa Charte énonciative (Baleicourt, pag. 46.) des limites du Comté de Bitche. Il est fait mention de Valsbroon, qui veut dire en françois la fontaine des forêts ; or c'est le nom qui lui a été donné d'abord, qu'elle a conservé jusqu'à ce jour ; la plûpart des Auteurs ne la désignent que sous le nom de *Fons sylvaticus, fons sylvestris*. On en pourroit faire remonter la découverte dans des tems plus reculés. Une voûte militaire des Romains y aboutissoit directement; on en voit encore aujourd'hui des portions fort entieres dans une forêt voisine, nommée *Homburien-Waldt*, au Nord de *Walsbroon*. Le Château offre aux Antiquaires des pierres ornées d'Inscriptions presqu'effacées, ce sont les débris d'un autre édifice plus ancien, comme leur emplacement dans la maçonnerie le fait juger.

La Paroisse a été réparée, il y a deux ans; il y avoit plusieurs de ses pierres chargées d'Inscriptions antiques; enfin on a trouvé en différens endroits de Walsbroon des médailles Romaines.

Nous avons donc tout lieu de penser que ces eaux étoient déja connues du tems des Romains, & qu'elles n'ont été que renouvellées par l'Empereur Frederic-Barbe-Rousse. Jérôme Bouc, (*Stirpium Commentarii* 1539, *pag.* 83.) ou Tragus, qui demeuroit à Hornbach à deux lieues de Walsbroon, où il cultivoit, dans une simplicité digne de ces anciens tems, les ames & les plantes, les avoit souvent fréquentées.

Martin Ruland (*hydriaticè*) premier Médecin de l'Empereur Rodolphe II. Jean Bauhin (*de Thermis Aquisque medicatis Europæ præcipuis*) célebre Botaniste, Elisée Roslin (*Apparat. Alf. Chron. cap.* 88. *pag.* 191.) premier Médecin du Comte Philippe de Haneau; Melchior Sebizius (*de acidulis Alsatiæ*) Professeur en Médecine à Strasbourg; Jean-Jacques Wecker (*Antidotarium speciale*) Physicien de la ville de Colmar, sont autant de témoins éclairés & irréprochables, qu'il faut consulter sur les effets merveilleux du pétrole, des eaux & bains de Walsbroon ; mais par quel accident, dira-t-on, des eaux si singulieres par leur nature, si constamment éprouvées par le Public, si généralement louées par les Médecins, sont-elles tombées au point d'être ignorées des uns & des autres indépendamment de la mode, qui tyrannise jusqu'à la santé des hommes? Les eaux de Walsbroon ont essuyé des infortunes, qui firent décliner leur fréquentation. L'autorité du Comte Jacob, dernier Souverain de Bitche, de la Maison de Deux-Ponts, fut livré par sa foiblesse & sa crédulité à des Courtisans avides & à des Ministres Protestans fanatiques ; les uns rendirent ce séjour suspect, les autres dispendieux & peu sûr.

Après avoir laissé décréditer ses bains, il ne s'inquiéta guère de les réparer : bien différent du Comte George son frere & son prédécesseur, qui maintint ses Etats dans la paix & l'abondance, qui entretint & augmenta les commodités & la sûreté de nos bains, qui y fit bâtir un Château fort & spacieux, autant pour protéger les malades dans ces tems de trouble, que pour loger les personnes de condition, qui y affluoient de toute part avec le Peuple ; le Comte Jacob laissa encore ruiner cet édifice.

Le Président Alix les trouva dans cet

état au changement de domination ; il faut croire qu'ils n'étoient pas abandonnés abſolument des étrangers, puiſqu'il les range encore dans les ſingularités naturelles de la Lorraine.

Huc etiam extremi veniunt ad Balnea Naphtæ,
Naturæque ſtupent parturientis opes. Elog. Loth.

On ne ſait cependant ſi le grand Duc Charles les fit réparer. Les grandes affaires de la ligue ne lui donnerent guère dans ce tems le loiſir d'y penſer, mais il eſt conſtant que la fin de leur dernier période fut la guerre de Charles IV. avec l'Electeur Palatin, ce Village fut brûlé, le puits & les bains détruits de fond en comble, les Habitans tués ou diſperſés ; à l'arrivée du Duc Léopold ils n'étoient qu'onze en tout ; il eſt inſenſiblement raccommodé ſous un regne auſſi heureux ; on y compte à préſent ſoixante-dix maiſons bâties en bois & en terre, la plûpart à la façon de Waſgaw ; les maſures témoignent qu'il y en a eu plus de quatre cens anciennement, bâties en pierre ; il eſt vrai-ſemblable, que cette fontaine, qui a donné le nom & l'origine au Village, a ſeul contribué à cet Etat floriſſant où il étoit autrefois : puiſque ni le territoire, ni le commerce, n'ont pu le favoriſer. La terre y eſt très-ſablonneuſe ſur un lit bitumineux, dont les indices ſe montrent non ſeulement à Valſbroon, mais encore dans tous les environs ; elle n'y pro-
duit

LOTHARINGIÆ.

duit que du seigle, du bled de Turquie, du sarrasin & des menus grains, avec beaucoup de peine de la part des Cultivateurs, à cause de l'élévation du terrain & de ses inconvéniens.

Le commerce se borne actuellement aux moutons, qui y sont très-bons, & aux marains que l'on flotte pour la Hollande sur le ruisseau qui coule dans le vallon & qui va se perdre dans la Horn à une demi-lieue delà ; on les tire des forêts du Domaine. La situation du village n'a jamais été propre à d'autres commerces.

Il est environné de montagnes, excepté au Couchant ; sa vue est ouverte de ce côté sur Waldhusen, distant d'un quart de lieue. Ce vallon, quoiqu'étroit, n'est pas moins agréable ; la cime de ces montagnes est couronnée de bois, le penchant est cultivé, les maisons en bordent le pied ; la montagne qui est au Midi étoit toute couverte de maisons, en forme d'amphithéatre ; ce ne sont plus que des masures, où il ne reste que des fondemens.

On voit, sur la montagne qui est à l'Orient, les ruines du Château, il n'en reste sur pieds que deux vieilles tours, deux grandes portes & quelques pans de murs ; il y avoit au milieu de la cour un puits très-profond, taillé dans le roc, il est comblé & on laboure dessus. Le Château étoit dominé par une autre éminence, elle est défrichée depuis environ cinquante ans, on la nomme Schanchenberg. Immédiatement

H

au dessous du Château est une belle maison qui appartient à Jean Adam Oliger, Maire actuel, en face de laquelle il a établi un petit jardin entouré de murs; c'est au pied de ce jardin que la fontaine de Pétrole étoit située, dans un bassin de bois de chêne, de quatre pieds en quarré ; il avoit été substitué à l'ancien, beaucoup plus grand, revêtu de pierres de taille cimentées, couvert & environné de grillages, avec plusieurs ornemens gothiques ; ils furent détruits, comme nous avons dit, avec la maison des Bains qui étoit à côté; c'étoit un édifice solide & considérable, le rez de chauffée étoit divisé en plusieurs cellules, dans chacune on plaçoit une cuve pour se baigner dans les eaux de la fontaine, que l'on faisoit chauffer. On ne sait dans quel tems ce bassin de bois fut construit ; il étoit enterré lorsque, vers 1713, le Duc Léopold envoya trois personnes, desquelles nous n'avons pu savoir les noms, pour faire l'examen de ces eaux. Comme ils s'acquitterent très-mal de leur commission, elle fut infructueuse ; ils s'arrêterent à Wolmünster, à une lieue & demie de Wallbroon, sans doute parce que ce premier village leur étoit plus commode, ils envoyerent ordre au Maire de leur apporter des eaux. Il fit débarrasser le lieu où elles étoient enfouies. Les examinateurs firent une espece d'analyse, elle est aussi inconnue que leurs personnes. Il y a vingt-cinq ou trente ans, que deux Médecins de Strasbourg allerent à Wallbroon,

Ils firent quelques essais sur les lieux, & emporterent de l'eau, du pétrole & des pierres bitumineuses de la fontaine, pour les analyser chez eux plus en détail. Leurs travaux sont également demeurés dans le silence.

J'entrepris, il y a quelques années, de vérifier par moi-même ce que les anciens Auteurs nous ont transmis sur cette fontaine ; je trouvai la source dans l'état que j'ai dit, tellement négligée qu'elle n'avoit plus l'apparence d'avoir été connue. Les ruines & les terres la combloient, il en sortoit un filet d'eau qui alloit se perdre à quarante pas dans le Schwartz qui coule dans le vallon ; l'eau en paroissoit d'un verd foncé, dans un verre elle étoit claire & limpide, presque sans odeur & avec un goût bitumineux ; je n'apperçus qu'une pellicule très-mince qui formoit la gorge de pigeon sur la surface de l'eau ; je connus que c'étoit le pétrole blanc si desiré, qui s'évacuoit avec l'eau, fait-à-fait qu'il s'élevoit ; que les anciens avoient formé un puits ou un bassin très-profond, avec raison, afin d'en contenir la réunion ; fondé sur cette idée, je fis vuider une partie des décombres qui l'embarrassoient, je vis alors que la source partoit du fond, qu'elle étoit altérée par des filets d'eau étrangere, qui suintoient à travers les terres, je pratiquai différens moyens pour les contenir ou pour les saigner ailleurs ; j'eus bientôt la joie de recueillir une petite quantité de pétrole blanc, & une eau vraiement imprégnée de ses particules. Il seroit bien facile de remettre ce puits en état & d'obtenir une plus grande quantité de pétrole, en le creusant plus à fond & en munissant ses parois.

Je continuai pendant plusieurs jours cette collection lente & pénible, au moyen d'un morceau de bois plat & un peu encavé. Ce pétrole y adhéroit facilement & s'en détachoit de même en le faisant tomber dans un vase. J'aurois été bien récompensé de mon travail, si des pluies continuelles ne m'eussent obligé de l'interrompre, sans néanmoins quitter le dessein de le reprendre dans un autre tems.

L'année suivante je me promettois un plus grand succès, & même une réparation aisée de ce puits, en persuadant aux habitans de concourir au recouvrement de ce trésor naturel; mais qui le pourroit croire? je vis, à mon arrivée, qu'on venoit de construire un chemin public sur la fontaine, afin d'aller rejoindre, à deux lieues delà dans le Hanau, une chaussée qui porte à Landau.

Les habitans actuels surpris de mes reproches, eux qui avoient perdu jusqu'aux notions que la tradition populaire conserve ordinairement, me dirent qu'il y avoit une autre source sous la maison de Clement Hanel, voisine de celle du Maire Oliger; je descendis dans sa cave & je n'y observai qu'une grande humidité & une odeur forte. On me raconta que pendant l'hiver il y avoit paru une eau semblable à celle de la fontaine ; je ne la regarde que comme une émanation forcée de la vraie source.

Je vis aussi dans un jardin fermé de simples haies, au dessous du nouveau chemin, vis-à-vis de l'ancienne fontaine, une petite source contenue dans un bassin de bois, l'eau me parut tenir légérement du pétrole ; mais avec une différence extrêmement inférieure à celle du puits.

Je quittai Walsbroon avec le chagrin de ne pouvoir pousser plus loin les expériences suivantes, faites sur ce que j'en avois emporté dans mon premier voyage. Heureux encore si elles peuvent contribuer à rendre à la patrie un des plus beaux présens dont la Nature l'avoit enrichie ; c'est à cette Compagnie (Académie de Nancy) à le réclamer, à le restituer à tous les malades qui cherchent en vain des secours ailleurs; sous ses auspices il reprendra son ancienne célébrité.

Cette fontaine nous présente trois objets à examiner : 1°. Le pétrole blanc. 2°. Les eaux qui le charient & qui en sont imprégnées. 3°. Les pierres bitumineuses qui sont au fond du puits.

Le pétrole de Walsbroon s'enflamme très-promptement à l'approche du feu. Quelques gros, mis dans une assiette sur un réchaud, attirerent si rapidement la flamme d'une chandelle & se consommerent avec tant de violence en jettant une belle flamme bleue, & sur la fin un tourbillon de fu-

mée blanche & noire, que je craignis
d'exécuter le dessein que j'avois formé de
mettre le feu à la fontaine; car quoique
je n'aie pu réussir à faire brûler le pétrole
répandu dans l'eau de la fontaine, je savois
cependant que le vrai naphte brûloit dans
l'eau, que le feu par ce moyen pouvoit
se communiquer très-loin. Ramazzini (*de
petroleo montis Zibinii*, *pag.* 351.) ne fut
fut pas plus hardi au mont Zibio.

Nous avons plusieurs exemples de fontaines ardentes qui ont pris feu sans accident, mais elles ne contiennent que du pétrole noir ou rouge, qui ne sont pas à beaucoup près si inflammables que le blanc. Boerhaave soupçonnoit que celui-ci approchoit très-fort de la subtilité de l'alcohol; il en a l'inflammabilité, & s'il ne se mêle pas en totalité avec l'eau, il est fort probable qu'il n'en est pas éloigné, puisque la fontaine tient en dissolution une certaine portion de ce pétrole. Il est vrai qu'il n'est pas aisé de décider si cette dissolution s'est faite dans les entrailles de la terre à l'aide de quelque sel qui auroit, par son union avec le pétrole, composé une espece de savon acide; car on ne peut trouver aucun indice de sel quelconque dans ces eaux, malgré les épreuves les plus variées; ou bien, si le pétrole blanc a été privé de sa partie la plus approchante de l'alcohol, lorsque ces eaux l'ont amené à leur surface, puisqu'il n'est plus miscible à l'eau, quoique l'agitation & même la digestion en favorifent le mêlange. Il y a donc une différence réelle entre le pétrole diffous & le pétrole qui furnage ; mais cette différence ne confifte-t-elle pas dans le degré de ténuité ? Quelles expériences affez délicates pourront fervir à en faire la comparaifon ? Nous avons encore à remarquer, fur cette premiere opération, que la fumée qui s'en exhaloit, n'étoit pas nuifible à l'argent ni aux autres métaux, par conféquent que fon acide eft différent de l'acide vitriolique : il y a même apparence, par d'autres expériences que nous rapporterons plus bas, que c'eft l'acide du fel marin que M. Bourdelin, de l'Académie des Sciences & Profeffeur de Chymie au Jardin du Roi, a démontré réfider dans le fuccin fi analogue au pétrole. Celui de Walfbroon réfifte à la plus forte gelée, fon odeur augmente en raifon de fon intenfité. Un ancien habitant de Walfbroon m'a affuré qu'au printems l'huile étoit toujours plus copieufe que dans les autres faifons : ce qui peut s'expliquer par la plus grande quantité de pluie qui tombe dans ce tems, & qui fournit un véhicule plus copieux au pétrole ; d'un autre côté les chaleurs de l'été l'enlevent plus abondamment & portent au loin fon odeur, qui ne fe fait fentir que de près en hiver. Ces fortes exhalaifons pendant les chaleurs font fi nuifibles aux infectes volatils qui paffent fur ce puits, qu'ils y tombent tout étourdis, & y périffent bientôt en fi grand nombre, que l'huile en eft gâtée.

Un papier, imbibé de ce pétrole, est transparent comme s'il étoit huilé à l'ordinaire, bientôt après le pétrole s'évapore & le papier reste dans son état naturel, sans contracter aucune tache; ce qui prouve de plus en plus sa pureté & sa volatilité.

Une goutte, mise sur l'eau chaude, s'étend en filets très-longs: ils représentent chacun un mélange de couleurs vives très-agréables, elles se passent à mesure que l'eau se refroidit.

L'esprit de vin alcoholisé ne se mêle pas avec lui, quoiqu'on les laisse long-tems en digestion, & qu'on n'emploie qu'une partie de pétrole pour dix d'esprit de vin.

L'esprit de nitre fumant n'a pas enflammé notre huile minérale, dont les parties légeres & éthérées cedent sans doute trop facilement à l'impression de ce puissant agent, il se forma seulement une chaleur douce qui répandit une odeur gracieuse. Cette fermentation lente étant passée, je fis évaporer l'esprit acide, il resta une masse solide & comme résineuse, d'une odeur semblable à l'ambre gris; ce phénomene, joint à l'analogie & aux expériences suivantes, donne lieu d'espérer que l'on pourroit parvenir à faire un ambre gris artificiel.

Ce projet nouveau est beaucoup mieux fondé que celui de plusieurs Chymistes, qui ont prétendu que le pétrole se convertissoit en succin & acquéroit sa vertu électrique en le distillant avec l'eau forte.

Cette opération ne m'a pas réuſſi, malgré toutes les précautions recommandées. Il me paroît que le ſel de ſuccin auroit plus de ſuccès ſur le pétrole, fondé ſur le procédé adroit de M. Newman (*Lect. de ſuccino*, pag. 13.) qui a changé le ſuccin en pétrole ſans le ſecours du feu; ce que M. Hoffman (*Obſ. Chym.* 23. *lib.* 3.) regardoit comme un paradoxe en Chymie.

Il eſt beaucoup plus facile de faire le pyrophore avec le pétrole de Walſbroon. Nous en prîmes une once & autant d'alun, nous fîmes calciner ce mêlange à petit feu dans une poële de fer, nous les mîmes enſuite dans un matras au feu de ſable, où il ſe calcina de nouveau & juſqu'à ce qu'il ne ſortit plus aucune fumée, ſuivant en tout le procédé de M. Homberg, (*Mém. de l'Acad.* 174.) nous obtînmes un pyrophore des plus actifs, il s'enflammoit avec impétuoſité au moment qu'il étoit expoſé à l'air. Nous avouerons cependant que nous ne réuſsîmes pas à la premiere tentative; le feu avoit été pouſſé trop vivement dans la premiere calcination, le pétrole s'étoit évaporé entiérement avant que l'acide vitriolique ait pu ſaiſir ſon phlogiſtique, & nous remarquâmes trop tard que nous n'avions qu'une ſimple calcination d'abord.

Si d'une ſimple collection d'expériences ſur une fontaine il étoit permis de s'élever aux queſtions de phyſique générale, nous pourrions tirer de cette opération pluſieurs inductions plus ſatisfaiſantes que celles que l'on a données jusqu'à présent sur la formation des feux souterrains & des volcans; il suffit de les avoir indiquées, de même que toutes celles que les bornes de ce Mémoire ne me permettent pas d'expliquer. Le peu de succès que la distillation ordinaire a eu du pétrole, nous a dispensés de la réitérer; la petite quantité de notre huile minérale n'a pas dû être sacrifiée à des essais infructueux, qui ne laissent à l'Artiste que la perte de son travail & le regret de son instruction.

Dans le dessein de corriger les défauts de ces distillations rapportées par beaucoup d'Auteurs, je me suis servi d'un alembic de verre tubulé, où l'évaporation des parties les plus déliées n'est pas à craindre; & pour prévenir l'empyréume dont se plaignent les Auteurs, j'ajoutai partie égale d'eau avec le pétrole. Il passa dans le récipient sans aucune altération de sa substance & sans résidu dans l'alembic. Je fus donc pleinement convaincu que la nature nous a envoyé le pétrole blanc dans son dernier degré de perfection, & que l'art exerceroit en vain ses soins pour le rendre meilleur. Je me servis du même instrument pour distiller l'eau de la fontaine; il s'en est d'abord élevé un phlegme subtil imprégné de pétrole, les petits globules de l'huile étoient sensibles au passage, ils s'épanouissoient sur la surface du phlegme en se confondant avec lui.

Je réitérai aussi-tôt cette opération par

le mélange de l'esprit de nitre, pour fixer les parties du pétrole si miscibles à l'eau, & en comparer au moins le résultat avec celui du pétrole même par la combinaison du même acide. Il s'éleva un phlegme subtil & odorant, ensuite l'huile passa sous une forme laiteuse, & en pressant le feu un peu plus fort, il monta un phlegme jaune sans odeur, il resta aux parois de l'alembic une très-légere couche de matiere jaune d'une odeur fort subtile, qui s'évapora presque au moment.

L'odeur & le goût annonçoient assez que l'eau de cette fontaine étoit imprégnée du pétrole dont elle est le véhicule ; cependant je n'oubliai ni l'évaporation lente, ni la précipitation par les différens menstrues pour m'en assurer davantage. Tous ces procédés, séparés & réunis, concourent à montrer qu'elle contenoit du pétrole, & aucune autre substance que du pétrole, excepté une terre très-fine, telle que toutes les eaux minérales en contiennent. Je ne détaille pas tous ces procédés, ils sont vulgaires ; je n'apprécie pas non plus les proportions, la petite quantité du pétrole répandue dans l'eau ne le permet pas.

Cette derniere épreuve, par l'acide nitreux, me donna l'ouverture d'employer l'acide du sel marin, qui, étant moins actif, altéreroit moins notre huile minérale en se combinant avec elle. Je distillai de nouveau l'eau de la fontaine avec cet esprit ; le pétrole se sépara facilement dans le récipient & il acquit une odeur ambrée, avec une consistance & une couleur plus foncée que celui de la fontaine. Cette circonstance m'obligea à faire le parallele avec le pétrole même ; j'en mêlai deux parties avec une d'esprit de sel, & je mis le tout dans l'alembic tubulé sur un feu très-doux, l'huile s'éleva avec l'esprit & distillerent ensemble par gouttes jusques dans le récipient, où étant arrivé, l'huile se séparoit en vapeur & ensuite retomboit sur le phlegme après quantité de circonvolutions ; ce qui formoit un phénomene des plus curieux.

Le pétrole blanc, ainsi distillé, n'est pas plus pur ni plus subtil que le naturel, mais l'acide du sel marin produit un tel changement dans ses parties sulphureuses, que l'odeur & la consistance en sont absolument changés, au lieu de forte & de pénétrante qu'elle étoit, elle devient aussi suave que le plus doux parfum, & aussi épaisse qu'une cire molle. Ce changement singulier annonce une grande affinité de l'acide du sel marin aux parties sulphureuses du pétrole ; leur surabondance occasionnoit sûrement la grande volatilité & l'odeur pénétrante. Cette expérience touchoit à plus d'une découverte ; mais le pétrole, que nous avions recueilli avec tant de soin, étant consommé, nous remîmes à un autre tems les recherches que l'amour du bien public & des progrès de Chymie sur une substance peu examinée inspiroient, la destruction de notre fontaine y a mis fin, ou plutôt, a suspendu nos travaux. (Depuis ce tems on a changé le chemin & on a découvert la fontaine ; mais elle a beaucoup perdu de son mérite.) Heureusement j'avois emporté plusieurs pierres bitumineuses qui se trouvent au fond du puits, leur nature méritoit bien d'être développée, j'en mis cinq livres réduites en petits morceaux dans une grande cornue de verre, je les distillai au bain de sable avec les mêmes précautions que l'on garde pour le succin ; il parut d'abord une once & demie de phlegme empyréumatique, ensuite vint une huile blanche & limpide en petite quantité, une huile jaune & successivement rouge survint, & enfin en augmentant le feu, il distilla une huile noire & épaisse, avec une matiere de la consistance & de la couleur du miel, elle pesoit environ une once ; toutes ces parties huileuses rassemblées, pesoient une livre deux onces & quelques gros, leur odeur étoit forte, pénétrante & si semblable en tout à l'asphalte des pharmacies, qu'il n'est pas à présumer que cette espece de pétrole soit une production de la nature ; mais plutôt un extrait artificiel de pierres bitumineuses.

Ayant cassé la cornue, je trouvai une terre blanche & noire fort luisante, qui revêtissoit les parois du vaisseau. Je calcinai le *caput mortuum*, la couleur noire s'évanouit par la dissipation du soufre qui la formoit, & la couleur blanche resplendissante, propre à la terre, vitrifiée, lui resta; je le réduisis en poudre, & par le moyen de l'aimant j'y reconnus des parcelles de véritable fer; je lescivai cette poudre, & après l'avoir filtrée, j'en fis l'évaporation pour reconnoître s'il n'y avoit pas quelque sel fixe; mais je n'en trouvai pas davantage que dans l'eau de la fontaine.

Ces pierres ne sont donc autre chose qu'un amas de différentes especes de pétrole, de bitume & de terre, que l'eau a charié en amenant le pétrole, qui en est comme l'extrait & la quintessence. Celui-ci s'est élevé à la superficie de la fontaine par sa légéreté spécifique; les autres, comme plus grossiers & plus pesans, ont été déposés & précipités au fond; & par l'action & le frottement continuel d'un nouveau liquide, ils ont acquis la forme de bitume dont ils renferment tous les principes, avec une plus grande quantité de terre vitrifiable, qui les disposent à une plus grande solidité.

PROBLEME. Le Poëte Lorrain qui versoit des larmes sur les malheurs de son Prince & de sa Patrie en 1606, entendoit-il Walsbroon, lorsqu'en chantant les faveurs dont la Nature a comblé cette Province, il disoit:

> *Austrasiam natale solum, quo dulcius ullum*
> *Orbis totius patulis vix tractibus extat*
> *Apta cui morbos, nec desunt balnea, fontes*
> *Virtutis medicæ, luteumque malagma podagriæ*
> *Noveris.*

Peut-on appliquer ceci à une autre production naturelle, qu'au pétrole, qui est un excellent topique contre la goutte ? Peut-on l'appliquer à Walsbroon, dont le pétrole blanc auroit été décomposé par une autre substance qui lui auroit donné la couleur jaune ? Peut-on soupçonner une autre fontaine de pétrole jaune en Lorraine ?

Cette Dissertation a été composée par Mrs. Rougemaître & Gormand, Médecins, & a été couronnée à l'Académie de Nancy.

DISSERTATION

SUR

LES EAUX DE BUSSANG,

Tirée des Mémoires de M. BAGARD, sur l'Hydrologie de Lorraine.

DE toutes les eaux minérales froides, dont la Nature a enrichi la Lorraine, celles de Bussang sont les plus recommandables par la haute réputation qu'elles ont acquise à cause de leurs qualités, de leurs vertus & de leurs propriétés, non seulement dans cette Province, mais encore dans les pays voisins & chez les étrangers ; où on en transporte une quantité considérable. Elles sont si salutaires en général, qu'on a continué d'en faire sa boisson ordinaire, quoiqu'en bonne santé, aux repas, pures & mêlées avec le vin, sur-tout pendant les saisons du printems, de l'été & de l'automne.

Bussang est un village situé dans les montagnes des Vosges au Midi, sur les confins de l'Alsace & de Franche-Comté ; sur le chemin d'Arches, de Remiremont, de l'Estraye & du val de S. Tamarin. Les sources d'eaux minérales, dont nous avons parlé, sortent des rochers, au pied d'une montagne, à douze cens pas du village de Bussang & proche la source de la Moselle, au dessus de laquelle on voit encore les ruines de l'ancien château de Mosellane qu'ont habité les premiers Ducs de Lorrain, qui se qualifioient alors de Ducs de Mosellan. Il y avoit un ancien chemin militaire des Romains, qui passoit à Bussang, d'où le village de l'Estraye a pris son nom, *Strata Via*.

On a découvert jusqu'à cinq sources, dont deux sont en usage, principalement celle qu'on nomme l'ancienne ; les eaux minérales de ces différentes sources sont toutes de même nature & ont les mêmes propriétés. La source ancienne est à trente pas au dessus de la chaussée qui conduit en Alsace du côté du Nord, elle coule dans un bassin taillé & creusé dans le roc à la profondeur de deux pieds. Ce bassin est enfermé de murailles, qui forment une grande chambre pavée de carreaux de pierres

pierres de taille; il y a auſſi une chambre au deſſus pour le logement du Fontenier. L'autre ſource eſt auſſi enfermée de murs à la hauteur d'appui, qui ſoutiennent une baluſtrade, ſur laquelle eſt appuyée une toiture en pavillon.

Près de l'ancienne ſource on voit une grande ſalle de ſoixante-dix pieds de longueur ſur trente de largeur, au devant de laquelle on a applani un terrain de vingt-cinq à trente pieds en forme de terraſſe, qui ſert de promenade aux perſonnes qui boivent les eaux.

M. le Maire, Médecin à Remiremont, & qui a eu l'intendance des eaux de Buſſang, a découvert autrefois une troiſieme ſource aſſez abondante pour y puiſer de l'eau. Par l'analyſe qu'il en a faite, elle contient une plus grande quantité de terre ochreuſe, qu'elle charie & qu'elle dépoſe à la ſortie du rocher. La noix de galle en poudre lui fait prendre une couleur pourpre foncée.

On ne ſauroit trop aſſigner au juſte l'époque de la découverte des eaux de Buſſang; elles n'ont pas vrai-ſemblablement été connues anciennement, il ne paroît pas, par aucun écrit, qu'elles aient été en uſage. Berthemin eſt le premier qui en ait parlé dans ſon traité des eaux de Plombieres; il dit que les Allemands alloient boire les premieres pour ſe rafraîchir & modérer la chaleur que leur avoit cauſée les bains de Plombieres. Jean Bauhin parle

I

de ces dernières, où vrai-semblablement il avoit été, puisqu'il en fait la description.

Ce qu'il y a de certain, c'est qu'elles ne sont en réputation que depuis le commencement du dix-huitieme siecle, sous le nom d'eaux de Salmade, (*Aquæ Salmariæ, quasi sal minerale acidum*, eaux minérales salines, aigrelettes,) qu'elles ont encore retenu parmi les Villages voisins.

C'est une tradition, qu'on en doit la découverte aux animaux; l'expérience & l'observation semblent le confirmer : on remarque avec une sorte d'admiration, touchant l'instinct de ces bêtes, que les chevaux, les bœufs & les vaches s'empressent avec avidité d'approcher de la source; quand ils reviennent le soir des pâturages, après avoir côtoyé pendant une demi-lieue la Moselle, qui est, comme on le sait, une riviere très-pure & dont les eaux sont vives, il semble qu'ils se font violence de réprimer la soif, dans l'espérance de trouver une boisson plus saine & plus agréable : en effet ils abandonnent l'eau de la Moselle, aux bords de laquelle ils passent pour accourir pêle-mêle à la source de Salmade, où il semble qu'ils combattent pour boire les eaux aigrelettes. On observe encore que ces animaux sont d'abord évacués par les veines & par le ventre après en avoir bu, & qu'ils en boivent après cela une seconde fois; ce qui leur occasionne de nouvelles évacuations. Les Bouchers remarquent que les entrailles de ces bêtes sont plus nettes & plus saines que celles des autres Villages voisins.

Les eaux de Bussang s'accréditerent principalement par une guérison éclatante d'une maladie chronique, dans la personne de M. de Beaufremont, Abbé Commendataire de Luxeuil, qui les but avec le plus grand succès. Cette cure se répandit dans les Provinces voisines; on vit venir alors les malades d'Alsace & de Franche-Comté à Bussang; ce qui rendit bientôt ces eaux fameuses.

En 1726, sous le regne de Léopold, on travailla, par ses ordres & par ses libéralités, à former des bassins pour recevoir ces eaux pures, en séparant les eaux étrangeres qui auroient pu s'y mêler. On enferma les deux principales sources de murailles, telles qu'on les voit aujourd'hui, & on construisit cette grande salle dont nous avons parlé.

Le premier ouvrage, qui ait paru sur les eaux de Bussang, est un traité des incorporations, vertus & propriétés des eaux minérales à Bussang en Lorraine, nommées vulgairement les eaux aigres, avec la méthode d'en bien user, par F. Bacher, Docteur en Médecine & Médecin ordinaire de la ville de Thann; il a d'abord été donné au Public en latin, imprimé à Strasbourg en . . . . ensuite l'Auteur en a fait une traduction françoise, laquelle a été imprimée à Lunéville chez C. F. Messuy, 1752.

VALLERIUS

Par l'examen & l'anàlyse que cet Auteur a faits des eaux minérales de Bussang, il résulte, selon lui : 1°. Qu'elles sont largement enrichies de l'esprit minéral qui est l'amé desdites eaux; 2°. Qu'elles sont incorporées d'une substance terrestre, saline, alkaline ; 3°. De parties ferrugineuses ; 4°. D'une eau pure, légere, qui sert de véhicules auxdites incorporations ; & c'est de cette quadruple combinaison qu'il fait dépendre toute la vertu médicinale de ces eaux.

Voici la suite de ses expériences : 1°. Les eaux de Bussang sont limpides ; elles pétillent comme le bon vin, quand on les verse dans un verre.

2°. Elles ont un goût piquant ; quand on les a bues, on s'apperçoit que cette eau se distribue promptement par tout le corps : souvent elles portent à la tête & occasionnent des étourdissemens. Les velues paroissent gonflées, le pouls est plus fort & plus fréquent, le visage devient coloré, les yeux animés, on rend des vents & on sent des flatuosités. Après le dîner les secrétions sont plus ouvertes, on mouche, on crache, on transpire. Elles purgent les uns plus, les autres moins, elles constipent quelques-uns selon le tempérament, les excrétions par les urines sont les plus abondantes.

3°. Elles commencent à bouillir sur le feu plutôt que l'eau ordinaire ; & elles jettent des bouillons semblables à l'esprit de vin ; dès qu'elles ont bouilli dans un vaisseau ouvert, elles deviennent insipides.

4°. Quand on les fait évaporer, elles laissent un sédiment blanc d'une saveur saline, alkaline, très-agréable ; deux pintes fournissent un demi-gros de sel.

5°. Elles sont si légeres qu'elles égalisent ou surpassent en légéreté l'eau la plus légere, comme le démontre l'instrument hydrostatique, qui descend aussi profondément dans les eaux de Bussang, que dans l'eau pluviale la plus pure.

6°. Quand on les mêle avec du lait, elles ne le caillent point ; au contraire, elles l'atténuent & le rendent plus fluide, & il demeure de cette façon plus long-tems sans se cailler.

7°. Si on verse de l'esprit de vitriol dans ces eaux, il se forme aux parois du verre des bouillonnemens semblables à de petites perles. Le vinaigre distillé fait paroître plus de bouillons que l'esprit de vitriol, ou l'esprit de sel.

8°. Le sédiment salé, resté après l'évaporation, se met en grande effervescence avec l'esprit de vitriol, ou de sel.

9°. La poudre de noix de galles y fait une couleur rouge-brun. La solution de cette poudre, mélée avec le sédiment salin, précipite au fond une petite quantité de matiere ferrugineuse.

10°. Le sirop de violettes y produit une couleur verte, comme il a coutume de faire avec tous les alkalis ; ce sirop, avec le sédiment délayé, produit un verd gai, qui change dès qu'on y verse de l'esprit de vitriol, contre un rouge cramoisi.

11°. L'huile de tartre, par défaillance, ne change ni ne trouble les eaux de Bussang & ne précipite rien au fond.

12°. Les parties ferrugineuses adhérentes à la pierre d'aimant, bien armées, nous assurent de leur incorporation, de même que l'ochre, qui s'attache aux canaux & bassins, comme aussi les déjections teintes de la couleur ferrugineuse.

13°. Quand on les expose au plus fort de l'hiver dans un vaisseau bien bouché, elles ne gelent qu'en partie; ce qui prouve qu'elles sont riches en esprit minéral.

14°. On prouve encore, par le moyen de la machine pneumatique, combien elles sont spiritueuses; dès qu'on a pompé une ou deux fois, elles bouillonnent considérablement; car pour-lors le libre accès de l'air extérieur est interdit & ne peut plus peser ni presser ces eaux; delà vient que l'esprit minéral, qui y est contenu, prend le dessus, il s'éleve par sa vertu élastique & sort des eaux avec impétuosité. On peut observer par ses yeux l'esprit minéral à la source d'en haut, lequel monte à pullule du fond de la source, en maniere de chaine, jusqu'à la superficie de l'eau où il creve.

Après ces observations, M. Bacher conclut, fondé d'ailleurs sur l'expérience qu'il a des heureux succès des eaux de Busfang, qu'elles font & doivent être très-falutaires, & qu'étant incorporées des principes dont nous venons de parler, elles atténuent les humeurs groffieres & gluantes, les délaient & corrigent leur âcreté; qu'elles amolliffent & relâchent les parties nerveufes, ou trop tendues, ou trop ferrées; qu'elles débouchent les obftructions des vifceres & fecondent les fecrétions: enfin que, par la vertu de leur élément fpiritueux & élaftique, elles pénetrent par leur activité jufques dans les plus petits tuyaux, raniment les fibres des mufcles & le genre nerveux.

Elles font fpécialement bonnes & fouveraines dans les maladies des reins & de la veffie, contre l'hypocondriacie & les obftructions du foie & de la rate; contre les pâles couleurs & les fleurs blanches: qu'on les emploie avec fuccès dans les cas de manie & d'aliénation d'efprit.

Il regarde les eaux de Buffang, mêlées avec du lait, comme un excellent remede dans plufieurs maladies du poumon; elles corrigent avec le lait l'âcrimonie des humeurs, & appaifent les mouvemens convulfifs & les fpafmes. Ce Médecin les employoit mêlées avec du lait dans les cas de colique bilieufe invétérée, de fréquens vomiffemens, de dévoiemens & de la dyffenterie. Il ordonnoit ces eaux minérales, avec du lait ou fans lait, aux perfonnes âgées, dans le fcorbut, dans les démangeaifons, dans le marafme de la vieilleffe, dans les difficultés d'uriner, le piffement de fang, dans la goute, les rhumatifmes & la fciatique : enfin il les confidéroit comme un remede propre à entretenir la fanté.

L'analyfe des eaux minérales de Buffang, faite par M. le Maire, Médecin & Directeur de ces eaux, (Effay analytique fur les eaux de Buffang, à Remiremont chez Laurent 1746,) eft plus méthodique & plus favante, que celle dont nous venons de parler ; mais elle fe rapporte fur les principaux ingrédiens, dont elles font compofées; nous en donnerons un extrait.

L'eau de Buffang dans fes fources eft claire, tranfparente & cryftalline. Le fond des baffins, les parois & les endroits par où elle s'écoule, paroiffent comme enduits d'une fubftance ou matiere rougeâtre, qui approche de l'ochre par fa couleur & fa confiftance, ou du fafran de mars. On voit quelquefois nager fur la furface des baffins une pellicule avec des couleurs variantes, fur-tout lorfque ces eaux ont été long-tems en repos.

Les pluies, ni les chaleurs, ni les féchereffes ne leur caufent aucun changement ni dans leur qualité ni dans la quantité ; ce qui prouve qu'elles viennent d'une profondeur de la terre.

La faveur de ces eaux varie quelquefois ; elles font fenfiblement aigrelettes, d'autrefois elles ont un goût minéral, comme celui de folution de vitriol de mars dans l'eau commune, quelquefois la faveur paroît composée de l'aigrelette & de la minérale.

Quand ces eaux font dans leur plus grande force, la faveur minérale eſt dominante, & ſe fait ſentir ſeule, ſans paroître aigrelette; lorſqu'elles dégénerent de ce premier degré de force, la ſaveur, qui ſemble être compoſée de la minérale & de l'aigrelette, prend la place de la premiere, & en diminuant encore de force, l'aigre ſe fait ſentir ſeul.

En ſortant du rocher elles ont toute leur force, & elles n'ont que le goût minéral, ſans être aigrelettes. Mais en rempliſſant des bouteilles avec de l'eau ſortant du rocher elles perdent, dans un jour ou deux, le goût minéral & deviennent ſucceſſivement aigrelettes, enfin inſipides.

Si on mêle à l'eau de Buſſang, tranſportée dans des bouteilles au bout de vingt-quatre heures après avoir été puiſées, du ſirop de roſes rouges, elle blanchit d'abord, devient opaque & prend enſuite une couleur verte, plus ou moins promptement, & ſouvent il ſe précipite un ſédiment verdâtre au fond du vaſe.

Le ſirop de violettes, mêlé avec l'eau de Buſſang, lui donne une couleur verte à l'inſtant même de ſon mêlange. Si on verſe ſur l'eau de Buſſang, devenue verte par le ſirop de violettes, cinq ou ſix gouttes d'eſprit de vitriol, elle rougit à l'inſtant; ſi alors on y ajoute de l'huile de tartre par défaillance, & qu'on la verse goutte à goutte, ce rouge se change de nouveau en verd.

Ce changement de la teinture en couleur verte, nous fait connoître que les eaux de Bussang contiennent des minéraux d'une nature alkaline.

Une pinte d'eau de Bussang, puisée à la source, étant mise en évaporation jusqu'à siccité dans un vaisseau de terre vernissée, placée sur un feu de cent quatre-vingt degrés, laisse quarante-huit grains de matiere seche, blanche, saline, âcre, & qui fermente d'une maniere très-sensible avec les acides, tant du regne minéral que du regne végétal.

La nature alkaline des eaux de Bussang est donc incontestable; il est d'ailleurs démontré, par la distillation de cette eau, que c'est un sel alkali fixe, puisqu'il ne monte dans la distillation que de l'eau pure, qui ne change de couleur ni avec le sirop de violettes ni avec la teinture de roses rouges; ce qui est confirmé par l'évaporation, pendant laquelle il ne s'éleve & ne s'exhale des eaux de Bussang aucune portion de ce sel. Pour connoître si la matiere de la résidence des eaux de Bussang est un sel alkali pur, ou si elle est mélangée avec quelque portion de terre cretacée ou calcaire, M. le Maire a fait les expériences suivantes:

En prenant deux verres nets & transparens, si on met dans l'un huit grains de sel des eaux de Bussang, & dans l'autre huit grains de sel de tartre, & qu'on verse dans chacun de ces verres une quantité égale de teinture de fleurs de mauve, le sel de Bussang fait prendre à la teinture de fleurs de mauve un beau verd, & très-promptement : le sel de tartre lui fait prendre une couleur d'un verd plus pâle, & plus lentement ; avec la dissolution du sublimé corrosif, elles prennent une couleur trouble, orangée.

Si on met dans un verre huit grains de la résidence ou matiere seche restée après l'entiere évaporation de l'eau de Bussang, & dans un autre huit grains de sel de tartre, & qu'on verse dans chacun de ces verres une égale quantité de teinture de tournesol, cette teinture prend un beau verd, & parfaitement semblable dans l'un & dans l'autre.

Si en mettant dans un verre trois onces d'eau de Bussang on y verse demi-once de sirop de violettes, & si on met dans un autre verre semblable quantité d'eau de neige, dans laquelle on aura dissous trois grains de sel de tartre, & qu'on y ajoute aussi demi-once de sirop de violettes, l'eau de Bussang verdit par degrés & assez promptement. L'eau de neige avec le sel de tartre verdit à mesure que le sirop tombe dans le verre.

La solution du sel de Bussang, versée sur celle du sublimé corrosif, le trouble en tombant & lui donne une couleur jaune assez foncée, qui approche de celle du safran de mars. Au bout de vingt-quatre heures il se fait une précipitation, & le précipité est d'une couleur orangée. En mettant dans un autre vase, qui contient une solution de douze grains de sublimé corrosif dans l'eau de neige, une solution de douze grains de sel de tartre dans la même eau, ce mélange devient jaune, mais plus lentement : au bout de deux ou trois heures il se fait un précipité de couleur orangée moins foncée, & en moindre quantité que dans la précédente.

Il résulte de ces expériences, de deux choses l'une, ou que le résidu des eaux de Bussang ne contient point de terre, mais seulement un sel alkali fixe, aussi actif & aussi pur que le sel de tartre; ou que s'il contient quelque portion de terre avec laquelle ce sel soit mêlé, ce même sel a plus d'activité que le sel de tartre ordinaire; d'où on peut conclure que ces deux êtres, le sel ou la résidence des eaux de Bussang, sont deux corps parfaitement semblables.

Les eaux de Bussang prennent une couleur rouge, lorsqu'on y mêle la noix de galles en poudre : M. le Maire n'avoit pas hésité d'attribuer ce phénomene à une substance ferrugineuse contenue dans ces eaux ; il a cru avoir des raisons de penser que cette substance ferrugineuse se précipitoit, & que le repos contribuoit à une précipitation plus prompte. M. Hoffman &

le Docteur Shaw ont toujours regardé une eau minérale comme ferrugineuse, lorsqu'elle prend le rouge par un mêlange de poudre de galles. Cependant il ne paroît pas adopter positivement cette opinion ; au contraire, il est persuadé que ce qui donne cette couleur aux eaux de Bussang par le moyen de la noix de Galles, est une substance, quelle qu'elle soit, qui se dépose & se précipite lorsque ces eaux sont en repos, sans se décider de quelle nature est cette substance.

Quant à l'esprit minéral qu'on attribue à certaines eaux, M. le Maire pense qu'il n'est pas différent d'une vapeur élastique, qu'on découvre dans les eaux de Bussang, dans lesquelles il n'a découvert qu'une matiere vaporeuse abondante, que l'on reconnoît 1°. Par la quantité prodigieuse de petites bulles comme de petites perles, dont le fond & les parois des bouteilles d'eau de Bussang sont semées. 2°. Par la même quantité de vapeurs élastiques qui s'élevent de ces eaux lorsqu'on les fait chauffer. 3°. Par les grosses & fréquentes bulles qui s'élevent continuellement du bassin, principalement celui de la fontaine d'en haut, duquel on voit de grosses bulles sphéroïdes, de douze ou quinze lignes de diametre, monter jusqu'à la surface de l'eau. 4°. Enfin par la quantité d'air qui se dégage de ces eaux, étant mises sous le récipient de la machine pneumatique dont on a pompé l'air.

M. le Maire a observé, pendant sa direction, des variations dans les eaux de Bussang, qu'il semble douter que leurs propriétés aient constamment le même degré d'efficacité, ses raisons de douter que ces eaux minérales soient constamment semblables à elles-mêmes par rapport à leurs propriétés, sont principalement fondées sur les changemens qu'on a remarqués dans leurs qualités sensibles. On sait que les eaux de Plombieres varient dans leur chaleur & même d'une maniere assez sensible, pour que tout le monde puisse, avec un peu d'attention, s'assurer de ce fait. Il remarque dans ces eaux deux sortes de variation qu'il a observées dans la chaleur ; la premiere paroît être constante, & semble dépendre du poids de l'atmosphere : elle s'accorde avec la variation du barometre.

La chaleur de toutes les sources augmente & diminue proportionnellement ; l'autre espece de variation, observée dans la chaleur des eaux de Plombieres, arrive plus rarement & n'est pas commune à toutes les sources. En 1720, au mois de mai, on remarqua que l'eau de la fontaine du Crucifix étoit beaucoup plus chaude que l'eau de la fontaine des Dames, qui, avant ce tems-là, avoit toujours le même degré de chaleur que celle-ci : au mois de septembre elle récupéra son même degré de chaleur ordinaire. Ces eaux varient non seulement dans leur chaleur, mais elles varient aussi dans leur goût ; ce qu'on observa en 1744, à la même fontaine du Crucifix, qui, au mois de septembre, avoit un goût d'amertume.

Quant aux eaux de Bussang, les variations sont bien plus fréquentes : en les examinant plusieurs jours de suite, trois ou quatre fois le jour, elles changent non seulement d'un jour à l'autre, mais encore souvent du matin au soir, & du soir au matin. Leur goût est, la plus grande partie du tems, aigrelet, qui est celui qu'elles ont le plus ordinairement ; d'autres fois celui de l'encre à écrire, ou celui de l'eau dans laquelle on a fait dissoudre quelques grains du vitriol de mars.

Le goût n'est pas la seule de leurs qualités sensibles qui souffrent des changemens; les teintures ou couleurs différentes que leur donne la noix de galle en différens tems, le prouvent clairement : sa poudre leur fait prendre le rouge, une couleur pourpre ou violette, si on la mêle dans ces eaux à la sortie de la source ; mais les nuances sont très-différentes d'un jour à l'autre, & cette différence est bien plus remarquable dans les mêmes eaux transportées.

Les eaux de Bussang sont beaucoup plus fortes en hiver qu'en été ; elles ont plus de force en certains jours qu'en d'autres.

Les eaux de Bussang, puisées en automne & en hiver, ont beaucoup plus de force qu'en été ; elles font non seulement plus d'impression sur le goût ; elles prennent aussi les teintures plus foncées & plus promptement. Dans toutes les saisons, elles ont, comme nous l'avons déja dit, plus de force qu'en d'autres.

Il résulte, par les différentes analyses faites des eaux de Bussang & par l'examen de la matiere seche qui reste après leur entiere évaporation, que ces eaux sont chargées d'un alkali fixe qui a beaucoup d'analogie avec le sel fixe de tartre, ou plutôt avec le natron des anciens, duquel il y a bien lieu de croire que celui-ci est une espece, auquel se trouve jointe une portion de mars; outre qu'elles sont abondamment imprégnées de cette matiere vaporeuse, élastique, à laquelle les plus grands Chymistes donnent le nom d'esprit minéral.

M. Charles, savant Professeur en médecine dans l'Université de Besançon, ayant fait des expériences sur nos eaux minérales à Bussang même, c'est-à-dire, à la source au mois d'août 1732, fit imprimer une these sur la nature de ces eaux : *Ut pluribus morbis chronicis aquæ Bussanæ.* Nous donnerons un extrait de l'analyse qu'il en fait, & de ses observations.

1°. Les eaux de Bussang, mêlées avec le sirop de violettes, en prennent la couleur.

2°. L'esprit de nitre, versé dans ces eaux, excite une très-légere, mais longue effervescence, sans rien changer dans la couleur des eaux.

3°. Le sel de tartre se dissout difficilement

ment dans ces eaux aigrelettes ; mais il les rend d'abord troubles ; ensuite il se précipite & donne à ces eaux une couleur bleue ; alors on remarque sur la superficie une couleur ressemblante à l'iris. Le sédiment qui arrive par ce mélange approche de la couleur d'ochre ; ce qui manifeste qu'il n'y a pas de vitriol dans ces eaux, comme plusieurs l'ont pensé autrefois.

4°. L'huile de tartre, par défaillance, produit le même effet que le sel de tartre, mais plus foiblement. L'huile se précipite & trouble l'eau au fond du vase, la superficie restant limpide.

5°. Les eaux de Bussang fermentent légérement avec le vitriol, il s'y dissout difficilement & ne change pas d'abord la couleur ; mais elles rougissent lentement & insensiblement par son mélange.

6°. Le vitriol blanc produit le même effet sur ces eaux, que le vitriol Romain, par la dissolution de l'un ou de l'autre, il se forme une pellicule colorée en bleue.

7°. Le bois d'Inde leur donne d'abord une couleur noire, laquelle imite ensuite la couleur d'un violet noir.

8°. Le bois de Brésil ne change pas dans le moment la couleur de ces eaux, mais dans l'espace d'une demi-heure elles prennent une couleur de violet clair, ensuite d'un violet pourpre.

9°. Les feuilles de chêne donnent une couleur d'un jaune noirâtre ; les mêmes feuilles, macérées dans ces eaux, leu

K

communiquent une couleur d'un verd noir.

10°. Les fleurs de roses fraîches ne changent rien à la couleur des eaux de Bussang; mais celles qui sont desséchées lui donnent presque la même couleur que les feuilles de chêne.

11°. Une piece d'argent plongée dans le limon des eaux de la source pendant vingt-quatre heures, prend la couleur d'ochre.

12°. Les eaux de Bussang, mêlées avec de l'eau commune, dans laquelle on a dissous du sel commun, ne se troublent pas & ne rendent point ce mêlange acidule. On prouve, par cette expérience, que ces eaux aigrelettes ne sont pas nitreuses.

13°. Par l'évaporation chymique d'une livre de ces eaux M. Charles a trouvé, au fond & aux parois du vaisseau, un scrupule, d'une substance d'une blancheur rougeâtre, d'une saveur saline âcre, laquelle ayant été dissoute dans de l'eau & filtrée, a produit quinze grains de sel alkali pur.

14°. Ces eaux, conservées dans des bouteilles pendant quelques années, y déposent un léger sédiment de couleur d'ochre. Les mêmes eaux conservent leur limpidité & leur saveur longtems.

15°. On amasse au fond des bouteilles une espece de sable ou calcul noirâtre, lequel étant calciné & mis en poudre, est attiré par l'aimant. Le limon des eaux calciné produit beaucoup plus de parties ferrugineuses.

Extrait de l'Essai sur la Lorraine, par Andrea de Bilistein.

LA Lorraine a, 1°. Des fontaines & puits salés, qui fournissent au delà de la consommation. Par un ancien traité on livre des sels à quelques Cantons Suisses. 2°. Des sources d'eaux minérales chaudes & froides, très-secourables contre les maladies, contre les maux internes & externes, contre les plaies & cicatrices ; Plombieres en a de savonneuses, peut-être uniques en qualité. 3°. Des mines d'or & d'argent, susceptibles d'accroissement. 4°. Des mines de fer, de cuivre, &c. on sait les travailler dans des forges, fourneaux, fonderies, martinets, fenderies, filieres ; les préparer à tous les usages, en fonte, en barres, en lames, en toles, en feuilles noires & blanches, en fils d'archal, clouterie, serrurerie, taillanderie, armes, fusils, pistolets, lames, &c. ses fers sont en général malléables, doux & assez forts, ni trop aigres ni trop durs. 5°. Différentes sortes de pierres nobles. La petite riviere de Vologne dans la partie des Vosges, a donné des perles précieuses. Le Gouvernement y entretenoit des gardes jour & nuit pour les garantir des mains ignorantes, indiscretes ou avides. 6°. Des verreries de verres noirs & blancs pour les glaces des carrosses,

K ij

des miroirs, &c. 7°. Des terres a faïance, à potier, à carreaux, à tuiles, à briques, &c. M. de Réaumur, dans sa description des porcelaines, cite Plombieres où l'on en trouve grande quantité pour la porcelaine. 8°. Des carrieres de plâtre, de pierres de taille tendres, dures, & de sables de différens grains & de diverses couleurs; d'autres, dites moilons, pour les bâtimens & propres à être calcinées, dont la chaux s'emploie dans les murs & dans l'engrais des terres froides & trop compactes.

Analyse des Eaux Savonneuses de Plombieres, par M. MALOUIN, tirée des Mémoires de l'Académie, année 1746.

PErsonne ne doute de l'utilité des eaux minérales pour la guérison de plusieurs maladies ; leurs bons effets sont assez connus de tout le monde ; mais les principes qui les composent ne peuvent l'être que des Chymistes : l'analyse des eaux est ce qu'il y a de plus difficile en chymie, comme les expériences sur les fluides sont en général les plus difficiles en physique.

Les premieres occupations de l'Académie, dans le commencement de son établissement, furent de faire l'analyse des eaux minérales de France les plus renommées; & comme la Lorraine n'étoit point encore au nombre des Provinces de ce Royaume, l'Académie ne fit point l'examen des eaux minérales qui s'y trouvent dans le bourg de Plombieres, environ à feize lieues de Nancy, de Befançon & de Bafle. M. Duclos, qui avoit eu le plus de part à ce travail entrepris par l'Académie, ne fait aucune mention des eaux de Plombieres, dans le traité des eaux minérales de la France qu'il publia, au nom de l'Académie, en 1675. C'eft pour fuivre des vues fi utiles & remplir le projet de l'Académie, que j'ai fait l'analyfe des eaux minérales de Plombieres, & que je donne aujourd'hui le détail des principes naturels qui les compofent : détail d'autant plus propre à intéreffer, que ces eaux deviennent tous les jours d'un ufage plus fréquent.

Ces eaux font des potions médicinales qui fortent toutes préparées du fein de la terre; & quoiqu'apparemment l'expérience fur les malades ait la premiere découvert leurs vertus, il eft utile de les connoître encore par des raifonnemens appuyés fur des effais chymiques, foit pour fe conduire plus fûrement dans l'ufage qu'on en fait à l'égard de certaines maladies, foit pour l'étendre encore à d'autres.

D'ailleurs cet objet de recherches, fi néceffaire à la fanté, n'a pas même été inutile dans la chymie, il m'a conduit à trouver qu'il s'éleve, dans la diftillation des eaux minérales, un esprit qui n'avoit point été apperçu des meilleurs Chymistes, parce que cet esprit, en distillant, est imperceptible dans le chapiteau de l'alambic, comme y est la liqueur éthérée pendant sa distillation.

On avoit aussi méconnu quelquefois, dans l'analyse de certaines eaux, le fer, quoiqu'il y soit réellement; & au contraire on a cru mal-à-propos, qu'il y a dans quelqu'eau du soufre minéral, quoiqu'il n'y soit pas naturellement existant.

Les eaux minérales de Plombieres consistent en eaux chaudes, qu'on nomme communément eaux chaudes sulfureuses; & en eaux froides, qui sont connues sous le nom d'eaux savonneuses....

Personne n'a encore fait l'analyse des eaux savonneuses de Plombieres; ceux qui ont écrit de ces eaux, attribuent les propriétés que l'expérience y a fait connoître pour la guérison de plusieurs maladies, à des principes qui ne sont point dans ces eaux, & les Auteurs n'y ont reconnu aucun des principes qu'elles contiennent réellement.

On ne découvre à la vue rien de particulier dans les eaux de Plombieres, elles sont également claires & limpides en tout tems.

Les eaux de Plombieres ont sur la plûpart des autres eaux minérales, l'avantage de n'être point désagréable au goût; ce qui n'est pas une propriété indifférente dans un remede, dont on doit continuer longtems l'usage : elles sont sans odeur & elles n'ont point une saveur fort différente de l'eau commune, si ce n'est qu'en les bûvant on croiroit leur trouver un goût un peu astringent ; mais cette saveur est si foible, que les personnes qui n'ont pas le palais fin, ne s'en apperçoivent point. D'ailleurs ces eaux sont, au goût de tout le monde, moins dures & moins fraîches, même bues à la fontaine, qu'on ne trouve ordinairement l'eau des sources vives : elles dissolvent parfaitement bien le savon, & même les habitans de Plombieres les préferent à toute autre eau pour blanchir le linge.

Ces eaux minérales font quelque dépôt dans les bouteilles, & ce dépôt paroit à la vue semblable au sédiment qui se forme lorsqu'on les fait évaporer ; cependant il en differe en quelque chose ; ce dépôt, qui se fait dans le fond des bouteilles, monte à la surface de l'eau lorsqu'on la fait chauffer au feu, & ce dépôt retombe au fond du vaisseau lorsque, l'ayant retiré du feu, l'eau commence à se refroidir ; au lieu que le sédiment, par l'évaporation, reste toujours dans le fond du vaisseau, soit que l'eau soit chaude, soit qu'elle soit froide.

Les eaux savonneuses de Plombieres, observées à leur source, jettent quelquefois en hiver des vapeurs, comme font en cette saison les eaux vives. Cette eau minérale ne gele jamais dans le bassin de la fontaine, parce qu'elle coule toujours de la source avec assez de rapidité pour empêcher qu'elle ne se prenne par la gelée; mais dans l'hiver de 1743 elle me parut se geler hors de la fontaine, comme se gelerent dans le même tems les eaux communes.

Il y a dans les fontaines des eaux savonneuses beaucoup d'hépatique (*lichen petræus latifolius, sive hepatica fontana.* Pin. *Jecoraria, sive hepatica fontana*, Trag.) qui ne se trouve point à Plombieres dans les autres sources froides ni chaudes.

Une personne, sur l'exactitude de laquelle on peut compter, a bien voulu se charger de faire mettre en sa présence, à la fontaine même de Plombieres, de l'eau savonneuse en bouteilles, pour me l'envoyer à Paris, où j'en ai fait l'analyse aussi-tôt qu'elle a été arrivée.

J'ai d'abord essayé cette eau minérale avec les alkalis fixes & avec les volatils, qui n'y ont excité aucune fermentation & qui n'en ont rien précipité ; ce qui prouve qu'elle ne contient point d'acides ; c'est pourquoi aussi elle ne fait point cailler le lait, soit qu'on la mette dans le lait sur le feu avant qu'il bouille, soit qu'on l'y mette dans le tems qu'il commence à bouillir; j'ai même fait, l'été dernier, une expérience qui m'a appris que, lorsque le lait est mêlé avec une certaine quantité de cette eau, elle empêche qu'il ne se caille aussi promptement qu'il feroit, s'il étoit seul ou mêlé avec de l'eau commune ; j'ai fait ces épreuves avec les eaux de Seine, d'Arcueil & de Plombieres, féparément, avec le même lait, en même tems, dans le même lieu, en même quantité & dans des vaiffeaux femblables.

L'eau favonneufe de Plombieres n'a point rougi les teintures violettes ; il m'a paru même qu'elle les avoit légérement verdies ; c'eft ce qui m'a fait foupçonner que cette eau eft plutôt alkaline qu'acide ; cependant elle eft reftée claire, elle n'a point fermenté, & il ne s'eft rien précipité lorfque j'y ai verfé des acides, comme ceux de fel commun, de nitre & de vitriol ; elle n'a point troublé une diffolution de couperofe verte avec laquelle je l'ai mêlée.

La noix de Galles ne lui a fait prendre aucune des teintes que prennent ordinairement, par fon moyen, les eaux ferrugineufes ; ce qui m'a donné lieu de penfer que cette eau minérale ne contient point de fer, ou que le fer qu'elle peut contenir, y eft en trop petite quantité pour devenir fenfible par cette expérience, ou qu'il y eft contenu de façon à ne pouvoir être manifefté par la noix de Galles.

La diffolution du fublimé corrofif n'a pas troublé la limpidité de notre eau minérale, il s'eft feulement formé à la furface de l'eau une crême huileufe qui étoit un bitume joint aux globules du mercure, que ce bitume avoit en quelque forte rétablis, & qu'il tenoit fufpendus fur l'eau. Cette crême a blanchi le cuivre, & toute l'eau s'étant dans la suite évaporée d'elle-même, il est resté dans le fond du verre un sédiment, qui, mis sur un charbon ardent, s'est enflammé aussi-tôt en répandant une odeur de bitume, altérée par celle du sublimé corrosif; ce sédiment avoit la couleur du café, ce qui indique l'alkali fixe, qui auroit donné au sublimé corrosif une couleur rouge orangée sans le bitume de cette eau, qui a donné au sublimé une couleur brune; & il est resté de ces couleurs combinées, celle du café.

Après avoir fait toutes les expériences que je vais rapporter dans la suite de ce Mémoire, lesquelles m'ont fait connoître que les eaux de Plombieres sont, à juste titre, nommées savonneuses, je n'ai pas négligé, en réitérant ces épreuves, de comparer l'eau savonneuse de Plombieres avec de l'eau de savon bien pure.

J'ai versé de la dissolution de sublimé corrosif dans de l'eau de savon, qui ne s'est pas plus troublée par ce mélange, que n'avoit fait l'eau de Plombieres, & il s'est formé même, sur l'eau de savon, une crême qui ne différoit de celle qui s'étoit formée sur l'eau minérale, que parce qu'elle étoit jaunâtre; au lieu que celle qui surnageoit l'eau de Plombieres, étoit colorée en iris.

La dissolution du mercure, faite par l'esprit de nitre, a troublé d'abord l'eau savonneuse de Plombieres, qui est devenue ensuite d'un blanc jaunâtre, & il s'est fait enfin un précipité qui avoit une couleur jaune pâle. On ne peut douter que cette dissolution de mercure ne fut faite par un esprit de nitre pur d'esprit de sel commun, parce que l'esprit de sel précipite toujours le mercure dissous par l'acide du nitre.

J'ai mis dans une petite capsule de verre sur le feu, ce précipité lavé, & j'ai vu qu'il étoit composé de parties qui m'ont paru avoir blanchi par la calcination, & d'autres parties qui sont restées jaunes; l'eau chaude que j'ai versée sur ce précipité calciné, est devenue jaune; ce qui prouve qu'il y a dans les eaux savonneuses un sel vitriolique qui oblige le mercure à se précipiter en turbith minéral; & la partie de ce précipité, qui pendant la calcination est resté d'un jaune brun, montre que ces eaux contiennent aussi un alkali ou une terre alkaline.

Pour m'assurer de tout ce que contenoit le précipité qui s'étoit fait de l'eau savonneuse par la dissolution du mercure, j'ai mis, dans une petite cornue, au feu, ce qui me restoit de ce précipité, dont je n'avois pris qu'une petite partie pour la calciner, & il s'est formé dans le cou de la cornue un sublimé blanc, semblable à celui qui se trouve au cou du matras, lorsqu'on fait le sublimé corrosif; outre cela il s'est sublimé dans le bec de cette cornue une matiere jaune qui se détachoit plus difficilement du du verre, & qui ne fe diffolvoit point dans l'eau, comme avoit fait le fublimé blanc.

J'ai partagé dans deux verres la diffolution de ce fublimé; dans l'un j'ai ajouté de l'alkali de tartre, qui a donné à la diffolution une couleur rouge orangée; j'ai verfé dans l'autre verre de l'efprit volatil de fel ammoniac, qui a fait cailler la diffolution en blanc un peu bleuâtre.

Ces épreuves font voir que c'eft un fublimé corrofif qui s'eft élevé de ce précipité au cou de la cornue : ce qui démontre en même tems l'exiftence de l'acide du fel marin dans les eaux favonneufes de Plombieres. J'ai détaché du bec de la cornue la matiere jaune qui s'y étoit fublimée, & je l'ai mife fur une piece d'argent que j'avois pofée fur une pêle rougie au feu. Cette matiere y a brûlé en donnant une couleur piquante de foufre minéral, & la partie de la piece d'argent qu'avoit occupée cette matiere, eft reftée noire; ce qui prouve que c'eft du foufre qui s'étoit formé de l'union du bitume avec l'acide vitriolique du turbith, qui faifoit partie du précipité.

Cette combinaifon de l'acide vitriolique & du bitume ne s'étoit point faite dans la capfule, parce que dans le vaiffeau ouvert, le bitume s'étoit diffipé par le feu, avant que l'acide vitriolique s'en fût faifi.

Il y a lieu de croire qu'il y avoit dans le précipité plus de bitume qu'il n'en falsoit pour former le soufre avec l'acide vitriolique du turbith, & que c'est ce bitume, qui, joint au sublimé corrosif, a donné une couleur bleuâtre à la dissolution du sublimé, lorsque j'y ai versé de l'esprit de sel ammoniac. Cette couleur bleuâtre de la dissolution du sublimé corrosif, ne doit point être attribuée à du mercure dissous par l'esprit de nitre, qui se seroit trouvé dans le précipité avec lequel j'ai fait ce sublimé corrosif, parce que le mercure qui étoit en dissolution par l'esprit de nitre, avoit été renversé de dessus le précipité.

J'ai remarqué qu'il ne s'est point formé à la surface de l'eau, dans laquelle j'avois versé de la dissolution de mercure, une crême sensible, comme il s'en est formé une à la surface de l'eau dans laquelle j'avois mis de la dissolution de sublimé corrosif ; ce qui me paroît venir de ce qu'il se fait un précipité de la dissolution de mercure, & de ce que l'acide du nitre dissout le bitume qui fait cette crême ; & au contraire il ne se fait point de précipité de la dissolution de sublimé corrosif, & l'acide du sel marin laisse le bitume en son entier : j'en ai fait l'épreuve, c'est pourquoi aussi l'eau, dans laquelle ou a mis de la dissolution du sublimé corrosif, paroît se dissiper à l'air aussi facilement que l'eau commune s'y dissipe ; au lieu que l'eau qui est avec la dissolution de mercure, & qui est plus intimement lié avec le bitume dissous, & qui est appésanti par l'acide de nitre, se dissipe d'autant plus difficilement, qu'elle devient plus grasse.

Je crois pouvoir assurer, fondé sur plusieurs expériences, que c'est du bitume de la nature de l'huile de pétrole, que la plûpart de ces eaux minérales tirent leurs principales vertus, l'eau de goudron qu'on a mise en usage depuis quelques années, n'est qu'une imitation des eaux minérales bitumineuses.

L'argent dissous par l'eau forte a troublé, d'abord en blanc, l'eau savonneuse de Plombieres, ensuite elle est devenue bleuâtre, & il s'en est fait un précipité, partie en caillé, partie en poudre. J'ai eu un grain & les deux tiers d'un grain de précipité d'argent de chaque pinte d'eau minérale, après l'avoir soulée de dissolution d'argent.

Ce précipité, lavé & mis au feu dans un fragment de matras, une partie y est restée fixe, sans changer; & l'autre partie, après y avoir bouillonné, s'est changée en poussiere brune.

La partie de ce précipité qui est restée fixe, donne à connoître qu'il y a dans ces eaux, ou un sel vitriolique ou une matiere alkaline, ou l'un & l'autre.

Quoique je n'aie point tiré de lune cornée de ce précipité, on ne peut cependant y méconnoître l'acide du sel commun, par la consistance fromageuse d'une partie de ce précipité qui commençoit à se fondre en bouillonnant, lorsque le bitume qui avoit donné la couleur bleuâtre à l'eau minérale, après s'être caillée par le mélange de la dissolution d'argent, a rétabli l'argent qui avoit été précipité par cet acide.

Je me suis encore assûré de l'existence de l'acide du sel commun dans ce précipité par une autre opération, qui a été d'en mêler avec de l'éthiops minéral; & après avoir mis au feu ce mêlange dans une phiole, il s'en est fait un sublimé corrosif; ce qui prouve incontestablement qu'il y avoit de l'acide du sel commun dans ce précipité, qui avoit été fait dans l'eau de Plombieres par la dissolution d'argent.

Pour mieux m'assurer du succès de toutes ces épreuves, dont je viens de parler, j'ai réduit par l'évaporation quatre pintes de cette eau minérale à environ un demi-poisson, c'est-à-dire, à environ une soixantieme partie de son premier volume. J'ai trouvé que les cloches de verre qui sont tout d'une piece & qui servent dans les jardins, sont fort commodes pour faire ces sortes d'évaporations.

Les résultats des expériences faites sur l'eau qui m'étoit restée après une évaporation si considérable, ont été les mêmes que les premieres; avec cette différence, que l'eau dans ce dernier état, a précipité plus promptement les dissolutions d'argent & de mercure, faites par l'esprit de nitre : la cuiller d'argent avec laquelle j'avois puisé de cette eau concentrée, s'est trouvée enduite d'une espece de crême qui paroissoit avoir doré la cuiller : cette cuiller mise dans le feu, la crême huileuse a brûlé sans laisser de taches noires à l'argent ; ce qui prouve que c'étoit du bitume & non du soufre minéral.

Les propriétés que le bitume donne aux eaux minérales, sont ordinairement attribuées au soufre par les Auteurs qui en ont écrit, sur-tout lorsqu'ils en ont tiré de ces eaux.

J'ai fait distiller à l'alambic l'eau savonneuse de Plombieres : il s'est présenté dans cette opération une singularité remarquable, c'est que cette eau minérale, après avoir distillé en premier lieu à l'ordinaire, en se rassemblant en gouttes dans le chapiteau, comme distillent toutes les eaux ; dans la suite, lorsqu'environ les deux tiers en ont été distillés (quoique le feu fût le même, & que la distillation se fit dans le récipient en même quantité qu'auparavant) je me suis apperçu qu'il ne paroissoit plus rien dans le chapiteau ; on n'y voyoit plus ni gouttes, ni stries, ni vapeurs, qui sont les trois formes sous lesquelles s'élevent toutes les matieres qu'on fait distiller, à l'exception de quelques liqueurs extrêmement subtiles, comme est l'éthèr & l'esprit volatil de sel ammoniac ; je fis aussi-tôt changer de récipient, pour recevoir à part ce qui distilloit alors, & je remarquai que l'eau qui restoit dans la cucurbite avoit perdu sa limpidité ; elle étoit blanchâtre. L'eau

L'eau qui avoit diftillé d'abord, étoit comme eft l'eau diftillée ordinaire; mais celle qui a diftillé en fecond lieu, m'a paru avoir de l'amertume.

J'ai réitéré cette opération; & j'ai fait rectifier la liqueur qui eft venue après l'eau diftillée; & dans cette rectification j'ai fait changer trois fois de récipient; enfuite j'ai fait différentes épreuves fur ces trois eaux rectifiées, il m'a paru qu'elles verdiffoient un peu plus fenfiblement les teintures violettes, que ne fait l'eau favonneufe naturelle; ce qu'on peut attribuer en partie au bitume qui a cette propriété, & que je crois être en plus grande quantité dans ces trois eaux, que dans l'eau favonneufe même d'où elles ont été tirées; c'eft pourquoi il s'y forme, par la diffolution du fublimé corrofif, une crême plus confidérable que fur l'eau favonneufe.

La premiere des trois eaux rectifiées, a plus verdi les teintures violettes que n'a fait la feconde; & la feconde plus que la troifieme: la feconde s'eft plus troublée avec la diffolution de mercure, que n'ont fait les autres, & la troifieme s'eft plus troublée avec la diffolution de fublimé corrofif, que n'a fait la premiere ni la feconde. J'ai obfervé de plus qu'il s'eft précipité de ces trois eaux par la diffolution de fublimé corrofif, & par celle d'argent & de mercure par l'efprit de nitre, des efpeces de paillettes blanches, que je n'ai pu avoir en affez grande quantité pour en rechercher la nature. Ces corpuscules blancs qui, par les dissolutions métalliques, se précipitent dans ces eaux rectifiées, m'y ont fait soupçonner un alkali volatil.

La distillation a été de tout tems employée pour l'analyse des eaux minérales, sans qu'on ait tiré de cette opération plus de connoissances à cet égard, que d'une simple évaporation faite avec soin. Cependant un observateur attentif peut, par la distillation, découvrir dans la plûpart des eaux minérales, un principe qu'il est impossible d'y appercevoir par aucun autre moyen; c'est une liqueur volatile, ou un esprit qui, en montant dans l'alambic, ne paroît sous aucune forme dans le chapiteau, quoiqu'il distille sensiblement dans le récipient.

Le résidu de la distillation des eaux savonneuses de Plombieres m'a paru, par l'examen que j'en ai fait, être de la même nature que le sédiment de l'évaporation de ces eaux; mais j'ai trouvé que la distillation a laissé plus de sédiment que n'en a laissé l'évaporation. Soixante pintes d'eau savonneuse, évaporées lentement à Plombieres même, ont donné trois gros & trente-huit grains d'un sédiment d'une couleur grise & d'un goût salé.

J'ai versé de l'huile de vitriol sur une partie de ce sédiment, & il s'en est élevé aussi-tôt une odeur semblable à celle de l'esprit de sel: elle ne paroissoit en différer, que parce qu'elle tenoit en même tems de l'odeur de bitume. J'ai enfermé dans un creuset du sédiment de ces eaux évaporées, & j'ai fait placer ce creuset dans un fourneau, où on a fait un feu qu'on a augmenté par degrés : lorsque ce creuset a été rouge, je l'ai découvert, & j'ai apperçu qu'il en sortoit une flamme bleuâtre, qui répandoit une odeur de soufre minéral ; ce qui m'a encore donné à connoître qu'il y avoit dans ce sédiment des eaux savonneuses, un sel vitriolique, dont l'acide uni au bitume par le feu, dans le creuset couvert, a formé un soufre minéral.

Cela fait voir que le soufre n'est pas toujours, comme on le croit communément, un principe naturel des eaux d'où on le tire ; & qu'il est souvent le produit du bitume combiné avec l'acide vitriolique, par l'opération que l'on fait pour les tirer de l'eau minérale que l'on décompose.

J'ai laissé le creuset au feu autant de tems que l'odeur du soufre s'est fait sentir, ensuite j'ai fait dissoudre dans de l'eau ce qui restoit dans le creuset, & j'ai versé dans cette dissolution de l'esprit de nitre ; il s'en est élevé aussi-tôt une forte odeur de foie de soufre ; & il s'en est fait en même tems un précipité qui, mis sur un charbon ardent, a brûlé comme brûle le soufre minéral ; j'ai jugé, par cette expérience, que le sédiment de l'eau de Plombieres contenoit un sel alkali ou une terre alkaline qui a composé un foie de soufre par son union avec le soufre qui s'étoit formé d'abord de la combinaison de bitume avec un acide vitriolique. La dissolution de ce foie de soufre, de laquelle j'ai fait précipiter du soufre minéral, par l'acide du nitre, a donné un nitre quadrangulaire ; j'ai fixé ce sel nitreux par le moyen du charbon, j'ai fait dissoudre dans de l'eau ce sel fixe, & après avoir filtré la dissolution, j'y ai versé de l'acide du sel marin quelques jours après, il s'y est formé un sel de la nature du sel commun ; ce qui prouve qu'il y a dans ces eaux savonenuses un sel alkali ; & ce qui prouve aussi que cet alkali est de la nature de celui qui sert de base au sel commun.

Cet alkali est un natron qui se trouve dans toutes les eaux minérales de l'espece de celles de Plombieres ; c'est ce qui a fait que la plûpart de ceux qui, avant ces derniers tems, ont donné des analyses d'eaux minérales, ont dit que ces eaux contenoient du nitre, parce qu'ils y trouvoient du natron ; & il y avoit de plus avec ce natron, du sel de Glauber, qui par sa crystallisation a une ressemblance superficielle avec le nitre ; ils ont confondu ainsi le natron des anciens avec le nitre des modernes, qui cependant n'est dans aucune eau minérale. Pour éprouver par la distillation le sédiment de l'eau savoneuse de Plombieres, j'ai fait distiller de ce sédiment dans une petite cornue, à laquelle on avoit ajuſté un récipient, il s'eſt ſublimé un peu de ſoufre minéral au cou de cette cornue, & il a diſtillé dans le récipient une liqueur graſſe, qui a verdi les teintures violettes, qui a blanchi la diſſolution d'argent en lui faiſant perdre la tranſparence & qui a caillé en blanc la diſſolution du ſublimé corroſif; en un mot, cette liqueur comparée à l'eſprit volatil de ſel ammoniac, a produit les mêmes effets; c'eſt-à-dire, que la liqueur que j'ai tirée par la diſtillation du ſédiment de l'eau ſavonneuſe de Plombieres, étoit un eſprit volatil urineux.

Pour trouver comment un eſprit urineux ſe forme dans les matieres minérales, j'ai fait pluſieurs expériences ſur les terres, les craies & les bols combinés avec les bitumes qui ſont propres à volatiliſer les principes les plus fixes, comme eſt l'acide vitriolique. Je ne rapporterai dans ce Mémoire que celles de ces épreuves qui ont le mieux réuſſi à me faire connoître, par analogie, comment il ſe forme, par la diſtillation, un eſprit volatil urineux dans le ſédiment des eaux ſavonneuſes de Plombieres.

J'ai fait mettre dans une cornue, de cette terre alkaline qu'on ramaſſe en certains tems aux environs de Smyrne & d'Epheſe, & qu'on emploie dans l'Orient pour les mêmes uſages auxquels on emploie la ſoude en Europe. J'ai fait placer cette cornue au feu, & il en a diſtillé une liqueur qui a fait cailler en blanc la diſſolution du sublimé corrosif & qui a verdi les teintures violettes, comme avoit fait la liqueur distillée de sédiment de l'eau savonneuse de Plombieres; en un mot, cette liqueur distillée de la terre de Smyrne, dans les épreuves que j'en ai faites, n'a différé de celle qui avoit distillé le sédiment de nos eaux minérales, qu'en ce qu'elle a donné une couleur jaune à la dissolution de mercure faite par l'eau forte; au lieu que la liqueur distillée du sédiment des eaux, a donné une couleur blanche à cette dissolution de mercure.

Ayant mêlé de l'huile de pétrole avec de la soude & en ayant fait la distillation, j'en ai tiré une liqueur qui a aussi donné les mêmes marques d'alkali volatil urineux, qu'avoit données la liqueur distillée du sédiment de l'eau savonneuse de Plombieres.

J'ai fait mettre aussi en distillation de la craie, après l'avoir imbibée d'huile de pétrole; & la liqueur qui en a distillé, n'a donné aucune marque d'alkali volatil; cependant lorsque j'ai réitéré toutes les expériences qui font le sujet de ce Mémoire, j'ai laissé la craie avec le bitume pendant plusieurs jours en digestion, avant que d'en faire la distillation; & par ce moyen la liqueur que j'en ai tirée ensuite, étoit un esprit volatil urineux comme la liqueur distillée du sédiment de l'eau savonneuse.

Ces expériences, & plusieurs autres que je ne rapporte pas dans ce Mémoire, pourront répandre quelque lumiere sur la nature du borax & fur celle de l'alun, comme je me propofe de le faire voir dans une autre occafion; & elles expliquent pourquoi on tire de l'alkali volatil urineux de certaines matières minérales, qu'on foupçonne pour cela d'avoir été imbues d'urines.

Après avoir ainfi examiné, par la voie feche le fédiment de ces eaux minérales, j'ai auffi employé la voie humide pour m'affurer de ce qu'il contenoit : j'ai fait diffoudre ce fédiment dans une petite quantité d'eau. Je dois faire obferver que toutes les fois que j'ai employé de l'eau pour les expériences rapportées dans ce Mémoire, je me fuis toujours fervi d'eau diftillée, même de celles de Plombieres.

J'ai verfé de nouvelle eau fur ce qui reftoit du fédiment qui n'avoit point été diffous par la premiere eau; enfuite j'ai éprouvé féparément, par l'acide vitriolique, ces lotions du fédiment; & j'ai obfervé qu'il s'eft élevé de la feconde, lorfque j'y ai verfé de l'huile de vitriol, une petite fumée blanche qui avoit l'odeur fafranée de l'efprit de fel commun. Cette odeur d'efprit de fel qu'a donnée la feconde lotion du fédiment, étoit plus fenfible que ne l'a été celle qui s'eft élevée du fédiment même, lorfque j'y ai verfé de l'huile de vitriol; j'attribue cette différence au bitume & à l'alkali, qui font en plus grande quantité dans ce fédiment qu'ils ne le font dans la feconde lotion du même fédiment; & il y a lieu de croire que c'est aussi ce qui a empêché que la premiere lotion n'ait donné, par l'huile de vitriol, aucun indice d'esprit de sel, comme a fait la seconde, parce que dans la premiere lotion l'alkali s'est dissous d'abord, & à l'aide de cet alkali, la plus grande partie du bitume, de sorte que l'eau chargée de cette espece de savon, & peut-être aussi du sel de Glauber qui est dans ce sédiment & qui se fond plus aisément que le sel marin, n'a pu dissoudre le marin, comme la seconde eau l'a dissous.

La premiere lotion étoit si grasse, qu'elle a surnagé d'abord les dissolutions métalliques avec lesquelles je l'ai éprouvée ; & lorsqu'elle a été mêlée avec la dissolution de mercure faite par l'eau forte, elle ne s'est point totalement dissipée à l'air avec le tems, comme elle s'y est évaporée étant mêlée avec les autres dissolutions métalliques.

Lorsque j'ai versé de l'huile de vitriol dans la lessive du sédiment, il s'en est fait un précipité qui m'a paru être une terre alkaline, abandonnée du bitume par la force de l'acide vitriolique qui s'attache plutôt à un bitume qu'à un alkali terreux ; j'ai, par l'alkali de tartre, fait précipiter d'une dissolution d'alun, une terre qui à la vue paroissoit semblable à celle qui s'est précipitée de la lessive du sédiment, par l'acide vitriolique.

Enfin j'ai dissous tout ce qui me restoit

de tout le sédiment que j'avois eu par la distillation & par l'évaporation des eaux savonneuses de Plombieres, & j'ai employé, pour cette dissolution, une quantité d'eau plus grande que celle que j'avois employée dans chacune des lotions dont je viens de parler : ayant filtré cette dissolution & l'ayant fait évaporer en partie, je l'ai laissé reposer quelque tems, afin que ce qu'elle pouvoit contenir de sel se crystallisât, j'en ai eu du sel de Glauber & un sel de la nature du sel marin ; ce sel n'étoit point crystallisé en cubes, comme l'est ordinairement le sel commun. Ce sel étoit en grains de la grosseur de ceux de millet, ces grains de sel étoient irrégulièrement ronds & un peu applatis : j'ai eu aussi un sel semblable, de notre eau minérale mêlée avec de l'huile de chaux & ensuite évaporée ; les crystaux de ce sel sont semblables à ceux qui se forment dans les eaux meres des salines de Touque en Normandie : ce sel donne son acide par la distillation, sans qu'on soit obligé d'y ajouter aucune matiere, soit vitriolique ou autre : il est impossible de faire prendre à ce sel la figure cubique, qui, comme on le sait, est la forme ordinaire des crystaux de sel commun ; j'ai reconnu que ce sel grenu étoit de la nature du sel commun, qui s'étoit déja manifesté tant de fois dans ces eaux par plusieurs expériences, il a décrépité sur les charbons ardens, il a caillé une dissolution d'argent, & le précipité qu'il y a fait, s'est fondu aisément au feu, & s'y est presque totalement dissipé.

Je soupçonne que quoique l'acide soit dans ce sel grenu, de la même nature que dans le sel marin, & dans le sel marin que dans le sel gemme ; cependant ces trois sels différent entr'eux par leur base, comme le soufre, l'alun & le vitriol différent entr'eux, quoiqu'ils aient le même acide ; j'avois aussi du sel de Glauber & ce sel grenu, d'une partie de l'eau minérale concentrée par l'évaporation ; ce n'a pas été sans beaucoup de peine, que je suis venu à bout de faire crystalliser ces sels, à cause du bitume qui est en très-grande quantité dans les eaux savonneuses de Plombières, de sorte qu'il est aussi difficile d'en tirer ces sels, qu'il est difficile de les tirer d'une eau mere.

J'ai fait rougir au feu, dans un creuset, ce qui est resté de ce sédiment après ces lotions ; ensuite j'en ai approché le couteau aimanté qui en a attiré du fer : j'ai dissous ce fer dans de l'esprit de vitriol ; & après y avoir ajouté de l'eau, j'y ai mis de la noix de Galles, qui a fait prendre à cette eau une teinte noire par le fer qui avoit été tiré des eaux de Plombieres, quoique ce fer n'eût point donné avec la noix de galles, cette teinte avec l'eau savonneuse, éprouvée à sa source même, où j'ai fait réitérer cette expérience ; cette différence vient, sans doute, de ce que le fer dans l'eau savonneuse, est comme enveloppé par le bitume, qui, dans cette eau minérale, est tenue en dissolution par un sel alkali.

Ceci prouve qu'on ne doit pas toujours conclure, comme on a fait jusqu'à présent, qu'une eau minérale n'est pas ferrugineuse, lorsque la noix de Galles ne lui fait prendre aucune teinte ; ce qui mérite d'autant plus d'attention, que l'épreuve des eaux minérales par la noix de Galles, est employée par tout le monde.

Quoique l'acide vitriolique s'attache plus aux matieres grasses, que ne s'y attache l'alkali même ; cependant cet acide comparé à l'alkali est en si petite quantité dans ces eaux, que l'alkali, au préjudice de l'acide, y absorbera la résine de la noix de Galles.

Le bitume est aussi un obstacle à l'action de l'acide vitriolique sur la partie résineuse de la noix de Galles, parce que l'acide vitriolique s'attache plutôt à un bitume, qu'à une huile végétale qui n'a point passé par le feu ; & c'est encore ce bitume qui fait que, quoique ces eaux minérales soient alkalines, elles n'ont point troublé la dissolution du vitriol martial.

L'acide vitriolique qui tient le fer en dissolution dans ces eaux, se joindra au bitume & au sel alkali, & il n'attaquera point la partie grasse de la noix de Galles, qui auroit rétabli le fer en parties intégrantes. Ce sont, comme je m'en suis assuré par plusieurs épreuves, ces parties de fer rétablies qui, suspendues dans l'eau, lui donnent une couleur noire & font l'encre lorsqu'elles y restent soutenues par quelque mucilage; au lieu que l'acide vitriolique étant séparé du fer par toute autre matiere que par les matieres gommeuses, grasses & astringentes, le fer perd sa couleur naturelle & se précipite en safran; ce qui arrive sur-tout par les alkalis; c'est pourquoi ces eaux alkalines de Plombieres transportées, sont encore moins propres qu'elles ne l'étoient sur les lieux à prendre aucune teinte par la noix de Galles, parce qu'elles ont déposé leur fer en safran.

J'ai éprouvé à l'egard des eaux savonneuses, la terre qui étoit restée sur le filtre, par lequel j'avois passé les lotions du sédiment de ces eaux évaporées; cette terre m'a donné les marques que donnent ordinairement les alkalis volatils, elle a blanchi la dissolution du sublimé corrosif, ce qui paroissoit ne devoir pas arriver, puisque ces eaux savonneuses contiennent aussi de l'alkali fixe, & qu'elles en contiennent beaucoup plus que de volatil. Pour trouver la raison de ce qui s'étoit passé dans cette épreuve, j'ai mêlé de l'alkali fixe avec de l'alkali volatil, à-peu-près en quantités égales; & ce mélange, mis dans de la dissolution de sublimé corrosif, l'a blanchi comme si on n'y avoit mis que de l'alkali volatil; j'ai réitéré plusieurs fois cette expérience, en ajoutant à différentes reprises de l'alkali fixe, & j'ai observé que la dissolution de sublimé corrosif est toujours restée blanche.

Enfin j'ai mis de l'alkali fixe dans une autre dissolution de sublimé corrosif, & l'alkali fixe ayant été mis seul, la dissolution est devenue rouge orangée, comme elle le devient ordinairement par les alkalis fixes : j'ai encore ajouté dans cette dissolution beaucoup d'alkali fixe, qui n'a apporté aucun changement à la couleur qu'elle avoit déja ; ensuite j'ai laissé tomber, dans cette dissolution rougie par l'alkali fixe, une gouttelette d'esprit alkali volatil, la couleur rouge de la dissolution & de son précipité a disparu aussi-tôt, & le tout a blanchi ; ce qui fait voir qu'il faut bien peu d'alkali volatil pour blanchir une dissolution de sublimé corrosif, quand même elle auroit été rougie avec une grande quantité d'alkali fixe ; ce qui fait voir aussi que, quoique la terre des eaux de Plombières, mêlée avec les dissolutions d'eaux métalliques, ne donne aucune marque d'alkali fixe, mais seulement d'alkali volatil; cependant ces eaux peuvent contenir, & elles contiennent en effet, beaucoup plus d'alkali fixe que de volatil. On peut, par le moyen de notre eau minérale, précipiter un or fulminant de la dissolution de l'or faite par l'eau régale.

J'ai mis la terre de ces eaux minérales à plusieurs épreuves avec les acides, le vinaigre en a fait la dissolution avec effervescence, & cette dissolution a donné par la crystallisation une espece de terre foliée ; il m'a paru que l'acide du sel marin a moins dissous de cette terre, que n'en a dissous le vinaigre qui a plus longtems fermenté avec elle, mais moins vivement que ne l'a fait l'acide du sel marin ; j'ai retiré de la dissolution de cette terre, par l'acide du sel marin, un sel grenu semblable à celui que j'avois retiré du sédiment des eaux évaporées ; & comme je l'ai déja fait remarquer, ce sel étoit le même que celui qui s'étoit crystallisé dans l'eau minérale même avec laquelle j'avois mêlé de l'huile de chaux.

L'acide du nitre a moins fermenté avec cette terre que l'esprit de sel marin & que le vinaigre : ayant retiré en décantant l'acide du nitre de dessus la terre, je l'ai éprouvé par l'alkali de tartre, avec lequel j'ai éprouvé de même toutes les dissolutions de cette terre faites par les autres acides, & il ne s'est point fait de précipité dans la dissolution par l'esprit de nitre ; ce qui donne lieu de croire que l'acide du nitre n'avoit point dissous de la terre proprement dite ; & il y a apparence que la fermentation qui s'est faite lorsque j'ai versé l'acide du nitre sur la terre, venoit de la dissolution que cet acide faisoit d'un peu de bitume & d'alkali qui étoient restés dans cette terre.

Ayant mis de l'acide vitriolique sur cette terre des eaux de Plombieres & y ayant ajouté de l'eau, il s'est fait une fermentation à-peu-près semblable à celle de l'acide du nitre avec cette terre : l'acide vitriolique a diffous une partie de la terre, ce qui s'est manifesté par le précipité qui s'est fait de cette dissolution, lorsque j'y ai mis de l'alkali du tartre, & ce précipité étoit une terre semblable à celle qui se précipite par le même alkali de la dissolution d'alun dans de l'eau.

On voit, par les expériences dont je viens de rendre compte, que l'acide du nitre ne diffout point ou diffout moins la terre des eaux de Plombieres, que ne fait l'acide vitriolique, & l'acide vitriolique, moins que l'acide du sel marin & que le vinaigre.

Cette propriété de la terre des eaux savonneuses, de se diffoudre mieux dans le vinaigre & dans l'esprit de sel, lui est commune avec les corps absorbans, comme sont les yeux d'écrévisse & les coquilles d'œufs, que j'ai trouvés plus dissolubles par l'esprit de sel & par le vinaigre, qu'ils ne le sont pour ceux du vitriol & du nitre ; c'est ce qui m'a fait juger que la terre des eaux savonneuses est absorbante. C'est sur-tout cette terre absorbante & cet alkali qui rendent les eaux de Plombieres préférables à d'autres eaux pour couper le bois.

Enfin j'ai éprouvé par le feu la terre de ces eaux minérales, & j'ai trouvé qu'elle s'y fond & qu'elle se vitrifie plus aisément que ne le fait aucune des terres que je connois.

J'ai fait aussi l'analyse de la terre que traversent les eaux minérales de Plombieres, y ayant toute apparence que les eaux participent de la nature des terres par lesquelles elles passent ; ce que l'expérience m'a fait connoître à l'égard de celles de Plombieres.

Il résulte de toutes les épreuves que j'ai faites sur les eaux savonneuses de Plombieres, que les principes naturels de ces eaux minérales dans leur source, sont un bitume de la nature de l'huile de pétrole, un vitriol de mars, un sel de la nature du sel marin, une terre absorbante qui se fond & se vitrifie fort aisément au feu, & un sel alkali de la nature de la soude. Ces eaux transportées, perdent le vitriol martial qu'elles contenoient, & elles ont un peu moins de sel alkali, parce qu'une partie de cet alkali est saisie par l'acide de vitriol ; & l'acide vitriolique, joint à cet alkali, forme un sel de Glauber, qui n'est point dans ces eaux à leur source. Ces eaux savonneuses hors de leur source ont aussi moins de terre, parce qu'il s'en dépose avec le fer au fond des bouteilles ; de sorte que ces eaux transportées sont des eaux épurées.

Il y a apparence que c'est de ce changement qui arrive dans les eaux savonneuses de Plombieres, hors de leur source, que dépend la différence que l'expérience a apprise, qui se trouve entre boire cette eau minérale à sa source, & la prendre transportée ; on a observé, & j'en ai fait

plusieurs

plusieurs fois l'expérience, que ces eaux savonneuses sont plus efficaces ou plus salutaires prises transportées, qu'elles ne le sont bues dans le lieu & à la fontaine ; & même il est rare qu'on puisse les prendre à leur source, sans être obligé de prendre en même tems des eaux chaudes sulphureuses, qui fortifient l'estomac & ont la propriété de faire passer plus aisément les eaux savonneuses.

Ce sel alkali & cette terre absorbante des eaux savonneuses de Plombieres, intimement combinées avec l'huile de pétrole, forment une espece de savon qui, dissous imperceptiblement dans ces eaux, les rend adoucissantes, tempérantes & apéritives. C'est par ces qualités que l'usage les avoit fait connoître salutaires contre plusieurs maladies des reins & de la véssie, dans le cas des inflammations des yeux & de tous les maux qui viennent de chaleurs d'entrailles, & particuliérement de celles de la poitrine & de l'estomac.

On pourra faire dans la suite, pour la guérison de ces maladies, un usage encore plus heureux des eaux savonneuses de Plombieres, connoissant mieux les principes qui la composent. Cette connoissance conduit même à imiter par l'art, ce remede composé par la nature.

Nota. Nous avons encore plusieurs Traités sur les eaux de Plombieres ; MM. Berthemin, Richardot, Charles Lemaire, Bagard, ont travaillé sur ces eaux, de même que Dom Calmet & plusieurs autres dont l'énumération seroit trop longue. M. Lemaire & Dom Calmet ont traité des eaux de Bain ; celles de Bussang ont été décrites & analysées aussi par MM. Lemaire & Bœcler. Nous avons rapporté plus haut la Dissertation de M. Bagard sur ces eaux ; nous avons aussi de lui une Dissertation sur les eaux de Contrexéville, & une autre imprimée sur les eaux de S. Thibaut ; elle sera exposée tout au long dans l'article suivant.

Nous nous proposons à la suite de donner une Histoire complete des eaux minérales des deux Duchés, & de faire une Collection générale de tous les Traités qui ont paru jusqu'à présent sur ces eaux ; cette Collection sera sur-tout très-intéressante pour les eaux de Plombiéres.

Mémoire sur les Eaux Minérales de Nancy, par M. BAGARD, *Chevalier de l'Ordre de S. Michel, Président & Doyen du College Royal des Médecins de Nancy.*

IL y a en Lorraine une infinité de sources d'eaux martiales ou ferrugineuses, plus ou moins imprégnées de particules de fer & d'autres substances minérales : nous décrirons celles qui sont les plus connues, qui sont le plus en usage, & qui, par leurs propriétés établies, sont employées contre les maladies chroniques. Telles sont celles de Nancy, de Pont-à-Mousson, d'Attancourt, du Blanc-Chesne dans le Bailliage de Bar, de Bussang, de Contrexéville dans le Bailliage de Darney & d'autres dont nous parlerons ci-après. Examinons premiérement celles de la Capitale.

La principale fontaine martiale est située au Couchant, au pied de l'angle d'un cavalier du bastion S. Thibaut de l'ancienne fortification de la Ville-Neuve, & qui subsiste encore en partie : l'eau s'écoule depuis la source par un canal en pierre de taille voûté, de la hauteur de trois à quatre pieds, qui vient aboutir en partie à la fontaine qui est au bas de l'Hôtel de la Gendarmerie, & en partie au bas du ruisseau du moulin ; on en a construit un petit bouge, ou auge quarré, de pierre de taille. On nomme cette fontaine, qui a été très-anciennement connue, la fontaine S. Thibaut, parce qu'il y avoit autrefois à côté de sa source une chapelle ou ce Saint étoit honoré.

Cette chapelle, avant même que les fortifications de la Ville-Neuve de Nancy eussent été construites, étoit un petit oratoire ouvert par le devant, grillé & placé près d'un petit moulin ; il y avoit un autel, au pied duquel étoit cette source, où les Fébricitans alloient boire. Mais lorsqu'on fit le boulevard & l'étang S. Jean, tout cela fut ruiné ; & les moulins qui étoient auparavant bien éloignés de la Ville, sont aujourd'hui enfermés dans l'endroit où étoient les remparts.

M. Ezéchiel d'Haraucourt étant Gouverneur de la Ville, fit rebâtir en 1617 cette chapelle en pierre de taille & le toit fut couvert d'ardoise. C'étoit une espece d'oratoire, dans lequel il y avoit un autel où l'on disoit la Messe.

En 1673, lorsque Louis XIV. fit rebâtir les fortifications de Nancy, cette chapelle se rencontra dans le bastion S. Thibaut. On ne la démolit pas. Elle est restée enfouie en son entier dans les terres dont on combla les fossés, dans l'endroit où est présentement une brasserie, entre le moulin & l'Hôtel de la Gendarmerie.

Auprès de cette fontaine étoit la tente du Duc de Bourgogne lors du siege de Nancy ; ce fut en cet endroit que Chifron de Valschiere fut pendu à un arbre, pour avoir eu trop d'attachement & de fidélité à son Maître.

L'eau de cette source est claire, brillante, fraîche & légere, d'une odeur vineuse ; lorsqu'on passe la tête sous la voûte, l'on y apperçoit sensiblement l'effet des exhalaisons spiritueuses de cette eau; d'une saveur plus ou moins ferrugineuse, aigrelette & astringente, quelquefois elle a un goût d'encre à écrire.

Le sol & les pierres sur lesquelles coulent ces eaux, sont chargées visiblement de matiere d'un jaune rouge ferrugineux : on remarque le long du canal de pierre sur lequel elles coulent, une espece de croute de même matiere & un limon rubigineux.

Voici les observations que nous avons faites touchant l'analyse des substances que ces eaux contiennent ; elles nous ont paru à-peu-près de la même nature que celles de Passy.

Si on les soumet à une évaporation lente pendant quelques jours dans un vaisseau ouvert, & pendant l'été, on remarque d'abord, au bout de quelques heures, une pellicule à leur surface, semblable a une toile d'araignée, dont la saveur est saline. On sait, par l'effet des cryftallisations, que les parties salines répandues dans une grande quantité d'eau, se rassemblent en proportion de la souftraction ou évaporation de l'eau qui les tenoit séparées ; alors ces parties salines se réunissent & acquierent du volume ; comme la superficie en évapore plus promptement, on y apperçoit plutôt cette pellicule.

Ces parties salines sont d'une nature alkaline, puisqu'en versant du syrop de violettes dans ces eaux, elles prennent sur le champ une couleur verte.

Par l'évaporation au soleil, elles déposent au bout de quelques jours leurs parties ferrugineuses qui ressemblent à un safran de mars.

Dans cinq onces d'eau minérale évaporée dans ma chambre au mois de Juillet, il s'est précipité insensiblement au bout de dix jours le poids de six à sept grains d'une poudre ressemblante, quant à la couleur & au goût, au safran de mars. Nous avons aussi observé quelques paillettes blanches, brillantes, qui sont le sel alkalin qu'elles contiennent.

Ayant mis une petite clef de fer fort unie au fond d'un gobelet plein d'eau minérale de S. Thibaut, au bout de trois jours on a vu la petite clef couverte d'une poudre rougeâtre très-fine, avant qu'il y en eût de précipitée au fond du gobelet. L'eau, quoique devenue jaunâtre, est restée claire.

Notre eau minérale, mêlée avec l'esprit de sel ammoniac, est devenue laiteuse, & il s'est précipité une poudre blanche & subtile.

La poudre de noix de galles mêlée avec notre eau fraîchement puisée, la teint en rouge-brun, ensuite noirâtre, sur-tout vers le fond du vase. Comme il n'y a aucun corps ou substance dans la nature, qui forme de l'encre avec les galles que le vitriol de mars, il résulte que les eaux de la fontaine S. Thibaut contiennent un vitriol de mars.

Ayant versé quelques gouttes d'esprit de vitriol dans l'eau minérale, devenue verte par le mélange du syrop de violettes; aussi-tôt l'eau a pris la couleur d'un très-beau rouge violet clair.

Ayant versé quelques gouttes de la dissolution de sel de saturne dans un grand verre de cette eau ; elle a d'abord changé de couleur dans le fond du verre où l'eau est devenue laiteuse, ensuite dans toute la quantité d'eau ; & il s'est déposé un sédiment d'un blanc bleuâtre; c'est-à-dire, qu'elles précipitent la solution du sel de Saturne en forme de lait.

Dans un gobelet bien net, l'eau fraîchement puisée forme des bulles à sa surface & au fond du gobelet ; ce sont des parties aëriennes qui se développent par une effervescence imperceptible ; c'est alors que les eaux commencent à se décomposer.

Quand on a fait évaporer les eaux de S. Thibaut sur le feu, elles donnent une odeur ferrugineuse & sulphureuse. Les eaux minérales de la fontaine S. Thibaut, sont rafraîchissantes, apéritives, diurétiques, atténuantes, en certains cas astringentes : elles conviennent en général dans les maladies d'épaississement du sang & de la lymphe ; dans celles d'embarras & d'obstructions des visceres, de stagnations des humeurs dans les capillaires, de chaleurs d'entrailles & de constipations, de difficultés d'uriner ; elles sont très-utiles dans la jaunisse, dans les pâles couleurs, contre les fleurs blanches & les suppressions de regles : on peut les prendre en boisson, en bains & en injections. On en boit depuis une pinte jusqu'à deux, même trois, suivant que l'estomac en peut supporter.

La plûpart des filles vont à la source le soir, pendant les grandes chaleurs de l'été; elles boivent abondamment de cette eau minérale qui les rafraichit, les délasse & qui leur procure du sommeil.

Cette eau minérale donne de l'appétit & facilite les digestions, sur-tout aux personnes bilieuses.

On les emploie utilement dans les cas de dévoiement bilieux ; elles le moderent d'abord & l'arrêtent dans la suite, en corrigeant l'épaississement & l'âcrimonie de la bile.

On les emploie utilement dans les cas de rougeurs ou chaleurs des yeux ; de même contre les boutons du visage & du corps, contre la galle & les démangeaisons.

Avec un morceau de fer rougi au feu, qu'on éteint dans ces eaux minérales, on les rend plus ferrugineuses & plus astringentes. On en fait boire aux personnes du sexe qui ont des fleurs blanches, même à celles qui ont des pertes.

Dissertation sur deux maladies compliquées & très-dangereuses, guéries au moyen de l'eau de S. Thibaut, par M^e. FRANÇOIS-NICOLAS MARQUET, Ancien Médecin de la Cour de Lorraine, &c.

L'Hydropisie en général est une maladie facile à connoître & très-difficile à guérir ; mais celle que nous appellons hydropisie de poitrine, ne se connoit que lorsqu'elle est devenue, pour ainsi dire, incurable. Ceux qui en sont menacés, se ressentent longtems auparavant de tumeurs œdémateuses des pieds & des jambes, qui s'enflent tous les soirs & se désenflent le matin. Je me suis trouvé en ce premier état pendant bon nombre d'années ; pour-lors je me contentois de prendre de tems en tems un gros de poudre hydragogue dans un bouillon. Ce remede me purgeoit passablement & détournoit l'œdeme pendant quelques jours ; mais cela n'empêchoit pas que l'enflure n'augmentât insensiblement, jusqu'à ce qu'enfin ces poudres purgatives ne firent plus d'effet, & que les pieds & les jambes ne restassent œdémateux, non seulement tous les soirs, mais aussi les matins. Je changeai trois ou quatre fois de batterie, en prenant tantôt la poudre hydragogue, quelquefois la cornachine & souvent la scammonée d'Alep, cette derniere à la dose de douze ou quinze grains. Insensiblement l'enflure des pieds & des jambes s'augmentoit de plus avec l'âge, jusqu'à ce qu'étant parvenu dans ma soixante-douzieme année, je remarquai que dans une nuit mon pouls étoit devenu inégal, vermiculaire, convulsif & intermittant; ce qui arriva vers le douzieme ou quinzieme jour du mois de décembre dernier : & en même tems j'avois le pannicule graisseux de l'abdomen & des reins beaucoup plus gras qu'à l'ordinaire ; mais cette graisse me devenoit suspecte, & je ne pouvois en tirer qu'un mauvais pronostic. J'avois une pesanteur de tout le corps & une si grande envie de dormir, que je ne pouvois m'en dispenser, même pendant les repas & à table.

Alors mon pouls devint si convulsif & ma respiration si étouffante, que je craignois de mourir de suffocation cette nuit & pendant les suivantes, que mon pouls restoit dans la même situation. Bien plus, les choses alloient toujours de mal en pis: je ressentois des douleurs & des picottemens semblables à des lardoires, qui me traversoient le cœur avec les mêmes étouffemens qui me faisoient suffoquer; de sorte qu'il me sembloit que l'air de l'inspiration ne pénétroit pas jusques dans les poumons ; ce qui ne pouvoit provenir que de la lymphe, du sang, des stases & des embarras qui s'étoient faits dans les veines & les arteres du cœur & dans les poumons : pour-lors je ne doutai nullement d'une hydropisie de poitrine, parvenue à son dernier période, d'autant plus que mes urines étoient troubles, épaisses, en petite quantité & sans aucun dépôt.

Le tout joint à la fievre lente dénotoit une mort certaine. J'attribuois la cause de ce changement à la boisson de vin, qui raréfioit le sang & causoit des palpitations. Sur ce principe je ne balançai pas un seul moment à quitter entiérement l'usage du vin & de toutes sortes de liqueurs, en me restreignant de prendre, pour boisson ordinaire, d'une eau ferrugineuse d'une certaine fontaine, appellée de S. Thibaut. C'est une eau minérale qui est apéritive & rafraîchissante, à raison des parties du mars dont elle est empreinte. Je continuai depuis, plus de deux mois, d'en faire usage & d'en prendre une demi-pinte à chaque repas pour toute boisson.

A présent mes urines commencent à se décharger, mais d'un dépôt qui est en si grande quantité, que dans deux verres d'urine il se trouve au moins la moitié d'un sédiment rouge briqueté, tenace & si épais, que l'on auroit bien de la peine à le détacher d'après le verre qui le contient; mais dans ces circonstances, ce qui me consoloit le plus, c'est que ce dépôt, qui étoit en si grande abondance dès le commencement, diminuoit de jour en jour, jusqu'à ce que, cinq ou six semaines après, les urines sont devenues naturelles : enfin il me survint un autre accident, qui n'étoit pas moins dangereux que le premier; le voici.

Je me trouvois depuis long-tems tourmenté pendant mon premier sommeil de paveurs nocturnes, qui m'éveilloient en sursaut & qui me faisoient perdre la mémoire. J'avois d'autant plus à craindre les suites de ces accidens, que j'avois vu mourir mon pere d'apoplexie à l'âge de soixante-quatre ans, & mon grand-pere à l'âge de soixante. Me trouvant, pour le présent 1754, dans ma soixante-douzieme année, j'eus d'autant plus à craindre l'apoplexie héréditaire, que ma mémoire s'affoiblissoit de jour en jour, jusqu'à ce qu'enfin au commencement du mois de Février, pendant mon premier sommeil, je m'éveillai tout-à-coup en sursaut, ayant la bouche tournée sans pouvoir remuer ni mon col ni ma tête ; ce qui ne dura qu'environ l'espace d'un *Pater*. Je m'agitai ensuite du mieux que je pus; je ressentis à l'instant une douleur & une pesanteur de tête très-aggravante : dans l'instant même je ne doutai nullement d'une attaque d'apoplexie héréditaire & je songeois déja à mes ancêtres, qui sont morts d'une pareille maladie ; mais ce qui augmenta ma crainte, ce fut une tache rouge & livide de la largeur de l'ongle, que l'on me fit observer le lendemain sur l'angle de la paupiere inférieure de l'œil droit, avec le visage pâle & plombé, les yeux concaves, & le cercle qui faisoit le bourlet autour de la paupiere inférieure : je remarquai aussi que l'œil droit étoit plus louche & plus affaissé que celui du côté gauche, & que j'avois la face hideuse, au point qu'elle me faisoit peur à moi-même. Ces circonstances me mettoient dans une grande perplexité. Deux maladies compliquées, mortelles & héréditaires, à mon âge de soixante-douze ans, ne me donnoient plus d'espérance. Cependant je suivis le précepte de l'Evangile : *Medice, cura teipsum*. Je délibérai moi seul, étant bien convaincu qu'il s'étoit fait un coup de soleil & un dépôt sur le cerveau. J'inférai delà que l'on ne pouvoit faire detacher ce dépôt que par la résolution ; à l'effet de quoi je pris pour cinq sous d'ellébore blanc en poudre, dont je me servis trois ou quatre fois le jour en guise de tabac. Ce remede fit des merveilles ; il me secoua si bien la tête par les éternuemens réitérés, qu'en moins de quinze jours ou trois semaines il fit résoudre le dépôt de sang & de sérosité qui s'étoit fait sur le cerveau. La tache noire & livide, qui étoit sur la paupiere au grand angle de l'œil, se dissipa.

Il faut remarquer que lorsque je fis au commencement l'usage de l'ellébore, il sortoit par l'os cribleux des colles si visqueuses & si épaisses, qu'elles ne pouvoient se détacher, & que j'étois obligé de les racler du fond du palais avec une cuiller : & qu'à proportion que je continuois l'usage de l'ellébore, ces mêmes colles devenoient de jour en jour plus liquides, moins gluantes, & diminuoient la grande douleur & pesanteur de tête ; ce qui me donna pour-lors quelqu'espérance de guérison. Il y a environ vingt ans que je fus invité de me transporter au Village de Millery, pour y soigner la femme du nommé Nicolas Pierron, Laboureur. Elle étoit attaquée d'une hydropisie de poitrine, & en même tems il lui survint, comme à moi, une tache rouge & livide sur la paupiere inférieure du grand angle de l'œil ; ce que l'on appelle un coup de soleil. N'ayant pas pour-lors fait attention, ni à l'eau ferrugineuse, quoiqu'il y en ait une très-belle fontaine, entre les deux villages de Millery & d'Autreville sur le bord de la Moselle, je passai ce remede sous silence, & je me contentai de donner un pronostic funeste à la malade, qui mourut d'apoplexie deux ou trois jours après.

Ces deux exemples sont des avertissemens que je donne à ceux qui se trouvent dans le même cas, soit d'apoplexie ou d'hydropisie de poitrine. Je les exhorte à mettre en usage les mêmes remedes & le même régime de vie, puisqu'ils ont guéri un vieillard, âgé de soixante-douze

ds, tant d'hydropifie de poitrine que d'a-
poplexie héréditaire; ils guériront d'autant
plus facilement des jeunes gens ou des
adultes de l'une ou de l'autre de ces maladies, pourvu qu'ils emploient les mêmes
remedes & qu'ils obfervent le régime de
vie ci-devant prefcrit.

Quant à préfent, graces à Dieu, je ne
me fens plus aucune incommodité; j'ai grand
appétit, & il me femble que je fuis ra-
jeuni de plus de dix ans.

Nota. Cette Differtation a été inférée
dans la Clef de Cabinet de 1758. Elle fe
fent, comme on en peut juger, de l'af-
foibliffement de l'efprit de ce Médecin.
On peut dire de lui à cette occafion ce
qu'on a dit anciennement de Charles V,
lorfqu'il faifoit le fiege de Metz fans l'a-
voir pu prendre. *Sifte viam Metis, hæc tibi
meta datur.* Auffi cette Differtation eft le
dernier ouvrage forti de la plume du Sr.
Marquet; il eft mort l'année fuivante d'une
efpece de léthargie, qui reffemble beaucoup à une apoplexie, malgré qu'il eût
affuré qu'il étoit radicalement guéri de cette
maladie; le feul bien qu'a produit ce Mémoire, c'eft d'avoir mis en vogue les eaux
de S. Thibaut; tout le monde s'eft em-
preffé d'en faire ufage, & plufieurs perfonnes s'en font très-bien trouvées dans
plufieurs maladies chroniques, comme dans
les obftructions, les pâles couleurs, les défauts de digeftion, l'efferverfcence de la
bile, dans la jauniffe, les difficultés d'uri-

ner, les suppressions de regles, dans la galle & les démangeaisons ; quelques Bourgeois de Nancy font même depuis quelque tems commerce de ces eaux, ils envoient réguliérement aux extrêmités de la Province, dans la Lorraine Allemande, tous les quinze jours pendant la saison convenable, plusieurs tonneaux de ces eaux.

Mémoire en forme de Lettre, adressé à l'Auteur par le Pere BONNETIER, *Prieur-Curé de Scarpone, sur les Fossiles des environs.*

MONSIEUR, les fossiles que j'ai trouvés le plus communément à quatre & cinq lieues à la ronde, depuis Nancy jusqu'à Metz, des deux côtés de la Moselle, entre la Seille & le Rupt-de-Maid, sont les suivantes:

A la gauche de la Moselle jusqu'au Rupt-de-Maid les oursins plats, assez bien conservés, sont communs dans les ravins & même en pleine campagne ; des pierres chargées de vermisseaux, la crête de coq s'y rencontrent avec des fragmens de cœur de bœuf ; quelques bélemnites, peu de cornes d'Ammon. Voilà ce qu'il y a de plus commun à Marbache, Saizeray, Rosieres-en-Haie, Villers-en-Haie, Fay, Viéville-en-Haie, Thiaucourt & dans tout le Pays

de

de Haie, dont la terre est graveleuse & légere ; un ravin proche Dieulouard, dit à la Croix S. Nicolas, fournit de toutes les especes de fossiles. J'y ai trouvé des madrepores de plusieurs especes & une dent qui paroît agatifée, du poids de deux livres & demie.

Les Côtes qui regardent l'Orient, à gauche de la Moselle, ne présentent presque rien.

Au delà du Rupt-de-Maid dans le Pays de Voivre, dont les terres sont légeres, je n'ai pu rencontrer aucune espece de fossiles, quoique j'y eusse cherché de Thiaucourt à Verdun & de Verdun à Metz, par différentes routes & même en parcourant les campagnes ; mais on en trouve sur les Côtes de la Meuse & de la Moselle qui bordent le Pays de Voivre.

Les beaux madrepores, que j'appelle *Pseudo-Corallum*, ou faux corail, viennent de la Côte S. Michel proche Verdun. J'en ai trouvé des morceaux superbes sur cettte Côte, à cinq cens pas au Couchant de l'Hermitage S. Michel, &c.

Après les Côtes qui regardent l'Occident, à droite de la Moselle & même jusqu'au fond de cette riviere, les fossiles y sont communs & bien conservés ; le Curieux avide apperçoit de loin le terrain propre à le contenter. Les veines de terre, forte couleur d'ardoise, sulfurées, fournissent infailliblement, soit dans des blocs de pierre, soit séparément, des cornes d'Ammon, des nautiles, gryphites, pétoncles, pectinites, cames, cœurs de bœuf, huitres, bélemnites, fragmens d'écrévisse, escargots, ossemens d'animaux, vertebres de poisson, bois, &c. de différentes grosseurs & especes, dont les unes sont pétrifiées, d'autres crystallisées, mais ordinairement métallisées en soufre, dont la marcassite domine dans les terres bleues.

Depuis Millery, en remontant jusqu'à l'Hermitage Ste. Barbe, sur le bord de la Moselle; on y trouve des gâteaux de coq & la poule, des pectinites que j'appelle coquilles de S. Jacques & quantité d'autres beaux fossiles. Au dessous de cet Hermitage il y a une mine d'une espece de charbon de terre.

La Côte de Mousson est renommée avec raison par ses belles productions en cornes d'Ammon, bois pétrifiés, &c. mais je ne sais si elle est aussi riche que la Côte de Hermomont.

Cette derniere Côte, située entre Millery, Villers-le-Prud'homme & Scarpone, sans parler de plusieurs belles sources d'eau minérale, qui sortent de son sein, ni des marcassites de fer & de soufre qu'on y trouve; elle fournit encore de toutes les especes de fossiles, dont je viens de parler, en son contour près de Scarpone vers l'Occident. La Moselle qui la flotte au pied de cette Côte est le ruisseau de Natain, qui coule à son Nord, délave les plus beaux morceaux; j'y ai trouvé une dent, du poids de six livres & demie, dont la hauteur est de six pouces, la largeur de neuf & l'épaisseur de trois, & une autre dent du poids de quatre livres & demie.

Vous avez vu chez M. Briclot, Prévôt de Dieulouard, un gros os d'une cuisse d'un grand animal, qui a été trouvé sur le bord droit de la Moselle, dessous l'Hermitage de S. Blaise dans la Paroisse de Scarpone. On trouve au même endroit des os de vertebres d'animaux ou de poissons fort gros, & quantité d'autres beaux fossiles métallisés.

Les Jésuites de Pont-à-Mousson avoient dans leur pharmacie des ossemens très-gros, que l'on a trouvés, dit on, dans la terre bleue, sur le bord droit de la Moselle, proche la grande route & la ferme du Poncet, à une lieue au dessous de Pont-à-Mousson.

A l'entour de la Côte, sur laquelle les Villages de Loisy, Ste. Genevieve, Basaumont & Laudemont, sont situés, on y trouve des bois pétrifiés, agatisés, crystallisés, des cornes d'Ammon, huitres, &c.

Dans la Côte entre Serriere & Belleau, il y a au Couchant un Ravin, dont les eaux délavent des pierres bleues, remplies de cornes d'Ammon, de bois, d'ossemens, &c. On rencontre dans tout le flanc de cette Côte, au même endroit, quantité de gâteaux de coq & la poule, & d'huitres.

La Côte qui est en tête du Val Ste. Marie, entre Sivry & Moivron, est remplie de mines de fer, les fossiles y sont rares.

Quant au Pays de la Seille, que j'ai parcouru à gauche de cette Riviere, j'y ai remarqué des cames, des grandes cornes d'Ammon de plus d'un pied de diamêtre, dont le milieu manque ordinairement, & quantité de petites gryphites, que j'appelle Talon de S. Martin, en plusieurs endroits, comme à Brin, Lanfraucourt, Nomeny, Mailly, Flin, Tesey, &c. J'ai l'honneur d'être, &c.

Mémoire pour servir à l'Histoire naturelle des environs de Pont-à-Mousson, par le Pere LEJEUNE, *ancien Prieur de l'Abbaye de Ste. Marie de Pont - à - Mousson, Ordre des Prémontrés.*

Nos Histoires anciennes partagent la Lorraine supérieure ou Mosellane en plusieurs Cantons, dont les principaux sont le Chaumontois, le Salin, le Saintois, la Voivre, le Scarponnois, le Messin, &c. Chacune de ces Contrées se vante d'avoir ces merveilles. Le Chaumontois a ses eaux minérales chaudes & froides connues de toute l'Europe, ses montagnes couvertes de sapins ou de roches arides; là nous avons vu avec étonnement grand nombre de ces blocs énormes de grais, formés originairement par couches horizontales, hors de leurs lits de carriere, entassés pêle-mêle & buttés les uns contre les autres, comme s'ils étoient tombés des nues; restes indubitables de l'ébranlement & du dérangement arrivé à notre globe.

Le Salin est ainsi nommé des puits & fontaines salés, dont il abonde & dont la plûpart sont perdus ou négligés. La seule Saline de Château-Salins rapportoit autrefois au Duc Charles III. trente mille écus d'or par an.

Le Messin a ses monumens & ses antiques; un autre Canton a ses mines, ses fossiles, ses fontaines pétrifiantes; mais de toutes les parties de la Lorraine supérieure, il n'y en a point que la nature ait plus enrichies que le Scarponnois, elle en a fait, pour ainsi dire, son magasin & un champ ouvert à plusieurs observations curieuses; j'ai admiré cent fois que l'on puisse trouver tant de curiosité sur un terrein, qui n'a pas plus de six lieues de long sur quatre ou cinq de large, le Scarponnois ne s'étendant que depuis Marbache jusqu'au delà de Gorze.

Scarpone en étoit autrefois la Capitale; ce n'est plus maintenant qu'un chétif Village, situé dans une isle de la Moselle, près de Dieulouard, à une lieue & demie au dessus de Pont-à-Mousson.

La Moselle arrose une bonne partie du Scarponnois, & coule du Sud au Nord dans une plaine, terminée à l'Orient & à l'Occident par deux chaînes de côteaux & couverts en partie de bois & de vignes, en partie de terres arables. En descendant de Marbache au Pont-à-Mousson, on remarque à gauche, de distance à autre, des couches de pierres-à-chaux, tantôt paralleles, tantôt inclinées à l'horizon; celui des deux côteaux, qui est à droite de la riviere, est interrompu & coupé par quatre Vallons qui ont leur direction de l'Orient à l'Occident. Le premier est celui de Ville-au-Val, le second celui d'Haiton, le troisieme celui des Mesnils & le quatrieme celui de Fréhaut. La Montagne de Mousson sépare le second & troisieme Vallon. Cette chaîne, qui est entre la Seille & la Moselle, finit à Metz, où les deux Rivieres se joignent. L'autre, qui est au côté gauche de la Moselle, s'étend aussi loin que cette riviere, c'est-à-dire, jusqu'à Coblentz, où elle tombe dans le Rhin.

Quoique la Moselle, en serpentant dans la plaine, semble diriger constamment son cours vers le pied du côteau, dont la pente est plus roide; elle a néanmoins beaucoup gagné depuis quelque tems du côté de l'Orient, puisqu'elle coule maintenant dans plusieurs endroits, par où passoit le grand chemin; & l'on voit encore à son côté droit des ponts renversés dans l'eau, qui autrefois avoient été pratiqués sur des ruisseaux qui viennent se décharger dans son lit.

J'ai remarqué que les angles saillans d'un côteau répondent assez exactement aux angles rentrans de celui qui lui est opposé, que les deux chaînes sont appuyées sur une base de glaise, & que la disposition du Scarponnois représente un fond de mer. On trouve à chaque pas sur les bords de la Moselle quantité de cailloux transparens, grand nombre de ceux qui paroissent avoir été formés par couche de différentes couleurs, & quelques-uns composés de paillettes brillantes, d'une matiere talqueuse & presque minérale. J'ai amassé des astroïtes, des agates brutes, des madrepores de différentes sortes, de petits gryphites, que quelques-uns appellent nautiles, & qu'il est difficile de distinguer des cailloux, parce qu'ils se sont arrondis en roulant avec le gravier dans les grandes eaux, il n'est pas douteux que ces corps étrangers au lit de la riviere n'y aient été entraînés des ravins par les torrens. D'autres avant nous ont aussi trouvé des médailles sur le bord de la Moselle, sur-tout entre Dieulouard & Scarpone, des fragmens d'urnes sépulcrales, des morceaux de bois pétrifié, entre autres celui qui fut envoyé en 1759 à M. d'Argenson par l'Abbé des Prémontrés de Pont-à-Mousson. Cette piece est de figure cylindrique, longue de quatorze pouces,

& pese vingt-une livres. Elle est beaucoup écornée & paroît avoir long-tems roulé avec les cailloux, aussi n'a-t-elle été trouvée qu'après un grand débordement. On y distingue parfaitement à chaque bout les couches circulaires, & sur la superficie un coup de hache, des nœuds & la direction des fibres ligneuses. Ce morceau est maintenant dans le Cabinet du Jardin du Roi à Paris.

Lorsque j'arrivai des Vosges à Pont-à-Mousson, il y a près de vingt ans, où on ne s'étoit encore guère avisé de faire des recherches à l'entour de cette Ville; j'y trouvai ce terrain tellement couvert de curiosités naturelles, qu'en certains endroits un homme, les yeux bandés, n'auroit pas mis la main à terre, sans toucher un corps marin; les ravines sur-tout & les fossés qui sont à l'entour de la montagne de Mousson, me fournissoient, toutes les fois que j'y descendois, quelque chose de nouveau; tantôt c'étoit des os & du bois pétrifié, tantôt du talc, des geodes ou des entroques, quelquefois des gryphites & des peignes de différentes especes très-bien conservées dans de la glaise bleue. J'ai fait amas de plus de dix especes de cornes d'Ammon, dont la plûpart conservoient tout leur coquillage; c'est surtout dans des blocs d'une pierre extrêmement dure que je faisois casser, où je trouvois les plus belles. Peut-être verroit-on encore à Ste. Marie des fragmens de ces sortes de nautiles pétrifiées qui avoient, sans exagération, plus d'un pied de largeur depuis le centre jusqu'à l'extrêmité de la derniere circonvolution; ces morceaux sont couverts d'un têt qui a encore plus d'une ligne d'épaisseur en quelques endroits.

La terre dont ces corps extraordinaires sont remplis, est pétrifiée & mêlée de bélemnites, de pointes d'oursins & de quelques autres menus coquillages; le déluge ne peut les avoir amenés de la mer jusqu'à nous, ils étoient trop pesans pour être mis à flots, j'en ai fait rapporter à la maison de plusieurs endroits; il y a entre le village de Champé & la ferme du Poncet, une ravine formée par un ruisseau qui tombe de la Côte voisine, & qui, passant par le Bois de Fahaut, va se décharger dans la Moselle; c'est à cet endroit, & sur le bord de la riviere dans le tems qu'elle est basse, que je trouvai la plûpart de ces gros fragmens; j'en ai aussi amassé au pied de la Côte de Mousson à l'Orient, dans un ruisseau qui traverse le Bois, & qui est à sec une bonne partie de l'année.

La Côte de Mousson est haute de cent toises de France, plantée de vignes au Midi & à l'Occident; on y voit une fontaine minérale, très-fameuse autrefois, dont les eaux ont été analysées; on prétend qu'elles n'ont plus la même vertu depuis que la source a été entourée de murs.

Il faut voir l'histoire de cette fontaine dans un ouvrage donné au Public par un Docteur en Médecine de l'Université. J'ai recueilli autour de cette montagne de Mousson quantité de gâteaux de glaise bleue pétrifiés, dont les uns étoient chargés d'entroques, les autres de bélemnites; sur certains j'ai vu des roseaux pétrifiés & des pattes d'écrévisse, entre tous les morceaux que j'ai trouvés, le plus intéressant est un amas considérable d'os de chair, & de glaise amalgamée & pétrifiée, qui ressemble assez à une tête, elle a été placée dans le Cabinet de M. de Tressan; voyez la description de ce Cabinet.

Les carrieres de Norroy doivent être aussi considérées comme une mine de corps marins; la pierre qu'on en tire, semble n'être en partie qu'une dissolution de coquillage; on y voit des pierres Judaïques, des grosses bélemnites, & d'autres vestiges de la mer qui rendent cette pierre gélisse lorsqu'elle demeure exposé à la gelée & à la pluie; on est obligé de raccommoder de tems en tems, & même de renouveller entiérement les cordons de jets d'eau & les escaliers de jardin faits de cette pierre. Le lieu où on la tire, est moins élevée que la Côte de Mousson d'environ cinquante pieds, & plus haut de cent quatre-vingt-douze toises que le niveau de la mer, qui en est éloignée de près de cent lieues; à douze & quinze pieds de profondeur on y trouve près de trente sortes de différens corps marins ; j'en ai rapporté de coralloïde & une moitié de cet ourſin à tubercules, qu'on ne voit que ſur les bords de la mer rouge. Ces carrieres ſont compoſées de trois lits ou bancs ; le premier, de terres végétales ; le ſecond, de roc ; & le troiſieme, de pierre de taille. Le premier lit a d'épaiſſeur depuis trois juſqu'à huit pieds ; le ſecond lit a communément ſept ou huit pieds, & le troiſieme autant. Les terres du premier lit ſont aiſées à enlever, & renferment quantité de curioſités naturelles, que les ouvriers ont grand ſoin d'amaſſer pour les vendre aux Curieux ; mais pour parvenir au troiſieme lit, qui eſt la taille, il faut employer la mine & faire ſauter le roc. Du tems que le Roi de Pologne faiſoit bâtir la belle Place de Nancy, on a vu dans certains jours plus de cent voitures venir de tout côté charger dans ces carrieres. Après la pierre de Savonières & celle de Sorcy, la plus belle, la plus propre pour les grands édifices & la plus renommée de toute la Province, eſt ſans contredit celle de Norroy ; elle ſe donnoit autrefois à trois ſols le pied cube, maintenant c'eſt à cinq à ſix ſols. Les Romains l'ont employée à conſtruire cet aqueduc qu'on voit ſur le chemin de Metz à trois lieues de Norroy. En 1729 on trouva dans les anciennes carrieres un Autel dédié à Hercule Saxanus ; auprès de cet antique étoient de petites pierres taillées en façon de briques, semblables à celles dont est construit l'aqueduc de Joui, qui fut commencé par Drusus envoyé dans les Gaules onze ans avant l'Ere vulgaire. De nos jours en 1749, on découvrit un second Autel dédié à Hercule présidant aux carrieres, qui fut envoyé à S. A. le Prince Charles de Lorraine à Bruxelles. Voyez les Inscriptions de ces deux monumens dans la Notice de Lorraine, *pag.* 165 & 166. *T. II.* Ils sont maintenant tous les deux à Paris.

Il n'est pas possible de vous faire l'énumération exacte de tous les Fossiles que j'ai recueillis sur cette hauteur de Norroy, il faudroit pour cela les avoir sous les yeux; quelques lieues au delà de ces carrieres à l'Occident, c'est-à-dire, dans la Voivre, les oursins sont très-communs, on y en trouve à choisir & de très-bien conservés; j'ai vu plus loin vers Beaumont de grands blocs de pierre tout luisans de pointes d'oursins.

Sur la Côte de Ste. Genevieve vis-à-vis Dieulouard, au Nord-Est, j'ai vu & parcouru plusieurs fois un champ nouvellement défriché & labouré, dont presque toutes les pierres étoient madrepores; un peu plus loin, en remontant vers Landremont & Ville-au-Val, on a trouvé quantité de bois pétrifiés; les deux premiers Villages du Scarponnois vers le Midi, sont Millery & Autreville, situés au côté droit de la Moselle au pied d'un côteau, contre lequel cette riviere fait un coude qui a déja causé de l'exercice & des inquiétudes aux Habitans; là j'ai remarqué bien avant dans la riviere, des racines de bois de vigne qui ont anciennement végété dans l'endroit où ils sont; ce qui prouve que la Moselle a beaucoup gagné de terrain de ce côté-là. Entre ces deux Villages il y a une fontaine d'eau minérale qui descend des vignes dans la riviere; au mois d'Octobre, qu'elle est moins profonde, on remarque que son lit est comme pavé, du moins en cet endroit, d'une terre glaise pétrifiée, qui se leve par couches; j'ai observé après ces feuilles de glaise, des ouvrages d'insectes fluviatils disposés par ramifications, assez semblables à ces prétendues feuilles de plantes marines, qui ornent les Cabinets des Curieux, & qui sont aussi des productions des vers marins. Cette piece, que j'eus le malheur de gâter en faisant chemin, représentoit quantité de petits tuyaux, n'ayant pas plus d'un quart de ligne de diametre, sortant tous par branches d'un tronc commun; le tout étoit collé après une pierre plate, à l'exception de l'orifice des tuyaux qui se recourboient au dehors, & paroissoient perpendiculaires au plan auquel ils étoient attachés.

Quelques pas au dessus de Millery, le terrain, qui est d'une glaise feuillée, est élevé sur le bord de la riviere de plus de vingt pieds; sous ce terrain est une couche de pierre bleuâtre, de quelques pouces d'épaisseur ; elle cache une mine de charbon de terre que nous prîmes d'abord pour du bois pétrifié, jusqu'à ce qu'après l'avoir lavé & mis au soleil, nous l'entendîmes pétiller en se gerfant comme le charbon de bois que l'on jette au feu. Nous cassâmes au même endroit plusieurs pierres extrêmement dures, dont le fond étoit une terre bleuâtre ; nous y trouvâmes cette espèce de coquillage nommé le coq & la poule, très-bien conservé avec tout son brillant & ses tables nacrées ; nous en rapportâmes d'assez jolis grouppes, & peut-être plus précieux que ceux que les Hollandois rapportent des Indes Orientales, & qu'ils nous vendent si cher. D'autres Observateurs avoient parcouru cet endroit avant nous ; ils y avoient trouvé du bois & des os pétrifiés avec des grouppes de peignes & de gryphites très-bien conservés. Au même endroit je fis casser à coups de masse deux blocs de pierre remplis & comme pêtris de productions marines ; le premier me parut fort singulier, j'en rapportai nombre de fragmens, dans le dessein d'en faire part à mes amis & de les examiner à loisir : la pierre est grisâtre & composée de deux sortes de coquilles seulement, qui semblent n'avoir été unies que par la dissolution de leur têt ; ce sont de petites huitres fort minces, toutes de la même famille, mais de grandeurs inégales, puis des cornes d'Ammon presque toutes de la même classe, de différens âges & volumes, depuis une ligne jusqu'à un pouce de diametre. Est-il croyable que les eaux du déluge auroient rassemblé dans un même endroit, si éloigné de la mer, tant & de si petits corps marins de la même espece, & cela sans aucun mélange ? Ne seroit-il pas plus naturel de penser qu'ils sont nés, qu'ils ont crû, qu'ils se sont multipliés & pétrifiés dans le même canton où nous les trouvons, & que cet endroit-là même fût autrefois un fond de mer ? C'est ce qui m'est venu à la pensée, toutes les fois que ces morceaux d'Histoire Naturelle me sont tombés sous les yeux.

La seconde piece ne me parut pas moins digne d'attention : sa base étoit d'une matiere seche & comme partie des débris de petits coquillages noirs fort minces. Elle ne renfermoit guère que des cornes d'Ammon de quatre ou cinq especes à-peu-près de la même grandeur & remplies d'autres cornes d'Ammon plus petites, la plûpart étoient revêtues d'un coquillage qui paroissoit à la loupe approcher de la crystallisation, le tout étoit amalgamé avec des branches d'arbres pétrifiées, le bois étoit de couleur noire à l'exception de quelques veines blanches qui régnoient d'un bout à l'autre entre l'écorce & l'aubier. La transformation de ce bois est parfaite, il est dur & cassant comme la pierre, & traversé de distance à autre par des fentes remplies de cette matiere blanche dont je viens de parler; ces veines ont une ou deux lignes d'épaisseur, elles ne font qu'une furabondance de ces fucs pierreux qui, pour pénétrer entiérement ce bois, ont dû être liquéfiés & diffous comme les fels, l'eau qui en a été le véhicule, a dû les infinuer dans toute la fubftance du bois & les difpofer plus abondamment dans les fentes & les gerfures; ils y ont par-tout acquis la confiftance de la pierre, ils l'ont communiquée au bois en s'y figeant: refte à favoir quand & comment la transformation s'en eft faite; ce qu'il y a de certain, c'eft qu'elle ne fe fait ni dans nos étangs ni dans nos fontaines, puifque le plus grand nombre de ces raretés fe trouve fur la coupe des montagnes; toutes celles que j'ai confervées, y ont été amaffées: d'ailleurs on fait en quoi confifte le merveilleux de nos fontaines pétrifiantes; le tout fe réduit à incrufter quelques racines d'arbres, de produire du tuf, où fe voit l'empreinte de feuilles d'arbres, de quelques tiges de plantes terreftres, mais on ne trouve jamais de coquillages marins; il ne faut que des yeux, pour voir la différence de ces incruftations, d'avec les pétrifications véritables; celles-ci fe font faites par intus-fufception; les premieres par juxtapofition; les unes par addition, les autres par pénétration. Si l'on ne trouve donc

donc jamais de coquillages fluviatils pétrifiés dans nos eaux, il est vraisemblable que les pétrifications qu'on retire des rivieres & endroits marécageux, y ont été ou entraînées par les avallations des terres, ou formées avant le déluge, lorsque nos vallons couverts & remplis d'eaux marines, formoient ces abîmes dont parle l'Ecriture, en rapportant les causes du déluge. On ne voit pas non plus comment les eaux répandues sur la terre pendant le déluge auroient pu produire l'effet dont il s'agit ; car avant qu'un bois ait contracté la dureté, la pesanteur & les autres qualités de la pierre, il est nécessaire qu'il passe d'abord par une forte lessive, qui le décharge de ses sels & d'une grande partie de sa substance ; il faut qu'il ait été longtems abreuvé ou pénétré comme une éponge, pour que les sucs pétrifians y puissent déposer les sables fins & ce qui constitue la vraie pétrification : or il est évident que tout cela suppose une plus longue durée que celle du déluge. Dira-t-on que les pétrifications commencées au tems du déluge se sont perfectionnées par la suite des tems ? D'accord pour celles qui sont restées couvertes d'eau ou d'un limon qui les a entretenues dans une certaine humidité, & garanties d'une trop prompte évaporation ; mais pour celles qui sont restées sur la surface de la terre, bien-loin d'avoir augmenté en pesanteur & en dureté, les desséchemens & les im-

O

pulsions de l'air sont bien plus capables de leur faire perdre ce qu'elles en avoient acquis, quoiqu'en dise le Pere Kirker, jugeons-en par l'expérience. Voyez un vieux morceau de bois devenu spongieux pour être resté longtems dans un marais, il est, à la vérité, destitué d'une grande portion de sa substance, puisqu'en le comprimant, vous en exprimez l'eau comme d'une éponge; mettez ce bois à l'air, il se gersera & perdra beaucoup de sa pesanteur & de sa consistance; ce n'est donc pas trop hasarder de dire que les pétrifications dont il s'agit, sont aussi anciennes que ces coquillages marins auxquels elles sont liées, c'est-à-dire, qu'elles passent pour la plûpart le tems du déluge.

En descendant de Millery à Scarpone, qui est, comme je l'ai dit, l'ancienne Scarpone par où passoit jadis le chemin de Metz à Toul, j'apperçus en côtoyant la Moselle, plusieurs grands chênes au fond de l'eau qui traversoient la riviere dans toute sa largeur, & qui étoient couverts à une de leurs extrêmités par un rivage de dix à douze pieds de haut; j'eus la curiosité d'en mesurer un tout récemment tiré de l'eau, qui avoit au moins quarante pieds de longueur. Ceci confirme ce qu'on lit dans Ammien Marcellin, *Liv.* *XXVII.* qu'il y avoit en cet endroit une forêt où Jovinus, Commandant de la Cavalerie Romaine, battit les Germains l'an 366 de J. C. Plus bas, nous fîmes retirer du fond de la riviere, mon Confrere le Prieur de Scarpone & moi, une pierre sépulcrale, dont voici l'inscription:

D. J. M. LAVINII MARIANI. J. J. L.

que j'interprête ainsi:

Aux Dieux Mânes de Lavinius Marianus, par ordre & sous le bon plaisir de Jovinus.

Ce Lavinius Marianus étoit apparemment un Officier de la Cavalerie Romaine, à qui Jovinus fit rendre les honneurs de la sépulture. Cette pierre, que j'avois fait conduire à Ste. Marie, est maintenant entre les mains du Curé de Scarpone; elle a près de trois pieds de longueur sur deux de hauteur.

Il est à remarquer, 1°. Que les coquillages du Scarponnois sont quelques-uns, sur-tout les huitres, percés d'un ou de plusieurs petits trous ronds; les autres, comme les peignes-à-oreilles, couverts de vermisseaux, ou plutôt de loges d'animaux parasites, qui vivoient apparemment aux dépens de la coquille commune. 2°. Qu'outre cette quantité d'os pétrifiés, dont j'ai parlé plus haut, on a encore découvert des dents d'une grosseur singulière, entre autres une monstrueuse qui a été vendue au Curé de Ste. Marguerite de Paris, lorsqu'il étoit notre pensionnaire à Ste. Marie. 3°. Que les corps étrangers les plus communs à l'entour de Pont-à-Mouſ-ſon, ſont de petites bivalves & des bélemnites, dont j'ai recueilli un grand nombre pour un Savant qui en compoſoit des phoſphores ſemblables à de la pierre de Boulogne. Je ne ſerois pas volontiers de l'avis de M. Bourgent ſur la nature de ce foſſile, qu'il prétend être une dent d'animal, jamais on n'a vu une dent avoir une forme intérieure ſemblable à celle des bélemnites, puiſque celles-ci ſont compoſées de fibres diſpoſées en rayons concentriques comme le régule d'antimoine; rien n'eſt plus rare que d'en trouver d'entieres; la cavité conique qu'elles ont à leur baſe, eſt preſque toujours vuide ou remplie de matiere étrangere, cette cavité contient rarement ce qu'on y devroit trouver & ce qui doit la remplir naturellement, c'eſt-à-dire, pluſieurs petites loges ou alvéoles ſéparées par des coquillages minces & traverſés tous par un petit trou, c'eſt dans ces alvéoles de la cavité conique des bélemnites que loge l'animal; ce qui a fait comparer ce foſſile à une corne d'Ammon développée.

La plûpart de ceux qui ont entrepris de nous expliquer l'origine de ces corps étrangers à notre Continent, y ont ſi mal réuſſi, qu'il faudroit avoir du tems à perdre pour les réfuter. L'actinoboliſme ou les radiations du Pere Kirker, les vertus plaſtiques & ſéminales de Langius, ont eu le même ſort que les vertus occultes des Péripatéticiens. La seule comparaison & ressemblance de nos coquillages, fossiles & de ceux qui nous viennent de la mer, nous en disent beaucoup plus que ces grands mots, & nous prouvent évidemment l'identité de leur origine, tels qu'on n'a pu convaincre par la force du raisonnement, se sont rendus à la seule inspection; comparez seulement, leur dit-on, ce peigne fossile avec cet autre qui nous vient de nos côtes, montrez-en, si vous pouvez, la différence, ne voyez-vous pas dans l'un comme dans l'autre mêmes stries, mêmes oreilles, mêmes cannelures, même structure, même disposition, même couche à la partie supérieure comme à l'inférieure; brûlez, pulvérisez l'un & l'autre, ce sera par-tout même odeur, même propriété, même effet. Qu'on ne dise donc plus, que ce que nous appellons dépouilles de la mer, n'est qu'un pur jeu de nature, c'est faire injure au Créateur, que d'attribuer au hasard la formation d'un corps, aussi parfaitement organisé que l'est, par exemple, une corne d'Ammon; la nature ne se joue point, elle suit toujours inviolablement, elle exécute toujours gravement les mêmes regles, & tous ses ouvrages sont, pour ainsi dire, également sérieux; c'est stupidité, c'est ingratitude, d'être ainsi porté à attribuer à une nature aveugle ce qui n'est l'effet que d'une liberté souveraine; si la nature se jouoit, elle joueroit avec plus de liberté, elle ne s'assujettiroit pas à exprimer si exactement les plus petits traits des originaux, & ce qui est encore plus remarquable, à conserver si juste leurs dimensions. Quand cette exactitude ne se trouve pas, ce sont alors des jeux, c'est-à-dire, des arrangemens en quelque sorte fortuits; tels sont les figures d'arbres, les paysages que l'on remarque sur les vitres en hiver & sur certaines pierres, nommées dendrites; ceux qui n'osent qualifier nos fossiles de jeux de nature, prétendent que l'évaporation enleve de la superficie de la mer, des lacs, des étangs, quantité d'œufs de poissons & de semences très-légeres, qui sont emportées par les vents; que ces semences venant à tomber dans nos plaines, & sur nos côteaux, y croissent de même que nos coquillages terrestres; j'ai vu des Philosophes gens d'esprit donner dans cette imagination avec autant de confiance, que s'ils avoient, comme on dit, attrappé la nature au fait. C'est aux partisans de ces suppositions à nous dire, s'ils ont jamais vu flotter sur la superficie de la mer ou des étangs, des œufs ou du frai de poissons, assez léger, pour être enlevé par l'évaporation; c'est à eux à nous expliquer pourquoi nous ne trouvons jamais de coquilles d'eau douce pétrifiées sur nos montagnes, puisque l'action de la chaleur ne se fait pas moins sentir sur la superficie des lacs, que sur celle des mers. 2°. Comment ces semences se sont insinuées au fond des carrieres, jusqu'à cinquante ou cent pieds de profondeur. 3°. Comment un corps, qui ne se forme que dans l'eau & de la substance d'un animal vivant dans l'eau, peut croître sur nos côtes & dans des roches arides. 4°. Comment ces semences, plus pesantes qu'un pareil volume d'air, ont pu parvenir jusqu'à nous des mers les plus éloignées ; car il n'en est pas de même d'un petit limaçon, *v. g.* ou d'un œuf de poissons, comme de ces graines de scorsonere, auxquelles la nature a donné des ailes, afin de pouvoir être transportées au loin par les vents.

Dans le système de M. de la Hire, il y a, dit-on, des poissons souterrains, comme des eaux souterraines ; ces eaux qui s'élevent en vapeurs, emportent peut-être avec elles des œufs & des semences légeres ; après quoi, lorsqu'elles se condensent & qu'elles retournent à leur premier état, ces œufs y peuvent éclorre & devenir poissons ou coquillages ; si ces courans d'eau, déja élevés beaucoup au dessus du niveau de la mer & peut-être jusqu'au haut des montagnes, viennent par quelque accident à târir ou à prendre un autre cours entre les sables, enfin à abandonner, de quelque maniere que ce soit, les animaux qui s'y nourrissoient, ils demeurent à sec & enveloppés dans des terres, qui en se pétrifiant les pétrifieront aussi.

Ce n'étoit pas assez pour quelques-uns de nos Cartésiens d'avoir fait des montagnes autant d'alambics, où ils conduisent les eaux de la mer, tantôt par filtration, tantôt par des canaux souterrains, afin d'y être raréfiés & condensés, selon que leur hypothese le demande ; il falloit encore faire passer jusqu'à nous, par je ne sais quels courans, les poissons, les coquilles & autres productions marines : exposer un pareil systême, c'est le réfuter : depuis que les hommes sont occupés à creuser la terre, on n'a vu aucun vestige de ces courans qui conduisent l'eau de la mer jusqu'au pied de nos montagnes ; on a visité une multitude de grottes & de cavernes, les unes se sont trouvées parfaitement seches & par conséquent sans communication avec les eaux de la mer ; les autres se sont trouvées incrustées de stalactites, qui ne proviennent que des eaux de pluie, qui en passant au travers des terres & des voûtes, en entraînent les sels & les sables fins qui s'unissent & s'allongent en pointes. Si l'on a quelquefois trouvé des courans passer au travers de certaines cavernes, ils vont à la mer, ils n'en viennent pas, & proviennent de pluies qui pénetrent les terres, puisque les courans diminuent à mesure que la sécheresse augmente. Si c'est par filtration que les eaux de la mer parviennent jusqu'à nos côtes, comment n'ont-elles pas déposé dans les entrailles de la terre les semences de poisson, de même que les sels dont elles étoient imprégnées. Si elles les y ont déposées, comment ces semences se sont-elles venues développer sur nos montagnes ?

Si c'est par des courans que la mer communique à nos lacs, à nos étangs, comment n'y trouvons-nous pas quelquefois des poissons marins vivans dans leurs coquilles ? C'est à quoi il n'est pas aisé de répondre d'une maniere satisfaisante, à dire le vrai; il n'y a pas plus de vraisemblance dans ces imaginations, que dans les idées sigillées, les raisons séminales & les vertus formatrices du Péripatétisme ; c'est aux Académiciens à détruire par le raisonnement ces erreurs populaires, pour moi je m'en tiens à l'expérience & aux témoignages des sens sur cet objet.

Enumération des Fossiles qui se trouvent dans la Lorraine & le Duché de Bar, de même que dans les trois Evêchés de Metz, Toul & Verdun, extraite du Traité d'Oryctologie de M. d'Argenville.

A Nancy, sur la Côte de Ste. Catherine, il y a une carriere de marbre rouge & blanc, dont on a fait le portail de l'Eglise des Jésuites à Nancy.

On trouve à S. Nicolas, Ville à deux lieues de Nancy, des entroques faites en forme de rose, quelques limaçons applatis à bouche ronde & des coquillages faits en cornets.

Dans les Villages de Crévy & d'Haraucourt, qui sont voisins, on découvre des gryphites, des huitres, tubulaires, cames, tellines, peignes, pelures d'oignons, pierres judaïques, astroïtes, sabots, buccins, volutes, cornes d'Ammon.

Près du lieu dit Buissoncourt, il y a des moules, des poulettes, ou térébratules, & de très-belles congellations.

A Bosserville, à une lieue de Nancy, le Naturaliste verra les plus belles cornes d'Ammon, de quinze pouces de diametre, dont les cloisons creusées sont parfaitement distinctes & crystallisées.

A Luneville, à cinq lieues de Nancy, les mêmes fossiles que ci-dessus, ainsi que des gyps, se voient abondamment.

A Moyen & Vallois, Villages distans de trois lieues de Luneville, on trouve des cornes d'Ammon & des peignes.

A trois lieues de Nancy, le Curieux découvrira sur le côteau de l'Avant-Garde, assez près du Village de Pompey, des dendrites, des cornes d'Ammon crystallisées & celles qu'on nomme *Arborescentes*, qui sont taillées en rameaux, des peignes, des oursins & des hérissons crystallisés.

En suivant la riviere depuis Nancy jusqu'à Pont-à-Mousson, dans les lieux dits Champigneulle, Bouxieres-aux-Dames, Clevant, Custine, Millery, Autreville;

il y a des pectinites, des poulettes cryſtalliſées intérieurement, des cames, huîtres, moules, entroques, gryphites, bélemnites, boucardes.

On en trouve en quantité à Norroy, Village à une lieue de Pont-à-Mouſſon, dans les carrieres de ce lieu.

Dans le Village dit Châtenoy, à dix lieues de Nancy, on rencontre des bé-lemnites fort épaiſſes.

Dans la petite Ville de Roſieres-aux-Salines, à trois lieues de Nancy, eſt un ſel cryſtalliſé & quarré, que fourniſſent les puits ; on y voit des pectinites, pou-lettes, cornes d'Ammon, pierres à plâtre, du talc & de la mine de plomb.

Aux environs de Remiremont, ſur le chemin du Val-d'Ajol, on trouve de l'agate très-propre à être polie, des pyrites colorées imitant l'agate, du cryſ-tal très-clair & coloré ; & ſur la montagne, dite la Quarrée, un autre cryſtal mêlé de particules de plomb & d'argent : on voit auſſi des pierres très-belles ſur le penchant de la Montagne du Bonhomme à quatre lieues de la Ville de S. Diez.

Les mêmes pierres ſe trouvent près de l'Abbaye de Senones, à quinze lieues de Nancy ; & dans le Village de Longeville, à ſix lieues de Metz, il y a des cailloux cryſtalliſés, pierres étoilées, judaïques, ſabots, cornes d'Ammon, gryphites, ca-mes, moules & peignes ; la fontaine, qu'on voit dans ce même lieu, est garnie de congellations très-curieuses.

La Ville de S. Mihiel en Barrois, dans les carrieres du Mont Ste. Marie, sur le chemin qui va à Verdun & dans les environs, présente des gryphites, des crabes, des coquillées inférées dans le caillou, des astroïtes fossiles imitant le cerveau humain, nommées autrement des cérébrites, des pierres étoilées, rayonnées en étoiles, pierres judaïques, sabots, bélemnites métallisées, dendrites, cœurs de bœuf, pierre approchant du tronc d'un arbre, pierres spongieuses imitant les feuilles de saule, le champignon, l'épi de froment, la vérole, des stalagmites de quatre couleurs, des pierres faites en grappe de raisin, d'autres imitant le corail, le lepas, des tubulites, dentales, limaçons, nérites, buccins, turbinites, volutes, cylindres, roches, tonnes, oursins en cœur, moules, tellines, boucardes, peignes, térébratules, pierres brillantes, dragées de Tivoly en masse, d'autres imitant des racines rouges.

Dans le lieu dit Jar, à une lieue de S. Mihiel, le Naturaliste trouvera des pierres dites des dragées, ainsi que de plus petites appellées nompareilles.

Il se coupe du crystal à six faces, qui coupe le verre, ainsi que la pierre de cos, dans le Village de S. Prayé, ferme de l'Abbaye de Moyenmoutier, à cinquante pas de cette Abbaye.

LOTHARINGIÆ.

La mine de fer de Framont est au pied de la Montagne du Donon, la plus haute des Vosges.

On tire du cryftal & des coquillées cryftallifées des Villages de Couvay & d'Ancervillers, peu éloignés de la Ville de Blâmont, ainfi que des pierres à fix faces, qui coupent le verre, & d'autres petites toutes rondes.

Le talc & le cryftal brut fe trouvent fur la roche du S. Mont à une lieue de Remiremont, à quatre lieues de S. Diez.

Dans le Village de Chipal on découvre des mines de plomb & de cuivre très-abondantes, tenant un peu d'argent, avec une très-belle carriere de marbre blanc, qui ne fert aux Habitans qu'à faire de la chaux.

Dans le lieu nommé Boncourt, à une lieue de Commercy, le Naturalifte trouvera des lepas, tubulites, tonnes, huitres, cœurs de bœufs, vis cryftallifées & des coquilles marbrifiées.

Sur le chemin de Commercy, on voit des marcaffites faites en fleches, appellées *Ceraunia*, des concrétions cryftallines & des ftalagmites.

On tire des bains de Plombieres plufieurs pierres fulfureufes & faponaires.

Il paroit des ftalagmites de quatre couleurs dans l'endroit dit Tamery, à trois lieues de la Ville de Dieuze, fur une éminence peu éloignée de la Ville de Viviers, Jurifdiction de Pont-à-Mouffon :

on voit pareillement des cames, tellines, cornes d'Ammon, limaçons, térébratules & des huitres, dans la Ville de Pont-à-Mousson, comme auſſi des poulettes & d'autres coquillées, incruſtées dans la pierre.

Dans le Village de Creue, à trois lieues de S. Mihiel, on trouve des vermiſſeaux, des huitres & des cornes d'Ammon. Au lieu dit Orron, dans le Bailliage de Pont-à-Mouſſon, aſſez près de Timonville, ce ne ſont que gryphites, cornes d'Ammon, cames & peignes d'une grandeur conſidérable.

Rien n'eſt ſi commun dans la Ville de Pont-à-Mouſſon que des huitres, des cornes d'Ammon, du talc & autres foſſiles.

Le Curieux verra dans le Village de Noviant, entre les Villes de Toul & de Pont-à-Mouſſon, ſur la route de Nancy à S. Mihiel, de très-beaux ourſins.

On trouve aſſez près de Charleville les mêmes coquillages; des gryphites, des cornes d'Ammon cryſtalliſées, & pluſieurs autres foſſiles, ſe voient près de la Ville de Toul. A Liverdun, ſur le chemin de la Ville, rien n'eſt ſi commun que les ourſins plats & ſemblables à des pains d'épice, & les buccins dans les bois, appellés les Bois des Haies. Aux environs de Toul, tels que Choloy, Lucey, Ecrouve, Ménil-la-Tour, Bruley, on trouve de grandes nacres de perle, des pectinites, buccins, entroques, épines de poiſſons, boucardes,

LOTHARINGIÆ.

culs-de-lampe, oursins, gryphites, madrepores, cornes d'Ammon, tubulaires, vis, moules, cames, cornets, os pétrifiés, bélemnites & autres fossiles.

Les cœurs de bœuf & les cornes d'Ammon se manifestent à cinq lieues de Verdun, dans le Duché de Bar.

Les poulettes se voient dans les vignes de Moyen, dépendance de l'Evêché, à deux lieues de Luneville.

Les cailloux de la Meuse sont variés dans leur couleur & leur figure, principalement les cornes d'Ammon à S. Mihiel.

Dans la carriere de la Côte Ste. Marie, sur le chemin qui va à Verdun, on voit des gryphites, des térébratules & autres fossiles

A Ste. Croix, à Misloch & à Lievre proche Ste. Marie-aux-Mines, il y a des mines d'argent, de cuivre & de plomb.

Les Habitans estiment les salines de la Ville de Moyenvic, dans le Diocèse de Metz. Ces salines s'appellent Rosieres, Château-Salins, Dieuze.

Dans les environs de la Ville de Dun-en-Barrois, rien n'est plus commun que les boucardes & les cornes d'Ammon.

A Remiremont, à deux lieues de S. Diez, il y a des mines très-riches en argent, en cuivre & en plomb; mais elles sont abandonnées par l'abondance des eaux, qui en empêchent l'exploitation.

On trouve à Lubine & à Lusse, dans le Val de S. Diez, des mines de cuivre.

Sur le Territoire de l'Aveline, dans le Village appellé l'Auterupt, à trois lieues de S. Diez, il y a des mines d'argent, de cuivre & de plomb; les mines de ce lieu sont plus riches en argent & en cuivre que celles de la Croix, & elles s'étendent jusques vers le Village de Fraisse.

A Ste. Marie-aux-Mines, à cinq lieues de S. Diez, il y a de l'argent, du cuivre & du plomb, du crystal à facettes très-transparent, de l'arsenic, de l'antimoine & de très-belles congellations spatheuses, qu'ils appellent eau de pierre: on y trouve aussi du charbon de terre.

Au Village de Ste. Croix, à une demi-lieue de Ste. Marie, il y a aussi des mines d'argent, de cuivre & de plomb, ainsi que dans le Val-de-Lievre.

A Laley dans le Val-de-Ville, proche Saal, & à S. Hypolite, à une lieue de Schlestat, il y a du charbon de terre en abondance.

On trouve du cobalt dans la Vallée de Ste. Marie, de l'alun & beaucoup de mines de charbon de terre dans le petit Village de Touteweiller, à une lieue & demie de la Ville de Sarbrick, dans la Vallée de Longwy.

La Vallée dite Lievre offre des mines d'antimoine & d'arsenic.

Des mines de charbon de terre se voient au lieu nommé Hargarthen, dans la Lorraine Allemande, à une lieue de la Ville de Boulay.

Dans

Dans un autre, nommé la Vallée de Vagney, près de Remiremont, l'Amateur trouvera une suite d'agates & de grenats avec d'autres pierres curieuses.

Dans les carrieres de Ville-Issey, près de Commercy, il y a des entroques de neuf lignes de diametre dans le vif des pierres de taille & de petits champignons; le pont de Vaucouleurs en est construit.

On trouve à Fontenay & à deux lieues d'Epinal & proche Girecourt, une pierre astroïte, dont les étoiles posées horizontalement les unes sur les autres, sont friables & se réduisent en poudre, quand la pierre n'a pas sa consistance ordinaire. On a trouvé, en cassant ces astroïtes, une pierre judaïque crystallisée en dedans; on a vu des oursins & de leurs pointes très-délicates sur d'autres pierres.

Magniere, à deux lieues de Remberviller, donne des poulettes, des cornes d'Ammon, des peignes & des cames.

A S. Maurice, à Hardancourt & à Romont, lieux éloignés d'une lieue de Remberviller, il y a pareillement des cornes d'Ammon, des poulettes, la *Concha Veneris*, des moules & des cames.

Les lieux de S. Genest, de Moyémont & de Fauconcourt, également éloignés de Remberviller, fournissent les mêmes fossiles.

A Domptaille, qui est à deux lieues, on trouve les mêmes objets.

Dans les lieux dit Xaffeviller, Doncieres

& Noſſoncourt, à une lieue de Remberviller, des huitres & des moules augmentent le nombre des foſſiles.

A S. Gorgon & à Ste. Hélene, diſtans d'une lieue de Remberviller, on trouve des cornes d'Ammon, des peignes, des poulettes, des entroques, des buccins & des huitres.

Vomécourt & Bult, à-peu-près dans la même diſtance de Remberviller, offrent les mêmes foſſiles, avec quelques moules & de l'agate rouge.

Remberviller eſt plus riche que ſes environs; outre les cornes d'Ammon, les pectinites, les poulettes, les huitres, il poſſede encore des entroques, des buccins, des moules, des cames, des moules retortes, du cryſtal à facettes dans beaucoup de pierres, des pyrites; & il y a une fontaine qui incruſte les mouſſes, les herbes & tout ce qu'on lui préſente.

Tous les Villages entre Remberviller & Epinal, tels que Deſtord, Gugnécourt, Girecourt, Padoux, Dampierre, Villoncourt, Domèvre & Bayécourt, donnent quantité d'entroques cylindriques, des poulettes, cornes d'Ammon, buccins, cœurs de bœuf, la *concha Veneris*, des pectinites, huitres, cames, des moules retortes, des os pétrifiés & des pyrites de quatre couleurs, de jaunes, de rouges, de blanches & de brunes.

On voit à la Chapelle, à deux lieues de Bruyeres, une mine très-abondante en sable doré, qui sert de poudre pour l'écriture. Le sable argenté, ainsi que le noir, est commun à Herpelmont, proche le même endroit.

Le Naturaliste trouvera à Fontenay, à deux lieues d'Epinal, dont le canton, appellé le Haut-de-Charmois, entre Fontenay & Dompierre, des entroques cylindriques, & d'autres dont l'extrêmité présente une rose ou étoile, des astroïtes, des cométites ou pierres, dont les étoiles sont plus grandes que dans les précédentes; des oursins, pas de poulain & autres, des vers de terre pétrifiés, des oolites ou amas d'œufs de poissons, des cornes d'Ammon, des pectinites, des gryphites, des poulettes, des boucardes, des épines de dos de poissons, des buccins, des nérites, des pierres judaïques, pointes d'oursins, pyrites & cryftaux.

A Millery sur la Moselle, entre Nancy & Pont-à-Mousson, il y a de grands pectinites, des cornes d'Ammon, des poulettes & des bélemnites.

La montagne de Pont-à-Mousson n'est remplie que de cornes d'Ammon, d'huîtres, de poulettes & d'autres fossiles.

A Chavelot & à Golbey, proche Epinal, on trouve beaucoup de pectinites.

Il y a aux bains de Plombieres du cryftal, semblable à celui de S. Prayé.

A Vroville, à une lieue de Mirecourt, les cornes d'Ammon, les gryphites, les poulettes, les pectinites, les astroïtes, sont communes.

A Conflans-en-Baffigny, Bourg à trois lieues de Luneville, dans les mines de fer qui font à un quart de lieue du Bourg, on découvre des cornes d'Ammon, depuis le diametre de deux pieds de Roi jufqu'à celui de deux ou trois lignes; la plûpart font métallifées; quelques-unes des plus groffes font cryftallifées dans l'intérieur, & couvertes à l'extérieur de dendrittes ou efpeces de feuilles de perfil.

Il y a des mines de cuivre & d'argent aux lieux dits Thillot & Buffang, à fix lieues de Remiremont.

A Hablainville, à deux lieues & demie de Badonviller, il y a de fort belles cornes d'Ammon, des peignes, des poulettes & autres foffiles.

Outre de femblables objets, on voit encore des moules à Montigny, diftant de deux lieues de Blâmont.

Les différens corps marins métallifés fe trouvent fur la montagne de Liffou-le-Grand; on y voit auffi des ourfins de la mer rouge.

Les mines de fer paroiffent près de la Ville de Béfort, & des fluors jaunes de mines d'argent, près de la Ville de Munfter dans la Haute-Alface.

L'agate fe tire & fe travaille dans le Hameau de Calmefweiller, jurifdiction de Schambourg, à fept lieues de Sare-Louis. On trouve du cuivre & une fonderie dans le Village de Caftal, même jurifdiction.

Dans le Village d'Obfteten, à une lieue

de la Ville de Bifchenfeld, on tire de l'agate.

A Merthen, diftant de deux lieues de Sare-Louis, on trouve des mines de plomb & on les fabrique.

Les lieux de Bleauberg & de Vaudrevanges fourniffent du cuivre & de l'azur.

Les mines de fer fe découvrent dans le lieu nommé Thicourt, proche Créange, à fix lieues de Metz, dans les environs de Gefluter, à quatre lieues de Sare-Louis, dans la Vallée de Plombieres & dans le Val-d'Ajol, avec beaucoup de foffiles, principalement des cornes d'Ammon, des huitres-à-bec, des entroques; des gazons de fable contenant des peignes, des huitres & des bélemnites; d'autres peignes couleur d'ardoife; d'autres comme des ftalactites, ayant des aiguilles cryftallifées. On en voit avec des couches rougeâtres d'hyacinthe.

Le territoire de S. Avold, à quatre lieues de Boulay, eft rempli d'hyacinthes, de dentales & d'antales.

Sur le chemin de Strafbourg, au lieu dit Thimonville, à deux lienes de la Côte de Delme & à trois lieues de Morhange, on voit de grands peignes; des gazons remplis de petits peignes, de poulettes; d'autres gazons de couleur d'ardoife, des buccins, des gryphites, des couches cryftallifées à plufieurs étages, dont les pointes des deux lits font diamétralement oppofées.

La mine d'acier situé près du Village de Dambach dans le Schlestat, n'est que pour former l'acier d'un fer qui se trouve plus propre qu'un autre à cet usage.

Il y a du charbon de terre dans la Vallée Villaria au pied des Vosges, près de Nidderchenheim à une lieue de Strasbourg, on peut croire que ce sont des tourbes.

Près de S. Thibault, sur la route de Langres en Lorraine, à un quart de lieue de la petite Ville de Bourmont, se voient de très-gros quartiers de roche noire & ferrugineuse, qui sont pleins de poulettes noires en si grande quantité, qu'elles forment la plus grande partie de la substance des rochers.

Extrait de l'Essai sur les Duchés de Lorraine & de Bar, par M. ANDREU DE BILISTEIN.

REGNE MINÉRAL.

CE Regne comprend les métaux avec leurs mines, les demi-métaux; les sels, les terres, les eaux, les pierres & les fossiles.

Dans les suppositions précédentes, (on parle ici du commerce de la Lorraine) la Lorraine peut exporter, 1°. Des fers, des fontes coulées & battues ou blanchies; des fourneaux de fonte & de fer battu; des canons de fonte & de fer; des bombes, des mortiers, des clous pour les vaisseaux, pour les voitures & bâtimens; des chaînes, &c.

2°. Des ancres pour les vaisseaux & batteaux.

3°. Des armes, fusils, pistolets, lames d'épées, de sabres, bayonnettes, &c.

4°. De la coutellerie, taillanderie, serrurerie, & tout ce qu'on appelle clincaillerie.

5°. Des fils de fer, d'archal & de laiton.

6°. Des caracteres, lettres d'Imprimerie.

7°. Des cuivres jaune & rouge ou rosette.

8°. Du plomb.

9°. des vitriols, & diverses couleurs tirées des minéraux & des terres pour la teinture & la peinture.

10°. Des sels de nos riches salines.

11°. Des porcelaines, fayences & poterie de terre.

12°. Des verres noirs & blancs pour bouteilles, flacons & vitrage; pour les glaces de miroirs & carrosses.

13°. Des eaux minérales chaudes & froides.

Celles de Plombieres, transportées, se réchauffent au bain-marie avec de l'eau & du sable, & perdent peu de leur qualité. Les eaux froides de Bussang sont salubres & agréables; se marient parfaitement avec tous les vins; le transport ne leur fait rien perdre; je ne les crois pas inférieures à celles de Pyremont, Schwaltzback, Ambs, Salby, Spa & Bristol. L'exportation des eaux de Plombieres & de Bussang est presque nulle à cause du prix excessif des transports, qui doivent se faire par charrois dans des pays montueux. Que la Moselle soit rendue navigable, qu'il y ait un canal de la Meuse à Paris, &c. elles trouveront leurs débouchés pour les pays étrangers & pour la France. Ce n'est pas un article de minutie; il donneroit de l'occupation aux verreries, aux poteries, aux Conducteurs, aux Colporteurs, à diverses petites professions; il employeroit des terres & des bras.

14°. Du plâtre, gyps & stuc.

15°. De la chaux vive, éteinte & fondue. Celle des environs de Metz est la premiere qu'il y ait eu en Europe; il en est dans les environs de Mirecourt qui l'approche.

16°. Des pierres de taille dures & de sable.

17°. Des moilons pour les murs des bâtimens & pour les pavés.

Les verres de S. Quirin sont fort estimés. On a établi depuis peu une verrerie à Baccarat; cette verrerie est très-considérable, & égalera en peu celle de S. Quirin. On a aussi formé de nos jours une verrerie à Vannes en Lorraine.

Extrait d'un Mémoire lu à l'Académie Royale des Sciences, en 1763, par M. GUETTARD.

CEs Observations furent les seules d'Histoire Naturelle que je fis à Langres ; je ne les multipliai pas beaucoup de cette Ville à Nancy ; je m'assurai seulement que les pierres que l'on rencontre tout le long de cette route, & dont les montagnes sont formées, sont des pierres calcaires, grises ou bleuâtres, & souvent de l'une ou de l'autre couleur en même tems, c'est-à-dire, en partie grises & en partie bleuâtres : leurs bancs sont toujours précédés par des lits d'une terre de l'une ou de l'autre couleur.

Quand je dis que les pierres qu'on trouve le long de la route de Langres à Nancy sont semblables, il ne faut pas croire cependant qu'elles ne different précisément en rien les unes des autres ; j'entends seulement qu'elles sont toutes calcaires ; elles peuvent différer par quelques propriétés, soit par le grain, soit par les corps étrangers qu'elles renferment : en effet les pierres que j'ai vues à Clément, quoique blanches ou bleuâtres, sont parsemées de parties blanches & spatheuses, qui ne se remarquent pas dans d'autres. Celles de Neufchâteau, ce sont de petites oolites; à Martigny elles sont remplies de différentes especes de coquilles: j'y ai remarqué des cames, des peignes, des bélemnites, & de plus des cloux ronds, pyriteux & ferrugineux.

Je vis encore à Martigny de grosses boules rondes ou oblongues de pierres calcaires qui renfermoient aussi des coquilles; ces boules sont grises ou bleuâtres, leur rondeur est si exacte, qu'on diroit qu'elles ont été travaillées au tour, ce sont des vrais boulets naturels: on en rencontre dans plusieurs endroits de la route, nommément à Frécourt & à Banne. Elles se forment dans les premieres couches des carrieres, au milieu d'une terre de la couleur de ces boules, & probablement de leur nature.

Les pierres dont on bâtit à Colombey-aux-Belles-Femmes, sont remplies de petites oolites: je m'y informai si on trouvoit de semblables pierres dans d'autres endroits du canton, j'appris qu'on en tiroit dans les environs d'Euruffle, Pagny-la-Blanche-Côte, S. Germain, Bonrex-en-Vaux, Vaucouleurs, Rigny-la-Sale, Champognois, Chalaine, Neuviller, Viterne & Germiny; les pierres de ces deux derniers endroits sont plus dures que celles des précédens, mais toutes sont plus ou moins blanches & propres à bâtir.

Le chemin de Langres à Nancy est très-beau & ordinairement fait avec des pierres qu'on trouve dans les cantons où il passe:

il est construit à Bainville avec des cailloux roulés par la Meuse ; ces cailloux sont de quartz blanc, jaune, gris ou de quelques autres couleurs.

La Meuse n'a pas, comme l'on sait, un cours continu : elle souffre des pertes en plusieurs endroits, & disparoît même entiérement : ayant appris que je ne passerois pas loin du lieu où elle cessoit de couler sur terre, & que cet endroit étoit peu éloigné de Bazoille, j'eus la curiosité de m'assurer par moi-même du fait ; il étoit intéressant pour moi de le voir, d'autant plus qu'ayant travaillé sur la perte de plusieurs autres rivieres de la France, je devois chercher à comparer la façon dont cette perte se fait, avec celles que j'avois déja vues.

Le lieu où la Meuse disparoît entiérement, est à deux ou trois portées de fusil du grand chemin & près de Bazoille. Il y a, entre le grand chemin & le lit de la riviere, une prairie qu'il faut traverser ; le lit de cette riviere est rempli de cailloux roulés ; c'est entre ces cailloux que l'eau se perd, sans qu'il y ait de gouffre sensible, c'est en quelque sorte une infiltration de l'eau à travers les terres qui sont recouvertes par les cailloux ; ces cailloux ne forment point d'amas considérables ; ils sont répandus çà & là ; il n'y a point d'éminence qui les arrête & qui suspende le cours de l'eau : en hiver même, lorsque l'eau est abondante, elle remplit le lit de la riviere & dépasse l'endroit où elle disparoît entiérement.

Je dis, où elle disparoît entiérement, car il y a lieu de penser que l'eau commence à se perdre bien avant l'endroit où elle cesse de couler : il y a probablement sur ses bords plusieurs tournans d'eau, semblables à un qui est près de l'endroit où elle disparoît totalement, & que ces tournans absorbent beaucoup de ces eaux : ce sont des especes de petits gouffres qui ont vraisemblablement une communication avec le lit souterrain que cette riviere doit avoir, & qui doit communiquer avec l'endroit où elle reparoît. Le tournant que j'ai vu étoit trop rempli d'eau pour que je pusse voir l'eau s'y engouffrer; elle y paroît stagnante, & je n'ai pu juger qu'il devoit s'y en perdre beaucoup, que parce que delà à l'endroit où l'eau est entiérement sous terre, il n'y a guère qu'une portée de fusil, & que par conséquent le lit de la riviere devroit être entre ces deux points beaucoup plus pleins d'eau, s'il ne s'en perdoit pas abondamment dans le premier : au reste, je fus assuré de ce fait par un habitant du Pays qui se trouva là par hazard, & qui me conduisit précisément à l'endroit où la riviere cessoit de couler; il me dit de plus, que s'il n'eût pas plu quelques jours auparavant, il m'auroit été facile de voir l'eau s'entonner par le tournant, & que j'aurois aisément constaté ce dont il m'assuroit. Il paroît donc par ces observations que la Meuse se perd à-peu-près de la même façon que quelques-unes des rivieres de la Normandie, dont les eaux disparoissent peu-à-peu par de petits gouffres répandus le long de leurs bords, & dont les eaux sont réduites à une très-petite quantité, lorsqu'elles sont parvenues aux lieux où elles disparoissent entiérement.

J'aurois bien desiré de pouvoir suivre le lit de la Meuse, où elle reparoît; mais la nécessité où j'étois de continuer ma route, m'empêcha de me satisfaire; je m'informai seulement de l'endroit où cette eau recommençoit à couler, & j'appris qu'elle ressortoit de terre de dessous une roche, à Romain-sur-Meuse; que le filet d'eau qu'elle y formoit, étoit plus gros que la cuisse, & qu'à quelques pas delà il faisoit tourner un moulin à bled.

Si le tems me l'eût encore permis, j'aurois été voir à Bazoille une forge à fer, qui y est établie depuis longtems; je desirois de plus voir la mine; je sus qu'elle se tire aux environs de Liffou-le-Grand; je continuai donc ma route & allai à Nancy.

On y arrive, après avoir descendu une montagne assez roide, appellée le Montet, on en a cependant adouci la pente & l'on y a fait un très-beau chemin; à droite de ce chemin & vers le haut de cette montagne, est ouverte une carriere considérable de pierres calcaires blanches & d'une certaine dureté. On l'exploite en pavés pour la Ville, ce n'est pas que cette pierre ne puisse être très-bien employée dans les bâtimens ; les bancs qu'elle forme dans la carriere sont très-grands & épais ; mais il paroît, & on m'en a même assuré, qu'elle est principalement en usage pour les pavés.

Les autres montagnes, aussi voisines de la Ville, ont de ces pierres, on en tire des endroits suivans, savoir : Laxou, Villers-lès-Nancy, Vandœuvre, Houdemont, Buthegnémont, Depori, Balagne ou Balin, le Champ-aux-Bœufs, la Côte Ste. Geneviève, Norroy, Viterne ; les pierres de ces Villages sont toutes d'un blanc plus ou moins beau : ce blanc tire cependant quelquefois sur le gris : elles sont parsemées de petites oolites en plus ou moins grande quantité ; quelques-unes n'en sont, pour ainsi dire, qu'un amas, telles que peuvent être celles de Balagne & de Depori. On emploie ces pierres dans les bâtimens, même dans les plus beaux ; celle du Palais du Roi a été tirée de Norroy, Viterne & Balagne ; la Malgrange est bâtie de celle de Vaudémont ; on en a aussi fait venir, pour le premier bâtiment de Commercy, de Villers-le-Sec près de Toul, & de Savonieres : celle-ci a servi pour les balustrades & les statues ; on a apparemment trouvé ces dernieres pierres plus dures, &, comme disent les ouvriers, moins gelisses & moins susceptibles des effets de l'air & de la pluie ; celles de Depori & de Balagne sont regardées comme y étant très-sujettes ; la pierre de Savonieres est composée de coquilles brisées, presqu'entiérement détruites & comme fondues ; on y voit peu d'oolites, il n'en manque pas dans celles de Commercy & de Villers-le-Sec.

La plaine où Nancy est bâtie est sablonneuse & d'une terre fort légere, remplie de cailloux roulés de la nature du quartz, ou de celle du granit ; j'ai vu une sablonniere d'où l'on tiroit de ce sable & de ces cailloux, près de S. Jean, peu éloigné de maréville, maison de force que le Roi Stanislas a encore fait bâtir ; le banc que les cailloux y forment, peut avoir trois à quatre pieds d'épaisseur, il est placé au dessous d'un lit de sable d'un jaune ferrugineux ; on passe ce sable à la claie, on s'en sert à bâtir, les cailloux se jettent sur les chaussées des grands chemins : on emploie aussi aux mêmes usages ceux qu'on ramasse dans le lit & sur les bords de la Meuse ; les chaussées des Places de Nancy, nommément celles de l'Alliance, en sont couvertes ; ces cailloux sont de quartz gris ou blanc, ou du granit gris, blanc, ou rouge & blanc.

Le chemin de Nancy à Luneville n'est aussi fait que de cailloux semblables, tirés également des rivieres des environs ; la vallée où Luneville est bâti, en renferme aussi qui sont de même nature : pour aller de Nancy à Luneville, on passe par Jarville, la Neuve-ville & S. Nicolas. Les pierres que je vis dans ce trajet sont calcaires & semblables à celles de Nancy.

Le canton de Luneville ne m'offrit rien de plus curieux par rapport à l'Histoire Naturelle, qu'une carriere à plâtre qui est à Sarbeville, Village peu éloigné de Luneville ; les bancs, dont cette carriere est composée, sont dans cet ordre, 1°. Un lit de terre de vingt-huit pieds. 2°. Un cordon rougeâtre de deux à trois pieds. 3°. Un lit de chalin noir de quatre pieds. 4°. Un cordon jaune de deux pieds. 5°. Un lit de chalin verdâtre de quatre à cinq pieds. 6°. Un lit de crasses, moitié bonnes, moitié mauvaises, de trois pieds. 7°. Un lit de quatre pieds de pierres appellées moutons. 8°. Un filet d'un pouce de tarque. 9°. Un lit d'un demi-pied de carreau bon pour la maçonnerie. 10°. Un lit de plâtre gris, d'un pied. 11°. Un lit d'un pied de moilons de pierre calcaire jaunâtre, bleuâtre, ou mêlée des deux couleurs & coquilliere ; on y voit des empreintes de cames, des peignes ou des noyaux de ces coquilles & de jolies dendrites noires. Ce dernier banc est plus considérable que je ne viens de le dire, ou bien il est suivi d'autres bancs de différentes épaisseurs ; on ne les perce que lorsque l'on fait des canaux pour l'écoulement des eaux de pluie ; car il n'y en a guère que de celles-ci dans cette carriere, qui est à ciel ouvert. On l'exploite plus sagement que la la plûpart de celles des environs de Paris: on commence à enlever successivement tous les lits les uns après les autres, & on transporte au loin les matieres inutiles; on ne travaille pas en dessous terre, comme l'on fait dans plusieurs de celles de Paris, & l'on ne s'expose pas par conséquent aux éboulemens qui arrivent fréquemment dans ces dernieres, & qui souvent sont funestes aux Plâtriers.

Les uns ou les autres des lits ou des bancs de cette carriere, & sur-tout les petits, forment des ondulations qui donnent à penser que les dépôts auxquels ils sont dus, ont été faits par les eaux; près de cette carriere à plâtre est un moulin qui sert à en broyer la pierre ; ce moulin est entiérement semblable aux moulins à huile & à cidre ; il est composé d'une grande auge circulaire, peu profonde, placée horizontalement & fixément ; au milieu de cette auge est scellée une piece de bois perpendiculaire ; à cette piece en est attachée une autre transversale, qui passe au milieu de la meule placée de champ ; cette meule est mise en mouvement par une roue qui l'est elle-même par l'eau.

On met des morceaux de plâtre dans l'auge, & lorsqu'au moyen de la meule ces morceaux ont été écrasés, on les re-

Q

mue de tems en tems, jufqu'à ce qu'ils
foient réduits en poudre; alors on jette
avec une pêle cette poudre fur un crible
ou tamis un peu incliné, qui n'eſt autre
chofe qu'un chaſſis de bois quarré long,
aux côtés duquel font attachés des fils
de fer longitudinalement & tranſverſale-
ment: le plâtre qui eſt affez fin paſſe
au travers, & tombe dans un trou fait
au plancher d'une chambre qui eſt au
deſſous de celle où eſt le moulin : le
plâtre qui n'eſt pas affez écrafé tombe
au pied du crible, & eſt remis fous
la meule pour l'être de nouveau. On fait
par jour, moyennant ce moulin, foixante facs de plâtre. Ils pefent chacun
deux cens foixante livres, fi c'eſt du plâtre
noir, & deux cens quarante, s'il eſt blanc:
on vend le fac de blanc cinquante fols
rendu à Nancy; & le noir quarante-cinq
fols; l'un & l'autre trente ou trente-cinq
fols, pris fur la carriere. Quoique l'on
faffe une diſtinction entre ces plâtres
& qu'on donne à l'un le nom de blanc
préférablement à l'autre, celui-ci n'eſt
pas néanmoins réellement noir; il n'eſt
feulement qu'un peu moins blanc que
l'autre; on met à part le plus blanc &
l'on mêle enſemble toutes les autres eſpeces; ces eſpeces font le plâtre qu'on appelle par préférence le noir, la craffe,
le rouge, le tarque, le mouton & le très-
noir; le rouge eſt d'une couleur de chair
ou de cerife pâle; le tarque eſt brun noi-

râtre, & la crasse tire sur le gris-blanc; le blanc, même le plus beau, n'est pas transparent, mais les uns ou les autres de ces bans en fournissent qui sont fibreux, d'un beau blanc soyeux, & qui a de la transparence. Le canton où j'ai fait ces observations, est celui d'où l'on tire le plâtre depuis longtems, & il a été fouillé en beaucoup d'endroits; ce n'est pas cependant qu'il n'y ait probablement de cette pierre dans beaucoup d'autres lieux des environs de Luneville; mais les ouvriers prétendent que le plâtre de ceux-ci est moins beau & moins abondant, & que toutes les tentatives qu'on a faites pour en tirer, ont été infructueuses.

La composition des montagnes des environs de Moyenvic, où j'allai de Luneville, est peu différente de celle des plâtrieres de Luneville; de même que celles des montagnes que l'on traverse en allant de Moyenvic à Château-Salins; on y voit du moins des lits de terre verdâtre & couleur de lie de vin rouge, qui sont ondés & un peu inclinés à l'horizon; le haut des montagnes fournit de la pierre calcaire; dans celles de Vic on trouve des gryphites de luid, de la pierre calcaire jaunâtre & bleuâtre, & de la pierre à plâtre. Le Pays ne differe pas beaucoup depuis Luneville, & il est en général de la même nature.

Comme je n'avois été à Moyenvic & à Château-Salins, que dans l'intention d'examiner le travail des Salines qui y sont établies, j'apportai à ce travail une attention particuliere; voici ce que j'y vis & ce que j'ai appris de Messieurs les Directeurs : d'abord à Moyenvic, ensuite à Château-Salins. L'eau dont on se sert à Moyenvic vient de Dieuze, on la préfere à celle de Moyenvic même : celle-ci n'est pas si salée, elle ne donne qu'onze degrés de salure ; au lieu que celle de Dieuze en donne seize ; c'est-à-dire, qu'on tire seize livres de sel de cent livres de cette eau, & qu'on n'en obtient qu'onze de cent livres de Moyenvic, quoiqu'on ait été obligé de faire de la dépense pour se procurer l'eau de Dieuze, qu'il ait fallu des tuyaux souterrains pour la conduire à Moyenvic, & que leur entretien soit nécessairement coûteux, on trouve cependant un avantage considérable à préférer l'eau de la premiere fontaine à celle de la seconde ; on épargne par ce choix trois mille cordes de bois par année, ce qui est d'une conséquence très-importante pour la conservation des forêts de ce Pays.

L'eau qui vient donc de Dieuze est reçue dans un puisart : on l'en retire au moyen d'une pompe, & elle se dégorge par un tuyau dans le basson ou réservoir qui est près de la pompe. Le basson est un long bâtiment ou angar, qui a vingt-six toises de longueur sur cinq de largeur; il est placé dans une cour, au dessus du pavé de laquelle il est élevé de douze à quinze pieds, on y monte par un escalier de bois, il est couvert d'un toit & d'un jour par les côtés; c'est-à-dire, que le toit n'est point appuyé sur des murs pleins & de maçonnerie, mais par des poutres de plus de sept à huit pieds de hauteur, éloignées les unes des autres de dix à douze pieds ou environ, & qui portent en travers des poutres qui portent elles-mêmes les chevrons du toit.

Cette construction est cause que l'évaporation de l'eau peut commencer à se faire: ce qui n'arriveroit pas si elle étoit dans un bâtiment entiérement fermé de tous côtés; ce réservoir contient quinze à seize cens muids d'eau. Comme l'Ouvrier qui est à la pompe ne peut pas voir lorsque ce réservoir est plein, puisque la pompe est plus basse que le réservoir, on a imaginé d'appliquer au dehors, sur un des montans qui soutiennent le toit, une regle graduée sur laquelle passe une corde à un des bouts de laquelle est suspendu un poids, & à l'autre bout un autre corps plus léger que le premier; celui-ci pose sur l'eau du réservoir, de sorte qu'à proportion que le réservoir se remplit, le poids intérieur monte & l'extérieur descend; celui qui fait mouvoir la pompe, & qui peut voir l'échelle de l'endroit où il travaille, distingue aisément le degré qui annonce que le réservoir est assez plein, & qu'il doit par conséquent cesser de pomper.

L'eau du réservoir est conduite dans un bâtiment où sont les évaporatoires, par un tuyau qui se rend dans le plus grand : il y en a trois, & quelquefois seulement deux. On leur a donné les noms de grand, de moyen & de petit poélon ; le grand peut avoir huit à dix pieds de longueur, & les deux autres sont proportionnellement moins grands ; ils sont arrangés à côté l'un de l'autre sur le même plan horizontal : leur profondeur est de dix-huit à vingt pouces. Lorsque l'eau de la premiere est évaporée, de façon qu'elle n'a plus en hauteur que trois pouces, on la fait passer dans le second & ensuite dans le troisieme poélon ; cette eau passe de l'un dans l'autre, au moyen d'un tuyau de communication. A proportion que le sel se forme, on le tire avec des pelles, & on l'entasse sur un traîneau incliné & placé dans l'espace qui est entre chaque poélon ; il est retenu sur le devant par une piece de ce bois. Lorsque ce tas ou motte de sel s'éleve, on le soutient d'espace en espace par des sangles qui l'entourent ; on laisse ces mottes quelque tems dans les endroits où elles ont été formées, afin que l'humidité dont le sel peut être encore chargé, s'évapore.

La fumée qui en sort & celle des poélons, occasionnent dans cet endroit une vapeur blanche & épaisse qui a le goût & l'odeur d'esprit de sel, qui prend fortement à la gorge & se fait même sentir au loin hors des bâtimens. Cette odeur & ce goût prouvent, à ce qu'il me semble, que la fumée contient de l'esprit de sel ; si cela est, ne seroit-il pas possible de recueillir cette liqueur qui s'évapore en pure perte ? Il ne s'agiroit peut-être pour cela que de construire au dessus de chaque poêlon une cheminée en forme de chapiteau d'alambic, qui eût plusieurs becs, auxquels on adapteroit de gros balons de terre ; cette dépense seroit peu considérable, & l'esprit de sel deviendroit par-là à un prix beaucoup au dessous de celui où il est, quand il faudroit même le rectifier & le concentrer par de nouvelles distillations ; il ne seroit peut-être pas nécessaire de les multiplier beaucoup, car les vapeurs qui s'élevent des poêlons sont très-épaisses & très-abondantes. La violence du feu qu'on fait est telle que l'eau des poêlons bout à gros bouillons, & que les vapeurs s'en élevent en formant une véritable fumée.

Le fourneau sur lequel sont placés les poêlons, s'étend dans toute la longueur qu'occupent ces poêlons : il est haut de plus de dix à douze pieds ; le bois se jette par la porte, qui a de hauteur presque toute celle du fourneau ; elle a trois ou quatre pieds de largeur : on se sert de bûches entieres & on ne les épargne point. On retire par jour trois cens livres pesant de chaque poêlon, & il ne faut que deux fois vingt-quatre heures pour que le sel soit bien formé, & en état d'être retiré & mis en masses ou en mottes. Ces mottes sont placées précisément vis-à-vis les portes du magasin où l'on entasse le sel. Lorsque l'on veut enlever quelques-unes de ces mottes, on ouvre la porte qui est vis-à-vis, & un homme fait sauter avec un gros marteau, le morceau de bois qui tient le traîneau; dès que cette cheville est sautée, le traîneau part & coule jusques dans la porte; la motte, qui n'est contenue que par des sangles, s'affaisse; alors on jette avec des pelles le sel sur le tas déja formé dans le magasin : cette manœuvre est simple & a du rapport à celle qu'on emploie pour élancer un vaisseau à l'eau. Le sel qui se fait dans cette saline, est d'un beau blanc. Pendant l'évaporation de l'eau, il se fait au fond des poélons un dépôt auquel les Ouvriers donnent le nom de schlot; on en débarrasse, au moyen d'un rabot, les poélons avant d'ôter le sel; ce schlot contient du sel d'Epsom & du sel de Glauber.

Les envois de sels se font en tonneaux; chaque tonneau contient vingt-six vansels ou boisseaux, d'un pied cube, & pese quarante à quarante-cinq livres; cette différence de poids ne vient peut-être que de la maniere dont on remplit les boisseaux; on approche la mesure du tas de sel, & deux hommes, l'un d'un côté, l'autre de l'autre, font tomber le sel avec des pelles dont ils fe fervent, en bêchant, pour ainfi dire, la maffe du fel; ils occafionnent en quelque forte par-là une pouffiere, qui, tombant dans le boiffeau, doit former une maffe fort poreufe ou peu comprimée; enfuite un autre homme racle le boiffeau avec un rateau, le plus jufte qu'il peut. Cette façon de mefurer doit certainement mettre de la différence dans la pefanteur des boiffeaux de fel: lorfqu'on en mefure, les Officiers prépofés pour cette opération, font préfens & tiennent régiftre de la quantité qu'on fort du magafin; lorfqu'un boiffeau eft plein, on verfe le fel dans un panier, dont un homme fe charge & le porte à l'endroit où on a placé les tonneaux, & c'eft ordinairement devant & en dehors du magafin; là il jette le fel dans le tonneau, alors un autre homme monte fur les bords du tonneau, foule ce fel avec une botte conique, enmanchée perpendiculairement d'un bâton qui entre dans la pointe du cône; il foule le fel le plus exactement qu'il peut; lorfqu'un tonneau eft bien rempli il pefe fept cens livres: comme l'on vend ce fel au poids, la façon dont on le mefure ne peut pas être préjudiciable à l'Acheteur; elle ne peut être utile qu'à l'Entrepreneur, qui apparemment livre par mefure le fel au Propriétaire; il fort par an quatre mille tonneaux de fel de cette faline; ces tonneaux pefant chacun fept cens livres, il en eft donc vendu annuellement deux cens quatre-vingt mille livres.

Il se débite en Lorraine & hors de la Lorraine; comme il ne revient à la saline aucun des tonneaux qui contiennent ce sel, cette perte de bois est considérable pour la Lorraine, & pourroit contribuer à la suite à l'y rendre rare; ce qui doit faire sentir combien il est important d'avoir diminué la consommation du bois, au moyen de ce qu'on a imaginé de faire conduire l'eau de Dieuze à Moyenvic, & combien il le seroit encore de construire le fourneau autrement qu'il ne l'est, une grande partie de la chaleur sortant par la porte de ce fourneau, qui est beaucoup trop haute & trop large; le Directeur de la saline se propose bien de subvenir à cet inconvénient, qu'il a déja réparé à Château-Salins, où le travail ne differe presqu'en rien de celui qui se fait à Moyenvic.

Toute la différence consiste en ce que le fourneau est à voûte courbe, au lieu qu'il est à voûte plate à Moyenvic; que la porte est plus large extérieurement qu'intérieurement; au moyen de cette construction, la flamme réfléchissant sur elle-même, se concentre davantage vers le milieu du fourneau, & son action est plus forte sous les poélons qui sont placés au dessus; il se perd outre cela moins de chaleur par la porte, & il ne s'en doit même presque point perdre, la flamme étant obligée par l'air extérieur à se porter vers l'intérieur du fourneau, en enfilant la porte avec rapidité; au lieu qu'à Moyenvic, la porte étant trop haute & trop large, & n'allant pas en se rétrecissant du dehors en dedans, ne peut pas produire un courant d'air, qui agisse sur la flamme & l'empêche de sortir.

Une autre différence qui se voit à Château-Salins, consiste dans la façon de faire sécher le sel; on ne le met point ici en mottes, mais dans des vases coniques, qui sont de terre cuite; on leur a donné le nom de tandelins ou couloirs; ils ressemblent aux formes dont on se sert dans les sucreries pour un semblable usage; ils sont ouverts à leur pointe; on les arrange dans une grande piece appellée le séchoir; on les place sur le plancher, à côté les uns des autres, dans une situation inclinée; l'eau qui en sort est une eau mere, qui est un peu plus corrosive à Château-Salins que celle qui provient du sel tiré de l'eau des fontaines de Moyenvic & de Dieuze.

Enfin la derniere différence que j'ai vue à Château-Salins, regarde le magasin dans lequel on conserve le sel; ce magasin est une grande halle quarrée, couverte & à murs pleins; on n'y entre point par en bas, mais on y monte par un plan incliné, sans marches & très-allongé. Les Ouvriers se chargent des tandelins, lorsque le sel est bien sec, & vont les vuider dans le magasin; l'on étend ensuite ce sel également & le plus exactement qu'on peut; on le presse même & l'on en fait un plancher uni. L'on prétend que le sel, ainsi accommodé, se conserve beaucoup mieux & n'est pas sujet à l'humidité ; ce qui est très-vraisemblable. Ce sel, de même que celui de Moyenvic, est très-blanc & en petits crystaux plus ou moins bien crystallisés ; il s'en forme quelquefois de cubiques, très-gros & très-réguliers ; ces différences, comme l'on sait, ne dépendent que du plus ou du moins de promptitude, avec laquelle on fait l'évaporation de l'eau.

Ma curiosité étant satisfaite, je tournai du côté de Vic, delà j'allai à Hening & puis à Sarebourg ; je ne devois point, étant à Sarebourg, en sortir, sans tâcher de voir le cabinet de feu M. Caneau de Lubac, qui existoit encore. M. Caneau de Beauregard, frere du défunt, eut la complaisance de me le montrer. Ce cabinet consistoit principalement en une suite curieuse de fossiles des environs de Sarebourg & de quelques endroits de la Lorraine, en une de mines & une autre de coquilles, assez considérable : je remarquai parmi les fossiles des environs de Sarebourg, une corne d'Ammon, où l'on voyoit très-bien le syphon qui traverse toutes les chambres ; j'y vis encore un entroque étoilé, où l'on distinguoit facilement l'étoile qu'offrent les plans des vertebres de la tige : un morceau, qui attira encore mon attention, fut un amas de moules en relief, qui étoient amoncelées, & qui faisoient effet avec une pierre calcaire grise ; je vis de plus dans une salle de la maison une table & une cuvette, au dessous de laquelle il y avoit un masque bien sculpté, qui étoit d'un plâtre, qui ressemble beaucoup à de l'albâtre, & qu'on m'a dit se tirer près de Dieuze.

Les maisons de Sarebourg sont bâties d'une pierre calcaire des environs de cette Ville, ou d'une pierre, ou roussier lie de vin, qu'on fait venir de Niderville : de Sarebourg j'allai à Strasbourg ; la route est faite, depuis Hammartin jusqu'à cette Ville, de pierres-à-chaux jaunes, ou cendrées & coquillieres ; je remarquai, près de Phaltzbourg, que beaucoup de ces pierres contenoient quantité de portions d'entroques ; le haut de la montagne de Saverne est garni de rochers, de roussiers lie de vin ; cette pierre est graveleuse, parsemée de paillettes de talc argenté ; grand nombre de ces roussiers renferment des cailloux quartzeux, blancs, qui ressemblent beaucoup à des cailloux roulés ; il faut que ces cailloux se trouvent souvent dans ces roussiers : j'en ai du moins encore vu plusieurs quartiers semblables, qui ont entré dans la construction de cette singuliere piece ou tableau mouvant, que le Roi Stanislas a fait construire dans le jardin de Luneville ; ces quartiers, qui sont de vraies petites roches pour la plûpart, ont été tirés d'un endroit des Vosges, dont je n'ai pu savoir le nom......
Je n'ai observé de Strasbourg à Vic que les choses dont j'ai parlé ci-dessus. A Vic, j'ai pris la route de Metz, au lieu de celle de Luneville ; que j'avois tenue en allant ; je n'ai vu dans cette route que des pierres

calcaires, soit dans les chemins qui en sont faits, soit dans les bâtimens qui en sont construits, ou dans les carrieres que j'ai pu rencontrer sur ma route : il en a été de même de Metz à Verdun & de Verdun à Châlons, &c.

Carriere de Marbre, découverte en Lorraine.

Extrait de l'Avant-Coureur du 28 Septembre 1767.

M^R. Baumé, M^e. Apothicaire à Paris, vient de faire un voyage en Lorraine, où il a découvert une carriere de marbre située aux environs de Metz dans une chaîne de montagnes, s'étendant d'une part du côté de S. Avold, & de l'autre faisant partie de la côte de Delme, passant par Château-Salins & finissant au pied du Monastere de Salival, près de Moyenvic. Il y a beaucoup de blocs de cette carriere hors de terre à Vautremont. Les fortes communes dans cette carriere sont du marbre blanc, du rouge triqueté, comme le porphyre, du rouge veiné, du gris clair, du noir, du verd mélangé. M. Baumé a fait travailler des échantillons de chacun de ces marbres ; ils ont été trouvés très-durs, d'un grain fin & fort compact, susceptible d'un poli brillant.

Diſſertation ſur les Eaux minérales de Walſbronn, par M. BAGARD, Préſident du College Royal des Médecins de Nancy.

ON eſt redevable de la reſtauration d'une célebre ſource minérale à un Mémoire contenant des recherches & des obſervations ſur une ancienne fontaine de pétrole. (Voyez dans ce Volume le Mémoire compoſé par M. Rougemaître, Médecin Stipendié à Féneſtrange & Aſſocié au College Royal.) L'Auteur préſenta ſa Diſſertation à l'Académie des Sciences & des Arts de Lorraine, & remporta un des prix de l'année 1755. L'époque de cette importante découverte eſt une des merveilles du regne de Staniſlas-le-Bienfaiſant : ce Pere de la Patrie, par une action digne de ſon cœur, manifeſta l'intérêt qu'il prenoit à cette heureuſe découverte, par la compaſſion qu'il a également pour ſes Sujets, qui ſont dans l'indigence, comme pour ceux qui ſouffrent dans leurs maladies ; ce Prince, au deſſus des éloges dues à l'humanité, donna ſes ordres, pour qu'on travaillât par ſes libéralités à découvrir cette fontaine & à la rétablir pour l'avantage ſalutaire de ſes Peuples.

Cet événement mémorable est glorieux pour le College Royal, par l'intérêt qu'il prend au succès des travaux de l'un de ses Associés, & par le zèle qu'il témoignera toujours pour tout ce qui peut contribuer au bien public.

Cette source précieuse, éclipsée sous le poids de la terre qui l'opprimoit, vient de sourdre à sa surface par les soins de M. Rougemaitre, Médecin Stipendié à Fénestrange, dont les recherches & les dépenses ont suggéré les moyens de découvrir ce trésor caché.

Il nous a instruit qu'il y avoit eu des eaux minérales pétroliques dans le village de Walsbronn, célebres il y a plus de deux siecles, que les malheurs des tems avoient détruites, & que la négligence des Habitans de ce lieu avoient laissé tarir.

Il nous a détaillé dans ses discours des faits qui contiennent l'ancienneté & les propriétés du pétrole blanc, & des eaux qui le contiennent, dont le Président Alix avoit conservé la mémoire dans son Histoire du Comté de Bitche en 1577.

C'est par ses savantes recherches que nous apprenons que Gunthier d'Andernach, Professeur en Médecine dans l'Académie de Strasbourg, avoit fréquenté les eaux de Walsbronn, & avoit écrit sur leurs vertus; qu'il en recommandoit l'usage dans ses dialogues sur les eaux minérales, imprimés à Strasbourg en 1565. (*Commentaria de balneis & aquis medicatis.*) Elles jouissoient de son tems de leur ancienne réputation, ce qui l'engagea à faire l'éloge de leurs effets par le pétrole dont elles sont empreintes. (*Fons sylvaticus in Comitatu Bitch infectus est lapidibus bituminosis, super quam oleum album, non graviter olens ut judaïcum, sed potiùs odoratum apparet, &c. Dialog.* 1. *p.* 7.) Il attribue leur découverte au regne de l'Empereur Frederic Barberousse, beau-frere du Duc Matthieu I. il insinue même que ce Monarque eut la gloire de la construction du puits & des bains, & qu'il se plaisoit dans les environs ; enfin qu'il fut Fondateur de plusieurs Villes de ce Comté, qui subsistent encore.

Dans la Chartre énonciative des limites du Comté de Bitche par le Duc Matthieu, on y fait mention de Walsbroon, nom Allemand, qui veut dire la fontaine des forêts : or c'est le nom qu'elle a porté d'abord, qu'elle conserve aujourd'hui & sous lequel elle a été désignée par la plûpart des Auteurs : *Fons sylvestris* ou *fons sylvaticus*. Martin Ruland, Médecin de l'Empereur Rodolphe II. *Hydratica*. Jean Bauhin : *De thermis aquisque medicatis Europæ præcipuis*. Elisé Roslin : *Apparatus Alsatiæ*. Melchior Sebizsus : *De acidulis Alsatiæ*. Jean-Jacques Vecker : *Antidotarium speciale*.

Peut-être que les eaux de Walsbronn ont encore une origine plus ancienne ; une route militaire des Romains y abou-

R

tiſſoit; on voit des portions entieres de cette chauſſée dans une forêt voiſine nommée Humburienwaltz, au Nord de Walſbronn. Il y a dans le Château des pierres avec des inſcriptions preſqu'effacées, & la Paroiſſe a été repavée avec de ſemblables pierres. Les eaux de Walſbronn, après avoir joui long-tems d'une grande réputation, ſont tombées inſenſiblement dans l'abandon, ſoit que les guerres en aient empêché la fréquentation, ſoit que les Souverains aient ceſſé de les protéger. Le Comte Jacob, dernier Suzerain de Bitche, les laiſſa tomber dans le diſcrédit; bien différent du Comte George ſon frere & ſon prédéceſſeur, qui avoit augmenté les commodités des bains & qui avoit pourvu à leur ſûreté, en faiſant bâtir un Château fort & ſpacieux, pour protéger ceux qui venoient en affluence boire les eaux. Il y a lieu de croire que les eaux minérales de Walſbronn n'étoient pas encore entiérement négligées de la part des Etrangers du tems du Préſident Alix, puiſqu'il les rangea au nombre des ſingularités naturelles de la Lorraine.

Huc etiam Extremi veniunt ad balnea Napthæ,
Naturæque ſtupent parturientis opus.

On croit que le Grand-Duc Charles les fit réparer; mais les guerres de Charles IV. avec l'Electeur Palatin les détruiſirent; le Village fut brûlé, les Habitans tués

LOTHARINGIÆ. 249

ou dispersés, la source & les bains ensevelis dans les ruines.

Quand le Duc Léopold prit possession de ses Etats, le nombre des Habitans étoit réduit à onze, il s'est insensiblement multiplié sous un regne aussi heureux; on y compte à présent soixante-dix maisons, bâties en bois & en terre. La quantité des masures qu'on y voit, fait connoître qu'il y en a eu plus de quatre cens anciennement & bâties en pierre.

Il est vraisemblable que c'est la fontaine qui a donné son nom au Village: que ses eaux ont contribué à rendre cet endroit florissant, tel qu'il a été autrefois, puisqu'il n'y a aucun commerce & que le sol ou le territoire n'a pu favoriser ses Habitans.

La terre y est sablonneuse sur un lit bitumineux, non seulement autour de Walsbronn, mais encore dans tous les environs.

Ce Village est environné de montagnes, excepté au Couchant, lesquelles sont couronnées de bois : le penchant est cultivé, les maisons sont au pied de celle qui est au Midi, en forme d'amphithéatre, mais elles sont toutes ruinées & on n'y reconnoît que les fondemens.

On voit, sur la montagne qui est à l'Orient, les ruines du Château, dont il ne reste sur pied que deux vieilles tours, deux grandes portes & quelques pans de murs : il y avoit au milieu de la cour du Château un puits profond, taillé dans le roc, qui est à présent comblé, le

R ij

Château étoit dominé par une éminence défrichée depuis cinquante ans, qu'on nomme Schankesberg.

Immédiatement au dessous du Château est une maison, qui appartient à Jean-Adam Oliger, dont nous parlerons ci-après, en rapportant les opérations que M. de Baligand, Ingénieur ordinaire du Roi, Ingénieur en chef des Ponts & Chaussées & Inspecteur-Général des Bâtimens, Usines & Domaines de Lorraine, y a fait faire par ordre de Sa Majesté.

C'est au pied du jardin de cette maison que la fontaine de pétrole étoit située, suivant les indications des gens anciens du lieu & celles de M. Rougemaître; elle y a été effectivement retrouvée.

Son ancien bassin étoit vaste, revêtu de pierres de taille cimentées & couvertes: il étoit environné de grillages avec plusieurs ornemens gothiques: il fut détruit avec la maison des bains.

M. de Baligand s'étant transporté à Walsbronn par ordre du Roi, qui avoit fort à cœur qu'on retrouvât cette fontaine, fit faire le déblai des terres, qui couvroient le puits indiqué dans le chemin du Village. On y travailla dès le 8 de Mars 1756. Ayant creusé environ quatre pieds de profondeur, on commença à découvrir une partie du sommet d'un bassin de charpente, qu'on découvrit entièrement par une excavation d'environ quinze pieds en quarré.

On a continué les épuifemens des eaux du baffin, l'excavation & le déblai jufqu'au deffous de la charpente, qui forme fa cage; elle étoit conftruite d'environ fix à neuf pouces de groffeur, établies les unes fur les autres de chaque côté, formant un quarré long de dix pieds dix pouces de longueur, fur huit pieds de largeur & quatre pieds fix pouces de profondeur.

Cette charpente étoit encore en bon état, il y avoit du corroi dans fon pourtour, pour empêcher fans doute les eaux étrangeres d'entrer dans le baffin.

La charpente & le corroi étoient établis fur le fable, qu'on a trouvé de trois pieds de profondeur au deffous des pieces de charpente, fous lefquelles on a remarqué deux coulans d'eaux fort claires, qui ont été regardées comme étrangers à la véritable fource de pétrole.

La principale fource en volume, & qui parut être celle de pétrole, vient fe rendre dans l'angle du baffin, du côté de la maifon du Maire Oliger, vers laquelle elle forme fa direction.

Elle forme une chûte, qui fe fait entendre derriere la charpente dudit baffin, & charie avec elle un fable fin qui trouble l'eau, avec des pierres bitumineufes qu'on a trouvées, en dégorgeant le paffage defdites eaux; on en a verfé fur un réchaud de feu, elles ont rendu une fumée & une odeur comme d'encens.

La quantité de sable que cette source conduit dans le bassin, fut enlevée, à mesure qu'il se déposoit dans le bassin; ce qui occasionna un entonnoir entre ledit bassin & le mur du jardin dudit Oliger, la terre se fendit, & il y avoit du risque pour la chûte de ce mur : ce qui fit cesser les travaux.

Le bassin s'est ensuite rempli d'une eau, qui est demeurée laiteuse pendant quelques heures.

Mais rapportons les travaux du Restaurateur des eaux de Walsbronn, pour recueillir le pétrole & pour découvrir les principes de nos eaux; la source ayant été comblée, comme nous l'avons dit, il chercha dans les environs, s'il n'y auroit pas quelques filets de ces eaux, émanés de la vraie source; il apperçut un petit courant d'eau, qui alloit se perdre à cent pas dans le Schawartz, qui coule dans le vallon. L'eau en paroissoit d'un verd foncé, mais étant mise dans un verre, elle parut claire & limpide, presque sans odeur & ayant un goût bitumineux. Il remarqua une pellicule très-mince, formant la gorge de pigeon, & il comprit que c'étoit le pétrole blanc si desiré, qui s'évacuoit avec l'eau & qui s'élevoit à sa surface. Ayant fait vuider une partie des décombres, il observa que la source partoit du fond, & que les eaux étrangeres altéroient la véritable eau pétrolique, après avoir pratiqué différens moyens pour saigner les eaux qui s'y mêloient ; il nous assure qu'il eut la joie de recueillir une certaine quantité de pétrole blanc & une eau véritablement imprégnée de ses particules ; il continua pendant plusieurs jours cette collection lente & pénible, au moyen d'un morceau de bois plat & un peu creusé, comme une cuiller ; le pétrole y adhéroit & s'en détachoit de même, en le faisant tomber dans un vase.

Cette fontaine lui présenta trois objets à examiner. 1°. Le pétrole blanc. 2°. Les eaux qui le charient. 3°. Les pierres bitumineuses qui sont au fond du bassin & dans les terres des environs.

Le pétrole de Walsbronn s'enflamme très-promptement à l'approche du feu. Un gros de pétrole placé sur une assiette posée sur le feu, attira si rapidement la flamme d'une bougie, qu'il se consomma dans un instant par une flamme bleue, suivie d'une fumée blanche & noire. Boerhaave a comparé le pétrole blanc à l'alcohol, il en a l'inflammabilité ; le pétrole dissous dans son élément & celui qui surnage, sont un peu différens, mais ce n'est que par leurs degrés de ténuité.

Il faut observer, sur cette premiere opération, que la fumée de ce pétrole ne noircit pas l'argent, & par conséquent que son acide est différent de l'acide vitriolique : il y a même apparence, par d'autres expériences qui seront rapportées, que c'est l'acide du sel marin que M. Bourdelin a démontré exister dans le succin si analogue au pétrole.

Le papier frotté avec le pétrole devient transparent comme si on l'avoit huilé, mais il s'évapore promptement, & le papier reprend son état naturel, sans qu'il reste de tache; ce qui prouve de plus en plus sa pureté & sa volatilité.

Par la distillation du pétrole avec partie égale d'eau de Walsbronn dans un alambic tubulé, l'Auteur du mémoire prétend que le pétrole passa, sans aucune altération de sa substance & sans résidu, dans l'alambic; par où il est convaincu que le pétrole blanc des eaux de Walsbronn est dans son dernier degré de perfection, en sortant de la terre avec elles.

Par la distillation de l'eau avec le même instrument, il s'est d'abord élevé un phlegme subtil, imprégné de pétrole; les petits globules huileux étoient sensibles au passage.

Il résulte des expériences de l'Auteur, que les eaux de Walsbronn ne contiennent, selon lui, que du pétrole & aucune autre substance, excepté une terre fine, telle qu'on la trouve dans toutes les eaux minérales; cinq livres de ces pierres bitumineuses, qu'il avoit trouvées à côté du bassin, ayant été réduites en petits morceaux & placées dans une grande cornue de verre, il les distilla avec les mêmes précautions que l'on garde pour le succin; il parut d'abord une once & demie de phlegme empyréumatique, ensuite il s'éleva une huile blanche & limpide en petite quantité, après cela une huile jaune, & successivement une rouge suivit. Enfin en augmentant le feu, il distilla une huile noire de la consistance de miel. Toutes ces parties huileuses rassemblées pesoient une livre deux onces; l'odeur en étoit forte, pénétrante & ressembloit à l'asphalte des Pharmacies.

Ayant cassé la cornue, il trouva une terre blanche & noire fort luisante, qui étoit attachée aux parois du vaisseau: par la calcination elle devint blanche, resplendissante, propre à être vitrifiée. L'ayant réduite en poudre, il reconnut des parties minérales de fer que l'aimant attira. Enfin ayant lessivé de cette poudre & filtré l'eau qu'il fit évaporer, il ne reconnut point de sel fixe.

Ces pierres ne sont autre chose qu'un amas de différentes espèces de pétrole, de bitume & de terres, que l'eau a chariés en amenant le pétrole blanc, qui en est comme l'extrait & la quintessence. Celui-ci s'est élevé à la superficie de la fontaine par sa légéreté spécifique; les autres, comme plus grossiers & plus pesans, ont été déposés au fond du bassin, & par l'action & le frottement de l'eau, ils ont acquis la forme de bitume, dont ils contiennent les principes avec une quantité de terre vitrifiable.

Depuis le rétablissement du bassin, ordonné par le Roi de Pologne dans le même endroit où étoit l'ancien, les eaux de Walsbronn, si justement célébrées dans le quinzieme siecle, ne paroissent pas si riches en pétrole blanc, soit que la collection des eaux dans ce bassin ne vienne plus des anciennes sources en totalité, soit que la vraie fontaine n'ait pas encore été découverte. Un Médecin résidant à Bitche vient d'entreprendre l'examen des eaux de ce bassin, dans lequel il en a fait puiser six pots, pour en faire des épreuves, dont nous allons donner l'extrait.

Ayant délayé avec un chalumeau de paille du syrop de violettes dans un verre d'eau de Walsbronn, elle n'a pris ni la couleur rouge ni la couleur verte.

Les acides minéraux versés sur l'eau de Walsbronn n'ont excité aucune effervescence. L'huile de tartre par défaillence n'y a produit de même aucun mouvement de fermentation.

Par l'évaporation lente de ces eaux faite au bain de sable, il n'a observé aucune particule huileuse sur la surface de l'eau ; par la distillation il n'a remarqué aucune portion de pétrole.

Ayant porté l'évaporation jusqu'à siccité, il est resté au fond de la terrine une terre saline grisâtre, donnant un goût d'astriction sur la langue, comme l'acide vitriolique ; en sorte qu'il regarde ce sédiment comme une terre calcaire, unie à une petite quantité de l'acide ci-dessus; ce qui forme une vraie sélénite, qui, par le dominant de la terre absorbante, fermente avec les acides qu'on y présente jusqu'à saturation parfaite; si on joint à cette sélénite de l'huile de tartre, il s'excite aussi sur le champ une légere effervescence, par la séparation de l'acide d'avec sa base, pour embrasser, en raison d'un plus intime rapport, une portion de l'alkali du tartre. Ces cinq livres d'eau n'ont donné qu'environ cinq grains & demi de terre séléniteuse.

Il a répété deux nouvelles évaporations. La premiere fut de huit onces d'eau, dans laquelle il avoit dissous un demi-gros de sel de tartre, comptant par-là rendre le pétrole moins volatil, s'il s'en trouvoit, & lier pour ainsi dire les petites gouttelettes, pour les trouver sur la fin de l'évaporation tellement rapprochées & unies à une partie proportionnée de sel de tartre, qu'elles formeroient ensemble quelques grains de savon minéral; mais il n'a retiré que le sel de tartre qu'il y avoit mis.

La seconde évaporation fut d'une pinte d'eau de Walsbronn, réduite à huit onces, qu'il fit mettre à la cave; mais il ne put obtenir une cryftallisation.

En cherchant à découvrir quelque sel dans ces eaux, il s'y croyoit autorisé par la nature des bitumes, qui ne sont autre chose qu'une huile minérale, condensée plus ou moins par une plus ou moins grande quantité de sel acide. Or les anciennes eaux de Walsbronn, qui étoient bitumineuses, n'avoient, dit l'Auteur, cette qualité, que pour avoir coulé sur des couches de bitume ou sur des pierres qui en participent; si dans leurs routes elles détachoient & entraînoient des parties bitumineuses subtiles, à plus forte raison elles étoient capables de se charger d'une portion du sel acide, qui entre dans la composition du bitume.

Essai Analytique sur les Eaux minérales de Walsbronn; par M. WILLEMET, Maître Apothicaire à Nancy.

LA source de l'eau minérale en question, est située dans la Lorraine Allemande. Elle est d'un goût presqu'insipide, a une légere impression acerbe, qui se fait sentir particuliérement au fond du gosier, incontinent après l'avoir avalée, elle est inodorante. En l'agitant dans un verre, l'on y observe des globules, comme à peu près dans l'esprit de vin, ou comme dans une eau savonneuse; ce qui fait déja présumer que ces eaux sont alkalines: cette eau minérale est plus pesante que l'eau de fontaine ordinaire; elle laisse un petit sédiment au fond de la bouteille, comme il arrive quelquefois à celle de Bussang; ce qui ne peut arriver que par la négligence des personnes qui puisent cette eau pour remplir les bouteilles. Pour faire les essais suivans, j'ai filtré cette eau par le papier Joseph.

J'ai pris une livre de cette eau, j'y ai versé huit gouttes d'esprit de nitre fumant, sans y avoir occasionné aucun changement sensible; j'ai également acidulé de l'eau commune, cette derniere contenoit l'acide avec bien plus de force, où l'imprégnation sur la langue en manifestoit bien plus l'acidité que celle de Walsbronn; cette eau contenant de l'alkali, aura absorbé des pointes de l'acide nitreux, dès-lors la langue n'aura point reçu la même force de saveur styptique, que le même acide donne à l'eau ordinaire.

Les acides vitrioliques & marins n'ont rien produit de particulier; l'acide vitriolique dulcifié, comme l'élixir de vitriol de Minsicht, n'a également rien produit.

Les alkalis fixe & volatil n'ont rien fait remarquer sur les particules martiales sélénitiques, &c. qu'elles pourroient contenir.

Les fleurs de grenades pulvérisées ont donné une teinture plus colorée, que celles que j'ai mises au même poids dans l'eau de fontaine ordinaire.

Les noix de Galles ont donné une couleur légérement purpurine, qui ne s'est point communiquée à l'eau commune.

La rhubarbe concassée, mise dans un verrre de cette eau minérale, a donné une couleur rouge, ainsi qu'il arrive quand on met la même substance dans l'eau de fontaine ordinaire, avec quelques grains de sel de tartre ou autres alkalis fixes.

J'ai distillé une pinte de notre eau à un feu de sable gradué par une cornue de verre; la premiere moitié de cette distillation étoit inodore, & l'autre moitié, jusqu'à la fin de l'opération, a donné une odeur urineuse, qui avoit beaucoup d'affinité à l'odeur d'un alkali volatil. J'ai continué le feu pendant dix-huit heures consécutives jusqu'à parfaite siccité; alors il est resté au fond de la cornue un sel grisâtre, lequel ayant été exactement recueilli, pesoit soixante grains.

J'en ai fait dissoudre dans de l'eau de fontaine, qui est devenue comme de la vraie lessive; j'en ai mêlé avec de l'acide vitriolique, il s'est élevé à l'instant une effervescence, pareille à celle qui se fait par la combinaison dudit acide vitriolique avec l'alkali, pour faire le tartre vitriolé : ce sel doit être un véritable alkali fixe minéral.

Par ces différens procédés, nous devons donc conclure que cette eau minérale est alkaline & savonneuse, & par conséquent admirable dans bien des maladies; c'est aux Maîtres en l'Art de guérir à en désigner l'application.

P. S. Une Dame de la premiere qualité de cette Province, ayant un skirre à l'estomac, après avoir tenté différens remedes, sans aucun secours, les Médecins lui conseillerent un abondant usage de ces eaux, particuliérement en lavement, elle prit jusqu'à trente de ces lavemens par vingt-quatre heures; il s'y fit chez elle une si singuliere dépuration par les pores de la peau, que l'on auroit recueilli facilement avec cette secrétion des particules bitumineuses, provenantes de ces eaux, & le corps de cette Dame exhaloit absolument l'odeur de bitume; elle jouit actuellement d'une très-bonne santé. Nous pouvons augurer que cette eau est très-bitumineuse.

Observations sur la Terre & les Pierres de Plombieres, de même que sur une Plante qu'on appelle Arnica, *qui croît aux environs de cette Ville; par M.* ANDRY, *Docteur en Médecine;*

Extraites des Nouvelles de la République des Lettres, du mois de Juillet 1701, *par* JACQUES BERNARD.

MR. Andry, Docteur en Médecine, dont vous avez parlé plus d'une fois dans vos nouvelles, a accompagné trois fois le Duc de S. Simon à Plombieres, pour lui faire prendre les eaux savonneuses de ce Pays. Il en a apporté une terre blanche & douce, qui se trouve dans les fentes des rochers, & ressemble en tout au savon artificiel, dont on se sert pour laver le linge : aussi appelle-t-on cette terre savon de Plombieres. Elle nettoie le linge & les mains comme du savon. L'eau qui dépose cette espece de savon dans les rochers est si douce, qu'il semble, quand on s'en lave les mains, qu'on y ait dissous du savon artificiel. Cette eau est claire comme l'eau de fontaine ordinaire ; elle est très-bonne contre les âcretés de la poitrine. Elle a cela de particulier, qu'elle se garde sans se corrompre. Il y a un an que M. Andry en apporta plusieurs bouteilles, qui se sont trouvées, il y a peu de jours, telles qu'il les avoit apportées : nulle odeur, nulle obscurité, nul nuage, nul goût, même onctuosité, même clarté, même insipidité qu'auparavant. Ce savon est admirable pour les érésipelles, étant appliqué sur le mal, comme M. Andry l'a reconnu par plusieurs expériences qu'il en a faites.

Il est à remarquer que ce même savon se dissout dans l'eau commune, comme le savon ordinaire, & cette eau approche en vertu de l'eau savonneuse de Plombieres.

Il a aussi apporté de ce Pays-là de petits phosphores, qui ne sont autre chose que de petites pierres verdâtres & fort friables, lesquelles étant échauffées entre les mains pendant la nuit, jettent une clarté suffisante pour les discerner.

Si on frotte le carreau ou le parquet avec ces pierres, elles jettent une grande lueur, deviennent toutes lumineuses, & laissent

laissent sur le plancher des traces de lumiere dans les endroits où elles ont passé. Ces traces viennent d'une petite poussiere qui s'en détache & qui brille.

Si on jette sur le feu de ces pierres, après les avoir un peu brisées, elles y font une lumiere vive & bleue comme celle du soufre, & ne rendent aucune odeur. Elles y pétillent en même tems comme des grains de sel & s'écartent assez loin. M. Andry a essayé de quel usage elles pouvoient être dans la Médecine, & a découvert que la poussiere de ces pierres étoit un bon sudorifique dans la petite vérole, & même un remede excellent pour la faire pousser.

Ces voyages de Plombieres lui ont donné occasion de faire une observation, qui paroît assez curieuse, sur les vers de la plante nommée par Schroder *Arnica*, & que nous appellons communément *Doronicum plantaginis folio alternum*. Voici ce que c'est. Il a observé que dans la fleur de cette plante, qui croît en abondance à Plombieres, on trouve cinq à six vers fort vifs, chaque fleur en renferme autant. Quand ces vers ont séjourné quelques jours dans la fleur, ils deviennent féves : ces féves sont noires, & après plusieurs jours il en sort des mouches, dont les ailes sont marquées de taches jaunes. Leurs têtes sont assez grosses, & ce qu'il y a de remarquable, c'est qu'on voit ces têtes s'allonger de tems en tems,

S

se raccourcir, diminuer, grossir, comme une vessie, dans laquelle on introduiroit du vent, & d'où ensuite on le retireroit, ce qu'on observe très-sensiblement avec le microscope. Cette mouche tire d'abord sa tête dehors, ensuite deux jambes, puis le reste du corps. C'est quelque chose à voir que les efforts qu'elle fait, pour sortir, & elle est bien deux heures, avant que d'être tout-à-fait dégagée. La fève, comme j'ai dit, est noire, mais le dedans est revêtu d'une membrane blanche. Cette membrane se sépare de la coque par partie, à mesure que la mouche sort, & quelquefois l'animal en entraîne après soi une portion, dans laquelle il demeure quelque tems engagé.

Mémoire sur les Eaux Thermales de Bains en Lorraine, comparées dans leurs effets avec les Eaux Thermales de Plombieres, dans la même Province; Par M. MORAND Ecuyer, Docteur, Régent de la Faculté de Médecine de Paris, Aggrégé honoraire au College Royal des Médecins de Nancy.

LEs eaux de Bains ont avec celles de Plombieres une analogie très-marquée, mais auxquelles des deux le parallele doit-il être le plus favorable ? C'est ce qui feroit utile à déterminer, & fur quoi j'ai cru devoir propofer quelques idées générales. Les eaux de Plombieres font plus fréquentées ; cependant les premieres paroiffent préférables, au jugement de quelques Praticiens. Feu M. Kaft étoit grand Partifan des eaux de Bains, & il faifoit tous fes efforts pour les mettre en vogue & les foutenoit de tout le crédit que lui avoit mérité une pratique confommée : peut-être doit-on faire remonter à ce célebre Médecin la premiere époque de la nouvelle réputation des eaux de Bains.

Si l'on veut examiner par comparaifon les eaux de Bains & de Plombieres, relativement aux propriétés fenfibles dans les unes & dans les autres, on doit s'en tenir à ce qui a été décidé par MM. Bagard & Liabé, Médecins de Nancy. Leur jugement, fondé fur une obfervation de trente ans, a été inféré, tel que je le joins ici, dans un petit article fur ces eaux, qui fait partie d'un Traité fur les eaux de Plombieres, imprimé à Nancy.

Dans certains cas les eaux de Bains l'emportent fur celles de Plombieres, comme pour les maladies de poitrine, les gouttes vagues & les rhumatifmes goutteux : dans toutes les autres maladies, pour lefquelles on fait ufage des eaux, celles de Bains égalent celles de Plombieres en vertus & en qualités ; mais celles de Bains ont de plus une qualité laxative, que celles de Plombieres n'ont pas. On voit que ces deux célebres Approbateurs ne font mention des eaux dont il s'agit, que relativement à l'expérience médicinale journaliere ; mais il ne sera pas indifférent de soumettre cette parité à une autre espece d'examen, & de s'y prendre par une voie qui peut aider à mieux connoître les eaux de Bains, sur lesquelles on n'a aucun Traité, ou qui pourra du moins en donner une idée plus juste, en assignant précisément en quoi elles sont semblables à celles de Plombieres & en quoi elles en different. Je ne ferai entrer dans ce parallele aucune preuve, aucun raisonnement, tirés de la Chymie : j'omettrai les expériences que j'ai faites sur les eaux de Bains, après les avoir fait évaporer ; les différences & l'analogie de celles de Bains & de Plombieres peuvent être démontrées plus évidemment & plus simplement.

Pour ce qui est de l'identité, les sens la font appercevoir, ainsi que la pratique médicinale. Ces eaux sont toutes des eaux thermales, insipides, très-limpides & dépourvues de la plus légere odeur ; toutes contiennent, en plus ou moins grande quantité, une terre savonneuse.

Leurs effets & leurs propriétés sont en grande partie les mêmes, elles conviennent à la plûpart des mêmes maladies ; c'est déja faire l'éloge des eaux de Bains, que de reconnoître en elles cette analogie qu'elles ont avec les eaux de Plombieres; les eaux de Bains different de celles de Plombieres, à raison de quelque qualité particuliere, qui ne se trouve pas dans celles de Plombieres, ou à raison du degré d'activité.

Quant au premier cas, un effet des eaux de Bains, par lequel elles different de celles de Plombieres, est une qualité laxative qu'on leur remarque.

Pour le degré d'activité, les eaux de Bains sont certainement moins énergiques que celles de Plombieres; c'est sans doute ce qui les rendroit préférables pour les maladies de poitrine. Il faut, la plûpart du tems, attaquer ces maladies par les béchiques fondans, d'une chaleur tempérée, qui divisent la limphe, la rendent plus fluide, qui relâchent l'action des solides & réveillent le mouvement des liqueurs.

Comme diaphorétiques désobstruantes, les eaux de Bains excitent aussi une transpiration lente de la part des glandes miliaires qui composent le tissu de la peau; elles ne sont pas capables de causer une trop grande raréfaction du sang : d'où l'on voit aisément comment, pour les gouttes vagues & les rhumatismes goutteux, elles peuvent avoir l'avantage sur les eaux de Plombieres, qui sont diurétiques, chaudes & sudorifiques, (si elles ne sont pas prises avec ménagement ou selon les dispositions) dans ce genre de maladie, l'atténuation naturelle des sucs, leur écoulement au dehors, ne répondent point à la secrétion qui se fait de l'humeur de la transpiration : delà l'épaississement, la lenteur des fluides, qui, venant à s'arrêter dans les orifices excrétoires, contractent de l'acrimonie, picotent les rameaux nerveux, irritent les fibres musculaires & embarrassent les pores : aussi les gouttes vagues & les rhumatismes goutteux, qui souvent sont accompagnés d'une inflammation dans le sang, ou qui le disposent à cet état, ne demandent que des humectans simples, légérement diaphorétiques.

Si l'on rapproche de ces qualités la propriété eccoprotique qui y est jointe, on verra ce qui constitue la différence essentielle des eaux que je soumets au parallele.

Au reste, ce degré d'activité inférieur, si desirable dans certaines affections, telles que celles qui viennent d'être citées, ne dépend pas uniquement, selon toutes les apparences, de la nature bénigne & modérée des principes qui entrent dans la composition des eaux : on doit en attribuer une partie au degré inférieur de chaleur & de pesanteur spécifique des unes & des autres eaux. Il est certain, à cet égard, que le degré de chaleur des eaux de Bains est plus modéré que celui des eaux de Plombieres, si l'on en excepte cependant l'ancien Bain, qui a un degré de plus que le bain des Dames à Plombieres. C'est de cette maniere que l'on peut employer, à mon avis, la supériorité des eaux de Bains sur celles de Plombieres, dans le cas où elle est reconnue : on sait que les eaux tempérées sont autant avantageuses dans des sujets d'une complexion sensible, délicate & facile à émouvoir; que les eaux chaudes conviennent peu & sont ordinairement nuisibles aux tempéramens trop secs, animés, pléthoriques, bilieux & dépourvus de sérosité; une eau de cette nature, remuant doucement les humeurs viciées, les rétablit conséquemment par degrés, sans causer des changemens subits & violens dans l'économie animale : par ces raisons, on n'est point surpris, si des pareilles eaux font rarement du mal, pour me servir de l'expression de l'Auteur du Traité dont j'ai parlé.

Je remarquai que MM. Bagard & Liabé, dans leurs approbations des eaux de Bains, qui est respective aux eaux de Plombieres, n'ont certainement voulu parler que des sources de ce dernier endroit, qui y sont les seules employées dans la pratique médicinale; mais quiconque voudra jetter les yeux sur les richesses multipliées, en fait de sources thermales, qui sont rassemblées dans le bourg de Plombieres, verra qu'outre les eaux de la fontaine du Crucifix, du bain des Dames, du bain des Capucins & du grand bain, il y en a quantité d'autres, de différens degrés de chaleur, & dont l'usage, quant à la qualité, pourroit être aussi avantageux que celui des eaux de Bains : leur supériorité sur celles de Plombieres ne se trouveroit peut-être plus alors que dans la vertu laxative, que les eaux de Plombieres n'ont pas, ou du moins n'ont que rarement.

Cette abondance de sources thermales, répandues dans toutes les parties du Bourg de Plombieres, autres que celles qui sont fréquentées, n'est pas une chose ignorée dans le lieu; mais on n'a jamais songé à en profiter. Leurs énumérations & les observations que j'ai faites sur la plûpart seroient déplacées dans ce Mémoire, je me bornerai à un dénombrement historique des sources de Bains.

Il y a six sources principales d'eaux thermales dans le Village de Bains. La premiere est peu considérable : elle se fait jour dans le coin d'une petite chambre, située au bord du Baignerot, ruisseau qui passe à Bains : cette fontaine porte le nom de *Fontaine des Vaches*, parce qu'elle se trouve sur un chemin, & que les bestiaux qui y passent entrent dans cette chambre, pour boire de l'eau minérale, préférablement à d'autres, comme cela s'observe dans tous les endroits où il y a des eaux médicinales.

L'eau de la fontaine des vaches passe pour être purgative, cependant on en fait peu d'usage.

La seconde source fournit de l'eau au bain, dit le *grand Bain*, à raison de son étendue, & on l'appelle *la grande Source*: on croit que le bain, qu'on nomme aussi *l'Antien*, est du tems des Romains. Le Duc Léopold I. y a fait faire des réparations en 1713.

La troisieme source fournit au même bassin ; elle est connue sous le nom de la *petite Source*, du côté du Château, afin de la distinguer de la précédente.

La quatrieme concourt avec deux autres à former un bain appellé *Bain nouveau* : ce dernier peut être regardé comme l'ouvrage de feu M. Kast ; il a été construit d'après les conseils de ce Praticien, au même endroit où il y en avoit anciennement un, qu'on nommoit *Bain Carquin* ; mais lorsque le bâtiment a été achevé, il s'est trouvé beaucoup trop grand, & pour la quantité d'eau que fournissent les sources qui s'y rendent, & pour leur degré de chaleur ; on a été obligé de diminuer considérablement l'étendue du bassin, & il est extrêmement petit autour des planches qui lui servent de clôture ; on fait remarquer sur les pierres des amas d'un sel fort léger, mais ce n'est autre chose qu'un salpêtre, qui se détache des pierres employées à la construction du sel.

Observations sur le Thermometre d'Esprit de Vin, plongé dans les Sources Thermales de Bains, & sur l'immersion de l'Aréometre dans les mêmes Eaux; Par M. MORAND, le 20 Septembre 1751.

TEMS chaud le matin, Thermometre présenté à la source de la fontaine des vaches . . . . 29^d
Pour aller à 30, & le Thermometre du mercure à 28 $\frac{3}{4}$.
L'Aréometre plongé dans un verre de cette eau, s'y est enfoncé jusqu'au . . . . . . 6.^{d} inclus.
Le Thermometre d'esprit de de vin plongé dans la grande source de l'ancien bain 41 va jusqu'au . . . . . 45.
Celui de mercure . . . . . 39.
L'Aréometre s'y est enfoncé jusqu'au . . . . 7 inclusiv.
Le Thermometre d'esprit de vin présenté à la bouche de la petite source du côté du Château . . . . . : . . 39
  Mercure 36
L'Aréometre abandonné dans un verre rempli d'eau de cette source, s'y est enfoncé jusqu'au . . . . 7 inclusiv.
Le Thermometre plongé dans l'eau des bassins du côté

de la grande source, la
liqueur a monté . . . . 33^d & demi.
Thermometre du mercure . . 32 & demi.
Dans l'eau du bassin du côté
du Château, la liqueur du
Thermometre à l'esprit de
vin a monté au 33
A la source du Bain nouveau
l'esprit de vin a monté au 33
   Mercure . . . . 31 $\frac{1}{2}$.
L'Aréometre . . . . 7 $\frac{1}{2}$.
Thermometre d'esprit de vin
plongé dans le bassin de
cette source . . . . 31 $\frac{1}{2}$.
   Mercure 30
Aréometre . . . . 6.

Noms des Auteurs qui ont écrit sur les Eaux minérales de Plombieres.

JEAN LEBON en 1579.
 Entier discours de la vertu & propriété des bains de Plombieres, par A. T. M. C. A Paris, chez Hulpeau. 1581. *in-8°.*
 ROUVEROY. Petit Traité enseignant la vraie & assurée méthode pour boire les eaux chaudes & froides minérales, qui sortent des rochers qui sont dedans & aux environs du lieu de Plombieres; comme aussi de la maniere que l'on doit prendre les bains, la douge & l'étuve desdites eaux chaudes, revu de nouveau & augmenté par

l'Auteur, le Sieur de Rouveroy, Médecin à Plombieres & natif dudit lieu, de quelques curiosités & annotations. Seconde édition à Epinal, chez Charles-Thomas Frichement, Imprimeur & Libraire. 1686.

THEODORI ZUINGERI. *Theses de natura & usu Thermarum Plumberiarum.* Basileæ. 1686. in-4°. & in-8°.

D. BERTHEMIN, Seigneur de Pont, Conseiller & Médecin ordinaire de Son Altesse de Lorraine. Discours des eaux chaudes & bains de Plombieres, divisé en deux Traités. Imprimé à Nancy, en l'Hôtel de Ville, par Jacob Garnisch, Imprimeur-Juré ordinaire de Son Altesse. 1615.

CAMILLE RICHARDOT. Nouveau système des eaux chaudes de Plombieres en Lorraine & de l'eau froide dite *Savonneuse*, & de celle dite *Ste. Catherine*, de leurs effets & à quelles maladies elles conviennent ou non. Par Camille Richardot, Médecin ordinaire de Son Altesse Royale le Duc Léopold. A Nancy, chez l'Auteur, rue S. Nicolas. 1722.

Ephémérides des Curieux d'Allemagne, Année 1719. Observation d'EMMANUEL BINNINGER sur les eaux de Plombieres.

Dans le troisieme livre de la collection de Senkius il y a une observation de GASP. BAUHIN sur les eaux de Plombieres.

JEAN BAUHIN, son frere, fait souvent mention de ces eaux dans son Traité *De thermis aquisque medicatis Europæ præcipuis*. in-4°. 1599.

Une Thèse de M. CHARLES, Professeur en Médecine à Besançon, sur les eaux de Plombieres.

M. LEMAIRE. Essai sur la maniere de prendre les eaux de Plombieres. Par J. Lemaire, Membre de l'Académie des Curieux d'Allemagne, Médecin de l'Hôtel de Son Altesse Royale Madame la Princesse de Lorraine, Abbesse de Remiremont, & Stipendié de la Ville. A Remiremont, chez Laurent, Imprimeur, &c. 1748.

M. MALOUIN, Médecin ordinaire de la Reine de France. Analyse des eaux savonneuses de Plombieres; V. Mémoire de l'Académie de Paris. 1746. & l'ouvrage intitulé : *Vallerius Lotharingiæ.*

Dom CALMET. Traité historique des eaux & bains de Plombieres, de Bourbonne, de Luxeuil & de Bains. Par le R. P. Dom Calmet, Abbé de Senones. A Nancy, chez Leseure, Imprimeur. 1748.

Fontaines minérales, peu connues en Lorraine, & dont on n'a encore aucune Analyse.

Note tirée des Papiers de M. GORMAND, Secretaire du College Royal des Médecins de Nancy.

IL y en a une à S. Avold, à Vannecourt, à Custine, à Faux, à Eulmont, à Agincourt, à Chaligny, à Fresne; on prétend qu'elle est sulfureuse. A Bouquenom, la fontaine minérale de cette Ville se nomme Surbronn, c'est-à-dire, fontaine aigre. A S. Mange ou Baudricourt, cette source se trouve dans la cour du Château, elle est sulfureuse, feu M. Kast l'a examinée. A Halloville, proche Blâmont. Dans les bois, proche la Verrerie de Porcieux. A Chambroncourt en Champagne, à trois ou quatre lieues de Neufchâteau. A la Riviere, sous Aigremont, on dit que cette eau est bonne pour dissoudre la pierre & la gravelle, de même que celle du Village de Voisey, toutes les deux aux environs de Bourbonne.

La fontaine de S. Godebert, dans le Val de S. Diez, étoit en grande réputation du tems de Simphorien Champier, pour la guérison de plusieurs maladies.

Dans le Val-de-Lievre, proche Ste. Marie, il y a une fontaine bitumineuse, désignée auprès de Geesbach par Zuinger dans les Transactions philosophiques; Kœnig en fait mention dans son Regne minéral, Bœcler dans son Commentaire sur la *Cynosura Materiæ Medicæ* de Hermann, ainsi que plusieurs autres Auteurs.

Sentimens & Autorités des Auteurs sur la Fontaine de Walsbronn.

Extrait traduit du Livre Allemand d'HÉ-LISE RŒSLIN, imprimé à Strasbourg chez Bernard Jobin en 1593.

IL y a une eau semblable à celle de Lampersloch, & qui en est distante de quatre lieues, dans les montagnes & bois, & par cette raison est appellée *Fontaine des Bois* ou *Walsbronn*, dépendance du Comté de Bitche. Il y avoit autrefois des bains plus fréquentés qu'aujourd'hui. Cette fontaine vient de rochers bitumineux & de terre poissée, entremêlés de l'un & de l'autre; il nage dessus, ainsi que sur celle de Lampersloch, une graisse ou huile, qui n'est pas noire, ni n'est pas si désagréable à l'odorat que le bitume de Judée, mais elle est plus blanche & plus belle, elle a l'odeur du pétrole.

Dans le voisinage, auprès de l'Abbaye de Stilsbronn, il y a un étang, dans lequel se trouvent de grands rochers de terre empoissée, ainsi que de la craie soufrée; plusieurs veines d'eau bitumineuse en sortent, mais le mélange d'autres eaux en diminue la qualité & la vertu.

Les vertus que Roëslin attribue à la fontaine de Walsbronn, sont copiées mot à mot dans Gunthier d'Andernach, comme il le reconnoît lui-même; nous allons rapporter ici ce qu'en dit ce fameux Auteur.

In Comitatu Bitfch, fons bituminofus, tempore Friderici Cæfaris, cœpit innotefcere, vulgò Walsbronn *dictus, lapidibus bituminofis infectus eft, fuper aquam oleum albi coloris, non nigricans nec graviter olens, ut judaïcum, fed potiùs odoratum apparet; valet ad capitis defluxiones, dolorem dentium & aurium, ex frigida caufa natum: capillos capitis retinet; valet contra albuginem oculorum, tuffim inveteratam, difficultatem fpiritûs, dolorem ftomachi & frigidam ventris intemperiem, &c. vermes ventris interficit.* Doct. Ander. de Balneis Dialogo I. p. 234.

Fons fylvaticus Walsbronn, *lapidibus bituminofis infectus, fuper quem oleum albi coloris non graviter olens, fed potiùs odoratum apparet, ad uteri ftrangulatum & ejus prolapfum valet,* p. 258.

Ex Hiftoria balfami mineralis Alfatici feu petreoli vallis Sancti Lampefti, vulgò Lamperfloch, *per Joh. Theoph. Hœffel. Argentorati.* 1734.

Non folus verò hic fons in Alfatia exiftit, fed & in inferioris & fuperioris ejufdem terris bituminofi fontes adhuc reperiuntur: primus milliare circiter Germanicum à noftro fonte diftat, in plaga feptentrionali, in fylva propè oppidum Bitch, *cujus oleum, in pauca admodum quantitate, provenit & ad albicantem accedit colorem; unde ejus aqua apud Incolas magìs quàm oleum ipfum trahi folet.*

Mémoire

Mémoire pour servir à l'Histoire Naturelle & Médicale des Eaux de Plombieres; Par M. MORAND, Docteur-Régent de la Faculté de Médecine de Paris.

PLombieres est un Bourg de Lorraine, assis au pied de deux montagnes fort élevées & très-escarpées, qui appartiennent aux Vosges; la gorge qu'elles produisent est si étroite, qu'elle ne comporte dans le Bourg qu'une seule rue, bordée par les maisons qui s'étendent le long de chaque côte & par le lit de la petite riviere d'*Eaugrogne*, laquelle divise Plombieres en deux parties, une septentrionale, du Diocèse de Toul, & une méridionale du Diocèse de Besançon.

Pauvre, rude & morne dans quelques endroits, riante & cultivée dans d'autres, la Nature sur ces montagnes annonce à la fois la richesse & la disette; si l'on en suit la chaîne, on y remarque un mélange très-diversifié d'éminences, de collines, de tertres, de côteaux, de vallons; dans beaucoup de cantons ces montagnes chauves sont jonchées d'amas de pierres, de rocs vifs ou durs qui en occupent de très-grands espaces, & dont je n'en ai reconnu aucuns qui fussent disposés par couches : à considérer la

T

quantité prodigieuſe qui s'en trouve éboulés & comme entaſſés, on les prendroit, même vus de près, pour des débris de vieux édifices abandonnés aux injures du tems. La plus grande partie de ces éclats de cornes de montagnes ſe fait auſſi appercevoir de très-loin, par la couleur brune ou noirâtre que prennent toutes les pierres expoſées depuis long-tems au grand air; mais j'aſſurerois avoir reconnu à un aſſez grand nombre (même dans des endroits couverts & où le ſoleil ne pénetre jamais) quelque choſe de plus que cette couleur; c'eſt une noirciſſure abſolument extraordinaire, & telle qu'elle pourroit être ſi ces pierres avoient été fumigées; elle fait auſſi enduit luiſant & verniſſé, ou plutôt croûte diſtincte, approchant d'une calcination, je dirois preſque de la vitrification, qui, quoique mince, a une épaiſſeur décidée; cela m'a ſouvent paru très-marqué.

Au ſurplus, cette ſurface hériſſée de roc vif, de pierre fiere, qui forme preſque toute la maſſe des montagnes des Voſges, recele d'autres productions utiles en ce genre : on a tiré des pierres, bonnes pour les bâtimens, de la côte ſeptentrionale, appellée le *Chanot*.

Le Naturaliſte n'y rencontre pas le moindre veſtige de coquilles, mais il y trouve des cryſtaux quartzeux, des bandes ſchiteuſes & métalliques, preſque confondues avec des couches talqueuſes & des bancs de granit.

Le schite s'y rencontre de trois especes, un gris tendre, parsemé de paillettes talqueuses argentées; un autre dur, couleur de tartre rouge, parsemé de très-petites paillettes talqueuses argentées: un troisieme, fort compact & comme veiné de lignes blanches, qui paroissent à l'œil semblables à une espece de moisissure, dont la plus grande partie de sa masse est composée.

Le granit abonde également dans la partie Orientale & dans la partie Occidentale de Plombieres; il est à gros grain, jaunâtre & noir, semé de paillettes talqueuses argentées & de portions quartzeuses; on le pile pour en faire du ciment avec la chaux.

Sur le chemin montagneux qui conduit à Remiremont, on en trouve une autre espece à petits grains blancs & noirs très-serrés.

Ce composé différent, d'une structure impénétrable, semble couvrir la miniere & mettre à l'abri des vents & des neiges les canaux des eaux minérales, qui, du sein de ces montagnes, viennent au devant des besoins de l'humanité : la pente escarpée de leurs collines, en facilitant un écoulement aux eaux, qui ne sont point médicinales, & les obligeant de se précipiter sans avoir le tems d'y rester, empêche un mêlange qui ne pourroit qu'altérer la qualité des eaux thermales.

Ces côtes hérissées d'espace en espace,

T ij

& qui semblent ne pouvoir offrir qu'une perspective triste & sauvage, présentent néanmoins une confusion agréable de terres cultivées & de terres en friche ; non-seulement la plûpart se terminent à leur sommet, par de belles & vastes plaines cultivées & ornées de prés, mais encore leurs pentes en maints endroits, ou sont parées de futaies ou de bois, ou brillent de pâturages verdoyans, émaillés de simples de toutes les saisons, parmi lesquelles je crois devoir nommer le *doronic*, connu sous le nom d'*arnica*, ou doronic des Allemands (*), que M. Geoffroy range parmi les plantes étrangeres, quoique fréquent dans la Sologne, dans les Alpes, & abondant dans plusieurs endroits de la forêt d'Orléans, où je l'ai observé : les Bûcherons, qui s'en servent comme de tabac, l'appellent *grande bétoine*, & on la nomme à Plombieres *tabac des Vosges*, parce qu'elle y est extrêmement commune : on lui donne aussi le nom de de *fleur de tabac*, parce que c'est la fleur que l'on met en poudre & dont on fait

---

(*) *Doronicum plantag. fol. alterum.* C. B. P. *Doronicum germanicum foliis semper ex adverso nascentibus Villos.* J. B. *Alisma Matthiol. seu plantago montana ejusd. Damasonium primum. Diosc. tab. icon. Arnica Schroder. Lagea lupi ejusd. Arnica lapsorum panacea. Fehrii Ephem. natur. Curios. ann. IX & X. Ptarmica montana. Hist. Lugd. alisma alpinum, seu herba plantag. foliis flore doronici . sternutamenta movente. Gesn. de hort. Calta alpina ejusd. Nardus Celtica altera. Lob. advers. Chrysanthem, latifol. Doden.*

usage ordinairement dans ce canton. Je ne m'arrêterai point aux propriétés de cette plante, que l'on pourroit appeller *panacée de notre climat*, comme le tabac est nommé *panacée antarctique*: en attendant que je puisse communiquer sur ses effets quelques observations qui me sont particulieres, j'observerai seulement en passant, que je l'ai adoptée assez heureusement dans ma pratique, pour la trouver de manque chez nos Apothicaires, d'autant plus qu'il est aisé de se la procurer.

Bien-loin même que le penchant de ces collines, dans quelques parties & assez étendues, soit aride, il y est entiérement noyé dans l'eau; & soit qu'à une certaine profondeur la terre ne soit pas d'espece à imbiber les eaux, soit qu'elles en sortent plutôt qu'elles n'y entrent, les côtes les plus élevées de Plombieres sont arrosées de ruisseaux très-abondans d'une eau fort claire, qui les changent en prairies grasses & fertiles.

C'est sans doute ce qui contribue aux brouillards fréquens dont on est incommodé à Plombieres, & ce qui produit de très-bonne heure un serein mal-sain & contraire aux malades qui y viennent: c'est peut-être où il faut chercher la raison des difformités dont le plus grand nombre des habitans de Plombieres sont incommodés; il y en a bien la cinquantieme partie d'estropiés ou contrefaits. Je ne décide pas cependant s'il ne seroit pas plus naturel de l'attribuer à l'inattention des peres & des meres qui négligent fort leurs enfans, particuliérement dans l'été : pendant quatre ou cinq mois de l'année, ces derniers sont abandonnés à eux-mêmes & couchés dans les logemens les plus malsains.

Personne n'ignore que les eaux de Plombieres sont de deux espéces, savoir, des eaux froides & des eaux thermales.

Les eaux froides, dites *savonneuses*, sont froides, sans l'être néanmoins autant que l'eau ordinaire & naturelle ; elles ont un degré de chaleur au-dessus ; il y a des jours où elles ont une tiédeur & même une chaleur marquée, laquelle s'exhale en fumée dans la force de l'hiver : elles ne gelent jamais & participent toujours sensiblement des variations que l'on observe dans la chaleur des eaux thermales, dont je ferai dans le cas de dire un mot. On pourroit, par ces raisons, appeller les sources savonneuses *sources tiedes*, & M. Geoffroy le Médecin, les a indifféremment appellées *sources froides*, (a) & *sources tiedes* (b).

La principale fontaine de cette espece sort de la montagne sur le chemin qui conduit à *Luxeuil*, au-dessus de la partie de Plombieres, appellée *Plombieres-ban-d'Ajol*,

(a) Histoire de l'Académie des Sciences, année 1700, p. 60.

(b) *Mat. Medic. c.* 11. *De aqu. sapon. Plomber.* t. I. p. 56. 57.

& va se rendre dans le grand bain avec la source la plus chaude : cette source est la premiere de son espece qui ait été découverte, & on peut la regarder comme la mere-source de toutes les eaux savonneuses qui viennent de la côte méridionale de Plombieres ; on la nomme aussi la *source de dessus la route de Luxeuil*, pour la distinguer des autres sources savonneuses qui sont dans plusieurs maisons du Bourg : car elles ne s'y rencontrent pas en moindre quantité que les eaux thermales, & j'imagine qu'on pourroit en faire un plus grand usage que celui qui est reçu jusqu'à présent.

Les Capucins en ont dans leur jardin une qui est considérable & très-fréquentée ; elle se fait jour sous une petite voûte de maçonnerie. Le rocher qui en fait le fond est tout garni d'hépatique (*a*), qui forme un tapis très-agréable par sa belle & fraîche verdure, variée par des pieds de *fougere*, de *capillaires*, d'*alleluya*, de *raiponce*, de *chamœnerion* & d'une petite mousse soyeuse, déliée comme une toile d'araignée, d'un verre gai (*b*). Toutes ces plantes entremêlées produisent un effet des plus agréables.

(*a*) *Hepatica terrestris*, Germ. offic. *lichen sive hepatica vulg*. Parck. *lichen, sive hepatica fontana*. J. B. *Jecoraria, seu hepatica fontana*, Trag. 523. *Lichen petræus latifol. sive hepatica fontana*. C. B. *Fegatel*. Cæsalpin. 601.

(*b*) *Muscus terrestr. arborum stipitibus ad nascens. maj. & erectior*. Rai. hist. 3, 47.

Ce que MM. Geoffroy & Malouin ont avancé sur l'hépatique qui foisonne dans les sources savonneuses, en disant qu'on y trouve beaucoup d'hépatique, qui ne vient point dans les autres sources chaudes ni froides (c), a besoin de quelqu'explication, & sans doute ces célèbres Académiciens n'ont voulu que rapporter une opinion vulgaire.

Il est de fait que dans la *source des Capucins*, l'hépatique croît, non-seulement sur le rocher & autour de la voûte de la grotte, mais encore qu'on y en retrouve jusque sur une rigole de bois qui reçoit l'eau savonneuse à la sortie du rocher, pour la verser dans une auge.

C'est principalement de cette source & de cette grotte que le préjugé auquel je m'arrête, tire toute sa force, parce que l'hépatique ne croît pas en aussi grande abondance auprès des autres sources savonneuses qu'auprès de celle-ci, & sur-tout parce qu'on en retrouve des traînées dans tout le chemin que la source parcourt sous terre jusqu'au réservoir. C'est sur cette trace que les gens du pays appuient & motivent leur admiration; c'est delà qu'ils partent pour faire marcher le préjugé avant les raisons, & pour assurer hardiment que cette plante ne sympathise qu'avec les eaux dites *savonneuses* : ils sont si fort entêtés

(c) Hist. de l'Acad. an. 1700. p. 60. Mém. de l'Acad. an. 1746, p. 11.

de cette singularité imaginaire, que si l'exposition des fontaines qui fournissent à la boisson & aux usages domestiques de Plombieres, permettoit à l'hépatique de s'y produire, il ne seroit pas possible d'empêcher le peuple de les déclarer *sources savonneuses*, sans autre examen.

La disette de sources d'eau naturelle dans Plombieres même, où il n'y en a qu'une dans un pré attenant la Maison des Dames, & qu'on nomme *Fontaine godelle*, son exposition au grand air, la nature du sol où elle se fait jour & qui n'est point propre à cette plante, ôtent tout moyen de contredire le préjugé en même tems qu'ils le fortifient, & autorisent par-là les gens du pays à le transmettre avec confiance à qui veut bien l'adopter. Ces difficultés ne m'ont pas empêché de chercher à trouver en défaut cette sympathie prétendue de l'hépatique & des *eaux savonneuses*. J'ai mis M. Desguerres, (*) à portée de démentir le préjugé, en lui faisant voir de cette même hépatique sur la muraille antérieure de l'étuve du grand bain, du côté par lequel on entre dans la gallerie couverte, à laquelle elle tient. Il est à remarquer qu'en appliquant la main sur cette muraille, la chaleur de l'intérieur de l'étuve, qui dans le plus grand chaud de

---

(*) L'un des Médecins ordinaires du Roi de Pologne, Duc de Lorraine, Médecin stipendié de la Ville & des Dames de Remiremont.

l'été fait monter la liqueur du thermomètre d'esprit de vin à 40 degrés, s'y fait ressentir à un degré beaucoup plus que tiede : aussi l'hépatique y est comme avortée, ses écailles ne sont ni si belles ni si vertes qu'elles doivent l'être ; on y apperçoit encore la petite mousse dont j'ai donné la phrase, & qui vient à la grotte des Capucins.

Quant aux paillettes d'or ou dorées qu'on a tirées de cette source, selon la remarque de M. Geoffroy, ce ne sont indubitablement que des feuilles talqueuses, la plûpart des pierres de Plombieres en contenant beaucoup, que charient avec eux les filets d'eau qui se font jour en différens endroits.

Autour de ces sources *d'eau savonneuse* de Plombieres on rencontre une production minérale, dont M. Geoffroy le Médecin, dans le même endroit de l'Histoire de l'Académie (*), ne fait qu'une simple mention. Comme certainement l'examen des terres, des pierres, du terroir sur lesquels passent les eaux, tant simples que minérales, n'est ni étranger ni indifférent à l'histoire & à la connoissance des sources, je m'arrêterai un peu sur ces productions fossiles, qui peuvent influer sur la qualité du sol de Plombieres.

Dans le voisinage des sources savonneuses, tout le sable, & même le rocher

(*) *An.* 1700, *page* 60.

le plus dur, font mêlés de morceaux quelquefois confidérables, d'une terre blanchâtre, pefante, ferme & compacte, luifante, polie, très-douce & comme favonneufe au toucher.

Ces pierres varient dans leur couleur extérieure ; tantôt elles font toutes blanches fans aucun mélange, tantôt elles font un peu plus ou un peu moins couleur de noifette ; & comme dans le plus grand nombre, c'est cette couleur qui paroît à leur furface, les gens du pays appellent cette fubftance *gris moifi*, pour exprimer fans doute l'efpece de couleur de gris taché & comme gâté qu'elle a affez communément.

Lorfque cette matiere eft fraîchement tirée de terre, elle prête tant foit peu fous les doigts ; dans la bouche, elle femble tenir du favon dont elle a l'apparence ; elle tient un peu à la langue : mife dans l'eau, elle paroît devenir plus graffe, tant foit peu limonneufe & gluante ; elle fe ramollit même au point de fe réduire en une efpece de bouillie ou de vafe, fans néanmoins fe diffoudre vifiblement en entier : quoique gardée depuis long-tems, elle ne perd au tact rien de fon poli, ni de fon onctuofité ; mife au feu en maffe, elle s'éclate en décrépitant, & acquiert une qualité gypfeufe.

Cette matiere, qui eft une argile durcie inattaquable par les acides, fe retrouve loin des fources, par-tout dans les pierres schiteuses dont j'ai parlé, & qui sont très-communes, mais elle y est éparse en petite quantité sous la forme d'une marne ou d'une chaux fusée, qui s'étant peu à peu desséchée, faute d'humidité, ne présente qu'une couche ou des petites veines de de poudre fine, très-remarquables & très-sensibles néanmoins dans les pierres les plus dures, qui paroissent en être entièrement composées & comme chargées de cette espece de chansissure.

On en trouve aussi, dans ces endroits, des masses de gris & de noir; ce dernier est plus dur & moins onctueux, comme l'observe Dom Calmet (*).

Quelle que soit cette production minérale, elle mérite quelque attention, en tant qu'elle pourroit être regardée, à juste titre, comme l'annonce de la qualité savonneuse des eaux froides de Plombieres & de leurs propriétés. En effet, quoiqu'on conçoive que la plûpart des matieres fossiles sont de nature à ne pouvoir pas être facilement mêlées avec les eaux froides ou chaudes, il est pourtant difficile de croire ces eaux exemptes de mélange de substances étrangeres, puisque le goût les décele; conséquemment on ne pourra guère nier que les sources d'eaux minérales ne puissent tirer leurs vertus des veines de terres qui leur servent de filtres, en s'im-

―――――――――――
(*) Traité historique des eaux & bains de Plombieres; *chap. IV*; p. 259.

prégnant de particules de différens minéraux : delà il peut être important, lorsqu'on veut faire l'examen des eaux médicinales, de faire entrer celui du sol qui leur sert de lit & de conduite.

Comme en reconnoissant dans ces eaux du fer, du soufre, &c. on tire raisonnablement des inductions *à priori* de l'effet & des vertus de ces eaux : on peut pareillement trouver dans l'espece de terre, de sable ou de pierres qu'elles traversent ou qu'elles pénetrent, de quoi appuyer des conjectures plausibles sur leurs propriétés, déterminer si elles sont propres à servir de boisson, ou si elles doivent être rejettées, ou si elles peuvent offrir des secours contre les maladies : ainsi on décidera sûrement que les eaux qui passent par des terrains d'une mauvaise qualité, par exemple, sur des pierres de plâtre, de craie, ne sont point propres à être prises en boisson.

La preuve qu'à la premiere vue on peut raisonnablement juger de cette maniere des eaux médicinales, se trouve dans celles qu'on appelle *ferrées* : voit-on une source d'eau se faire jour au milieu d'un terrain mêlé de *marcassite* ou de *terre ferrugineuse*, il est à présumer (quoiqu'elle vienne de plus loin) que ses eaux participent de la nature de ce minéral, qui est celui dont l'eau se charge le plus facilement & se dépouille le plus difficilement.

On saura donc d'avance, en partie, de quoi est composée principalement une eau de cette espece, les opérations chymiques n'étant ensuite nécessaires que pour en démontrer les combinaisons & pour la recherche de quelques parties salines dont ces eaux sont ordinairement chargées, ou d'autres principes qui ne forment pas la base de ces sources.

Les sources minérales de Plombieres, dont je parle actuellement, peuvent servir de second exemple. Toute la terre adjacente des fontaines d'*eau savonneuse*, est mêlée de morceaux d'argile durcie, telle que je l'ai décrite ; risqueroit-on de se tromper, en soupçonnant que les eaux qui rencontrent dans leur trajet beaucoup de ces pierres, en détachent par le frottement les particules les plus tenues, leur doivent en partie la qualité savonneuse qui y domine ? Cette présomption ne devient-elle pas ensuite une espece de certitude, lorsqu'en examinant un verre rempli d'eau de ces fontaines, l'œil y fait remarquer une couleur louche & opaque, le goût quelque chose d'onctueux, absolument analogue à cette substance minérale qui se rencontre dans une portion de terre qu'elle parcourt.

Cette imprégnation de matiere minérale savonneuse est démontrée aux yeux de différentes manieres : si à la source on enleve du sable ou du roc, par lequel les eaux se font jour, on observe qu'ils ne font qu'un compofé de cette matiere, que les eaux y ont dépofée dans les vuides & dans les interftices, jufqu'à y produire des morceaux d'un très-gros volume, felon que le vuide l'a permis; il m'a été affuré qu'on en avoit trouvé des maffes du poids de trois livres : ce qu'il y a de conftant, c'eft que les plus confidérables fe trouvent autour des fources dans le fable ou dans le roc graveleux, qui eft fort tendre & aifé à détacher avec la main : cette matiere eft auffi plus belle, plus nette & prefqu'entiérement blanche, étant plus expofée à être lavée fans ceffe.

A la fortie des eaux du rocher, cette matiere favonneufe fe montre fous une forme différente, mais cependant reconnoiffable; les quartiers de roc font, dans les points de leur furface que mouille la fource, couverts d'une crême fort tenue, fort légere & du plus beau blanc. Il eft inconteftable que cet enduit n'eft que le *gris moifi* mis en détrempe; que cette crême eft comme l'huile de ces eaux, que l'on pourroit très-bien appeller le *pétrole de la montagne* ou des eaux de Plombieres; ce qui paroît démontré d'ailleurs par l'analyfe que M. Malouin a donnée de ces eaux (*).

Le détail, dans lequel je viens d'entrer, me donne lieu de diftinguer autour des

(*) *Mém. Acad. année* 1746. p. 113, 115.

eaux favonneufes deux efpeces de cette matiere minérale : il feroit facile de les approprier aux ufages de la Médecine, & j'en ai travaillé des échantillons.

La premiere eft une efpece de véritable terre bolaire ; elle fe tire d'une lotion & d'une macération de la terre fablonneufe & du roc graveleux, qui font baignés par ces eaux, & dont j'ai dit que le grain eft tendre. Après avoir retiré le fable qui fe précipite au fond de l'eau, & laiffé enfuite repofer la même eau, elle dépofe un limon très-fin, qu'on n'a plus qu'à former en trochifque ; cette *fécule* ou cette efpece de lie, qui eft d'une couleur jaunâtre, prenant de la folidité par la defficcation.

La feconde terre, moins affinée que la précédente, eft le *gris moifi en maffe*, qui peut être mife à côté de la craie de Briançon, du bol d'Arménie & des différentes terres de cette efpece les plus communes. L'analogie autoriferoit à faire ufage de ce favon minéral, fur-tout dans la pratique médicinale des eaux de Plombieres, en le préparant de la même maniere que les différentes terres figillées, dont les boutiques d'Apothicaires font fournies : c'eft l'idée de M. Charles, Profeffeur de Befançon.

On trouve encore dans différens endroits de la côte de Plombieres une autre efpece de pierre, qui paroît devoir tenir quelque place dans les recherches relatives

relatives aux eaux thermales de cet endroit; c'est un spath diaphane, composé de molécules formées pour la plûpart en losange & unies ensemble avec le sable ou la terre, dans laquelle on les trouve liées quelquefois, des maniere à former des masses pierreuses de différens degrés de dureté & de pesanteur, qui ont l'air de vitrification.

Tous les auteurs qui ont traité des eaux de Plombieres, ont parlé de ce fossile, mais superficiellement : aux environs de Plombieres, & même dans ce lieu, dit de Rouvroi (*a*), *il se trouve quantité de minéraux, & particuliérement une certaine pierre, laquelle étant jettée dans le feu, s'allume comme le soufre, & n'en a cependant point l'odeur.*

Richardot les désigne sous le nom de *certaines pierrailles, qui, mises sur un charbon ardent, s'enflamment comme le soufre* (*b*).

M. Geoffroy, dans la note que j'ai citée, en parle en ces termes : *On trouve à Plombieres des pierres, qui, mises en poudre & jettées sur les charbons ardens, brûlent comme du soufre sans en avoir l'odeur* (*c*).

Dom Calmet, Abbé de Senones, dit

―――――――――――

(*a*) Petit Traité enseignant la vraie & assurée méthode pour boire les eaux chaudes & froides minérales de Plombieres, &c. 3.me édition, *Epinal*, 1720, *chap.* XI, p. 81.

(*b*) Nouveau système des eaux chaudes de Plombieres en Lorraine, &c. *chap.* III, p. 23.

(*c*) Histoire de l'Académie, *année* 1700, p. 40.

V

que c'est une espece de cryſtal minéral, &
qu'étant mis avec les parcelles du roc même,
ſur des charbons ardens, il fait un feu bleuâtre ſans odeur, du moins ſenſible (a).

Feu M. Lemaire, Médecin des eaux de
Plombieres, dans des Remarques qui font
partie du Traité de Dom Calmet, dit:
*Il ſe rencontre dans le voiſinage des fon-
taines minérales de Plombieres, une eſpece de pyrite d'un blanc tirant ſur le
verd, qui, étant miſe ſur un fer rouge ou
ſur les charbons ardens, donne une flamme
bleue; cette pierre ſe caſſe facilement & ſe
diviſe en grains anguleux & irréguliers,
comme du chenevis, plus ou moins* (*).

Il paroît que c'est ce dont la plûpart
des Traités ſur les eaux de Plombieres
font mention comme de pyrites, mais
mal-à-propos; ce foſſile n'en a aucun caractere, c'est un *fluor* dont la baſe est
un *ſpath* d'un goût alumineux : j'en ai
fait calciner pour le ſoumettre à l'action
des acides, qui n'y ont excité aucune
efferveſcence, non plus que ſur les portions qui n'avoient pas été calcinées.

Pour peu qu'on en ramaſſe, il est aiſé
de remarquer qu'il ſe rencontre diverſe-
ment coloré : on en trouve des morceaux tout blancs, d'autres verdâtres,
enfin il y en a de couleur violette, &
tous plus ou moins foncés.

(a) Traité hiſtorique des eaux & bains de Plombieres, de Bourbonne & de Luxeuil, c. XVI, p. 92.
(*) Page 215.

Ces couleurs & ces teintes différentes dépendent, selon toute apparence, d'un mélange & d'une combinaison accidentelle de vapeurs ou rouilles minérales qui sont entrées dans leur composition, comme il arrive à beaucoup d'émeraudes bâtardes, qui ne sont que des crystaux & des *spaths* teints dans les mines de cuivre, de différentes couleurs des vraies pierres précieuses & de la même manière ; celles d'Europe sont même, à proprement parler, des crystaux colorés plutôt que des véritables émeraudes : c'est ainsi que dans les mines de fer & aux environs on voit des cryftaux & des *spaths* communs, qui sont teints comme l'améthyste.

Les lames qui composent le *fluor* de Plombieres étant plus ou moins rapprochées les unes des autres, ont fourni un passage aisé à ces particules fuligineuses, qui les ont pénétrées en proportion de leur dureté & de leur solidité.

Pour en venir à ce qui en est dit dans les citations que j'ai données, ces *fluors* diversement colorés, mis sur le feu, ont, ainsi que presque tous les *spaths*, une propriété phosphorique, c'est-à-dire, qu'ils produisent le même effet, qui n'est point de brûler comme du soufre ou autrement, ils rendent seulement une lueur que l'on prendroit effectivement pour une flamme, sans cependant qu'on puisse remarquer de vapeur ni d'exhalaison sensible.

Les Mémoires de l'Académie des Sciences de Paris & de Berlin, renferment des détails intéressans qui ont rapport à cette matiere (*) : je me contenterai de placer ici quelques remarques particulieres que j'ai faites sur cette lueur qu'ils répandent ; elle est différente, selon que la masse ou les molécules que l'on met dans le feu ont une couleur blanche, *smaragdine* ou *améthystée* : en tout elle imite la couleur, la beauté & en quelque façon l'éclat de pierres précieuses, mais pour un moment ; ainsi le *fluor*, qui est blanc & sans couleur, brille dans l'obscurité comme le bois pourri, c'est-à-dire, d'une lumiere pâle ; le *fluor smaragdin* paroîtra d'une belle couleur d'aigue-marine ou d'émeraude ou de turquoise ; le *fluor améthyste* paroîtra d'une couleur de soufre enflammé.

Si l'on ne jette sur les charbons ardens que des grains d'un morceau de *fluor*, leur effet étant très-prompt, il n'est pas possible de bien observer ce qui se passe dans ces molécules, qui, dès qu'elles ont jetté leur éclat, s'éparpillent en décrépitant comme du sel marin.

C'est en plaçant sur un charbon seul & isolé un morceau de ce *fluor* choisi &

(*) Mémoires de M. du Fay, sur un grand nombre de phosphores nouveaux, *année* 1730 ; sur la lumiere des diamans & de plusieurs autres matieres, *année* 1735 ; Mémoire de M. Marggraf, *Acad. de Berlin, année* 1750.

bien compact, qu'on voit à son aife ce fpectacle : on le voit par degrés prendre un brillant qui répond à la couleur qu'on lui a remarquée avant de l'expofer à l'action du charbon enflammé : ce *fluor* jette une lueur pâle s'il étoit blanc ; émeraude, s'il étoit verd ; bleuâtre ou violet, s'il étoit *améthyfté*. On voit diftinctement cet éclat paffer fucceffivement entre chaque petite lame qui compofe le morceau, avec différens accidens dans ces couleurs ; & comme l'ardeur du charbon n'augmente point, l'effet de cette pierre luifante fe foutient affez long-tems jufqu'à ce qu'elle vienne à décrépiter & à fe difperfer en même tems que fe fait l'efpece de détonation dont j'ai parlé.

Si on vient enfuite à examiner toutes ces parcelles qui fe font éclatées, on ne leur retrouve plus la couleur qu'elles avoient ; le feu les en a privées ; comme le faphir, l'émeraude & l'améthyfte, qui perdent auffi les leurs de la même façon, & non feulement la contexture du *fluor* eft détruite, mais encore la matiere *fpatheufe*, devenue opaque, a perdu fa tranfparence.

Par les recherches que j'ai faites fur la côte de Plombieres, je me fuis convaincu qu'on y trouve par-tout, en plus ou moins grande quantité, de ce *fluor fpatheux* : des terres fablonneufes, prifes dans des endroits éloignés des fources & affez haut fur la côte, en contiennent en grain ou en masse ; il s'en trouve parmi les rochers graveleux des fontaines savonneuses, de même qu'autour des sources chaudes. On rencontre aussi du gris moisi, seulement de moindre consistance & en beaucoup moindre quantité que dans le voisinage ou dans le trajet des sources savonneuses ; mais la plûpart des endroits où l'on peut ramasser une grande quantité de ce *fluor*, sont des lits sur lesquels coulent des eaux chaudes.

Je passe maintenant aux eaux thermales, sur lesquelles rouleront des observations & des éclaircissemens que le même séjour à Plombieres m'a donné occasion de faire, relativement à la note insérée dans les Mémoires de l'Académie, & que d'ailleurs je n'ai pas trouvés dans les différens Traités qui ont été donnés sur ces eaux.

Je n'entrerai dans aucun détail sur les fontaines, sur les bassins, sur les étuves; les descriptions en sont connues, & on sait que c'est de cette maniere, c'est-à-dire, employées seulement différemment, ou en boisson ou en bain ou en étuve, que les eaux chaudes offrent un seul & même remede à beaucoup de différentes maladies.

Ce qui donne matiere aux observations suivantes, se trouvant dans les bains de Plombieres, je dirai seulement qu'il y a dans cet endroit trois bains.

Le plus vaste, appellé par cette raison

le *grand bain*, est un bassin long, couvert seulement sur les bords; il reçoit entre autre de l'eau savonneuse de la *fontaine de dessus la route de Luxeuil* & des sources chaudes, dont une l'est au point de n'être pas potable. M. Desguerres, lequel depuis quinze ans vient passer la saison des eaux à Plombieres, n'a jamais vu que deux Allemands en boire: autrefois ce bain n'étoit ouvert qu'aux Allemands & aux personnes de distinction qui y restoient la plus grande partie du jour; il est maintenant devenu le *bain des Pauvres*, & il n'y a guère qu'eux qui s'y baignent, l'hiver ils y couchent même dans l'eau.

C'est uniquement, à mon avis, dans l'espece & la qualité des baigneurs qui le fréquentent aujourd'hui, que l'on doit chercher la cause d'une odeur forte & insupportable qui frappe d'abord quand on vient, en tems chaud, visiter ce bain avant d'être nettoyé; on peut néanmoins la comparer à celle que donne l'*hepar sulphuris*, & elle me semble à peu près la même que celle qui se remarque dans tous les *bains d'eaux minérales*; Rouvroi la décide odeur de soufre & de bitume (*a*); Richardot (*b*) tourne en ridicule ceux qui sont *assez fins pour l'y distinguer*. En

---

(*a*) Petit Traité, enseignant la vraie méthode, &c. *ch.* XI, p. 77.

(*b*) Nouveau Systême des eaux chaudes de Plombieres, *chap.* III, page 23.

considérant la quantité de pauvres & de petites gens qui fréquentent seuls ce bain, j'ai cru n'y reconnoître rien de plus qu'une odeur de *faguenas* confondue avec l'exhalaison des urines, dont le pied des murailles des galeries de ce bain est sans cesse baigné. Ce qui me porteroit encore à ne rien chercher de particulier dans cette odeur, c'est qu'on démêle quelque chose d'approchant sous une petite voûte, où il y a un bassin d'eau chaude dans une maison particuliere de Plombieres, où l'on s'en sert de lavoir pour blanchir du linge : la boue qui se ramasse au fond du grand bain ne participe pas précisément de cette odeur.

Ce que l'on appelle la *boue* du bassin du grand bain, & de laquelle Dom Calmet parle sous la simple désignation d'une *matiere spongieuse* (*a*), est une véritable excroissance végétale.

M. de Secondat (*b*) fait mention d'une plante qui croît sur les parois & au fond du bassin de la fontaine bouillante de Dax, dont la chaleur à la surface est de 49 degrés, selon le thermometre de M. de Reaumur; & dans les sources les plus chaudes de Bagnieres, comme sont la fontaine de la Reine, le bain des pauvres

---

(*a*) Traité historique des eaux & bains de Plombieres, chap. XVI, pag. 91.

(*b*) Observations de Physique & d'Histoire Naturelle.

& la source nouvelle, il l'indique sous le nom de *fucus thermalis substantiâ vesiculari, superficie reticulari*; c'est, selon ce Physicien, la même que l'on trouve dans les eaux de Bath en Angleterre, & que M. Hill appelle *tremella reticulata*.

M. Springsfeld en a fait la matiere d'une Dissertation (*), dans laquelle il lui donne le nom de *Tremella thermalis gelatinosa, reticulata substantiâ vesiculosâ*; il l'a rencontrée autour de la source la plus chaude de Carlsbad, appellée la *Sprondel*, & dans les endroits où les eaux s'écoulent de même qu'autour des eaux chaudes de Toeplitz & d'Aix-la-Chapelle.

Autant qu'il est possible d'en juger, ces productions different beaucoup de celle dont je parle; voici comme on pourroit la décrire: elle est très-adhérente au fond du bassin sous la forme d'une lame plate de l'épaisseur d'une feuille de papier très-unie; elle est d'une substance homogene sans former absolument (à ce qu'il m'a semblé) aucune espece de réseau ou de vésicule.

Cette excroissance végétale se reproduit très-promptement & en grande quantité, tant dans le fond que sur les parois du bassin, avec cette différence qu'elle s'attache plus intimement sur la vase; elle y est si abondante, que quoiqu'on vuide le

(*) Mémoires de l'Académie de Berlin, année 1752.

bassin deux fois la semaine pour le nettoyer, il s'en détache sans cesse de grands lambeaux qui viennent s'élever sur l'eau; alors sa substance se rétrécit de maniere que sa surface est irréguliérement parsemée d'élévations : dans ce même état, que je crois être très-prochain de la putréfaction, si on la regarde à la lumiere, elle paroît verdâtre, assez transparente & d'une substance uniforme.

Les pauvres recueillent cette espece d'écume pour l'appliquer sur les vieilles plaies fistuleuses & ulcérées, que des esquilles empêchent de venir à cicatrice.

Si on veut la garder lorsqu'elle a été ainsi ramassée à la superficie de l'eau, elle donne en peu de tems une odeur infecte: long-tems après qu'elle a été desséchée, si on la remet dans l'eau, elle lui fait contracter la même odeur & la teinte d'une couleur d'indigo foible. M. Geoffroy le cadet (*a*) a observé les mêmes choses sur le *nostoch*, auquel plusieurs Auteurs ont aussi attribué de la vertu pour les ulceres.

D'après ces divers caracteres, je croirois qu'on peut regarder cette production comme *une espece de Byssus*, qui ne ressemble au nostoch ordinaire, qu'en ce qu'il donne comme lui, dans son état de putréfaction, une couleur violette, & qui en differe, en ce que dans son état na-

---

(*a*) Mémoires de l'Académie, année 1708.

turel sur le fond du bassin il ne forme pas une lame ondée comme celui-ci ; il paroît seulement se rapprocher davantage de l'espece de *byssus* qui croît pareillement sur les pierres & sur la terre au fond des ornieres où l'eau a séjourné depuis longtems. Je n'ai point vérifié si cette derniere espece a les même propriétés du nostoch & de la plante en question. M. Adanson, que j'ai consulté, ayant examiné au microscope un morceau du byssus de Plombières, l'a reconnu pour être le *Tremella palustris : vulgari marinæ similis, sed minor & tenerior. Dillen. musc.* 2, 8, *fig.* 2: c'est encore le *conferva gelatinosa omnium tenerrima & minima aquarum limo innascens. Raii Syn.* III, *app. n°.* 477, *Dillen. musc. p.* 15, sans figure (*a*).

Le mars, qui se trouve en très-petite quantité dans cette excroissance du grand bain lorsqu'elle est desséchée, ne mérite aucune attention, on sait qu'on en découvre dans toutes les boues des eaux médicinales.

Au pied de la muraille d'enceinte du grand bain, presque derriere la porte de la galerie, une des pierres se trouve creusée de manière à pouvoir contenir environ six onces d'eau : celle qui s'y trouve est sérieusement mise au nombre des sources médicinales tiedes de Plombieres, sous le

---

(*a*) Voyez son Caractere, *familles des Plantes, Partie II.* par M. Andanson, *page* 2.

nom de *fontaine Sainte-Catherine*. Je n'attaquerai ni ne confirmerai la propriété de cette source, qui ne laisse pas que d'être accréditée pour quelques maladies des yeux, comme inflammations, douleurs, démangeaisons, chassie, taies. Si j'ai cru ne point devoir passer sous silence cette eau prétendue minérale, c'est qu'il n'est pas indifférent de remarquer que la situation de cette fontaine, précisément dans un endroit où le plus grand nombre des baigneurs vont uriner, expose manifestement son eau à être souvent altérée; j'ajouterai à cela ce que je n'ai pu m'empêcher de distinguer, savoir, que l'odeur qui s'y fait reconnoître a une odeur croupie semblable à celle de l'hépar, & plus encore, selon moi, à celle du sel volatil urineux, telle qu'en donne l'urine gardée long-tems.

La couleur trouble & grisâtre de l'eau que l'on y puise, ne combat pas non plus l'idée & les soupçons qui naissent d'abord de l'odeur forte & désagréable qui lui est particuliere, rapprochée de la situation de cette fontaine.

Son eau perd néanmoins fort aisément cette odeur à l'air, elle ne la conserve pas même dans une bouteille lorsqu'on néglige de la boucher avec soin ; alors elle devient limpide & transparente, & donne à la longue un dépôt d'une couleur brune sentant la vase ; c'est du moins ce que j'ai remarqué sur celle que j'avois fait venir à Paris, qui avoit été puisée après avoir fait laver la source, pour être sûr de l'avoir plus pure. En éprouvant, par les mélanges suivans, de l'eau de la *fontaine Sainte-Catherine*, puisée avec la même attention, je n'y ai vu opérer aucun changement notable : l'eau de chaux premiere n'y a produit aucune odeur d'alkali volatil : l'alkali fixe y a développé un très-léger dépôt blanc flosculeux : la dissolution mercurielle n'y a rien précipité.

L'alkali volatil n'y a produit aucune altération : la quantité d'environ deux grains de dépôt, qui s'est formé dans six onces de cette eau, a été inattaquable par les différens acides, de même que par les alkalis. Il est à présumer qu'une plus grande quantité de ce résidu traité au feu, donneroit une odeur d'*hepar sulphuris*.

Le *petit bain* nommé le *bain des Capucins*, parce qu'il est devant l'hospice de ces Religieux, étoit autrefois le bain des goutteux & des pauvres avant que le grand bain fût ouvert à tout le monde : dans ce tems on l'appelloit le *bain des ladres* ou *des lépreux*, & il porte encore le nom de *bain des pauvres*, parce que les pauvres s'y baignent, s'y retirent & s'y tiennent même une partie de la journée.

L'eau y aborde par trois sources, qui sont dans le sol même du bassin ; la plus considérable se fait jour dans le dernier degré qui regne dans le tour du bassin : pour cela, on y a pratiqué une excavation exactement ronde de sept pouces & demi de diametre & d'un pied huit pouces de profondeur.

Cette ouverture a à Plombieres la même célébrité que celle qui est dans le bassin public des eaux de Baden en Suisse ; l'eau qui y est reçue, à mesure qu'elle arrive, & avant qu'elle se répande dans le bassin, fournit un bain vaporeux, auquel on attribue la propriété de rendre la fécondité aux femmes. Comme le plus grand nombre en fait un badinage, celles qui essayent ce moyen choisissent le tems de la nuit ; elles attendent pour cela que l'on ait vuidé le bassin, & vont recevoir la chaleur de l'eau directement au sortir de la source, avant que ses principes soient étendus ou altérés.

Le *bain des Capucins* est encore remarquable par deux remedes chirurgicaux qu'on y pratique dans l'administration des eaux de Plombieres ; ce sont les ventouses & la saignée poplitique : ces moyens sont fort en usage parmi les pauvres, qui de leur chef & sans conseil, ont recours à l'un & à l'autre en finissant les eaux. Les *ventouses seches* ou *scarifiées* y sont trop familieres pour n'être pas souvent infructeuses ou même nuisibles.

La *saignée poplitique*, ainsi nommée du rameau interne de la veine crurale, située vers le jarret, ce qui la fait appeller la *veine poplitée* ou *poplitique*, se fait comme la saignée du pied, avec une lancette ordinaire, la ligature appliquée immédiatement au-deſſus du genou, toute la jambe plongée dans l'eau avant & après l'ouverture du vaiſſeau ; elle leur eſt dictée pour la goutte par une routine établie entr'eux, & on n'obſerve point qu'ils s'en trouvent mal.

N'ayant point fait une analyſe en regle des eaux de Plombieres, je crois devoir retrancher de ce Mémoire l'examen chymique que j'en ai fait ; il n'eſt ni aſſez complet ni aſſez exact pour être préſenté à l'Académie, après les analyſes qui en ont été données par pluſieurs Savans (*). Je n'ai d'ailleurs tenté ce travail que pour ma propre ſatisfaction, afin de connoître ces eaux un peu mieux que ſi je n'y avois pas été : c'eſt à ce deſſein, qu'en même tems que je remarquois leur effet ſur les malades qui les prenoient, je les ai priſes de mon côté, afin d'obſerver leur effet ſur moi-même.

Je me ſuis occupé à examiner les différens degrés de chaleur & de peſanteur des ſources de Plombieres ; j'en donne la Table à la fin de ce Mémoire : il eſt à propos ſeulement de ſavoir que leur chaleur n'eſt point toujours la même, & qu'elle augmente ou diminue en propor-

(*) Analyſe des eaux ſavonneuſes de Plombieres, par M. Malouin, &c. Mém. de l'Académie, année 1746, page 109. Analyſe des eaux froides & chaudes de Plombieres : *Quæſtiones Medicæ circa fontes medicatos Plumbariæ*, Veſuntione, 1746.

tion des changemens de tems & de la différence du poids de l'atmosphere. Avant la pluie, l'eau des sources est plus chaude, & vingt-quatre heures avant le retour du beau tems elle redevient moins chaude : cet effet est le même dans les fontaines de Saint-Amand en Flandre, qui s'échauffent & bouillonnent plus qu'à l'ordinaire aux approches des orages.

Je dois encore observer que les sources de Plombieres, auxquelles l'usage a restreint la confiance des malades, ne sont pas les seules : l'hiver démontre l'abondance d'eaux thermales dont la Nature a favorisé ce vallon. On voit dans cette saison la même chose qu'à Carlsbad ; tandis qu'il tombe beaucoup de neiges & que les montagnes en sont couvertes elle se fond à mesure dans les rues de Plombieres, & il n'en reste jamais sur le pavé : les chambres basses de quelques maisons sont dans cette saison de petites étuves adoucies, & assez échauffées naturellement pour qu'alors on puisse se passer d'y avoir du feu.

Il est de notoriété publique qu'il y a de tout côté dans le Bourg des sources dont on ne se sert que pour des usages communs, sur lesquels la Médecine pourroit & devroit étendre son domaine, eu égard aux différens dégrés de chaleur ou de légéreté qu'elles ont toutes en partage. Plombieres, dans lequel on trouve des sources chaudes depuis le 14.ᵉ degré jusqu'au jufqu'au 65e. poffede une efpece de *compendium* d'eaux thermales, par conféquent un genre de tréfor, dont il eft d'autant plus étonnant qu'on n'ait pas tiré parti, que tous ceux qui ont traité des eaux de Plombieres y ont fait attention. La quantité de toutes ces eaux chaudes eft telle, qu'une partie remplit en dix-huit heures le grand bain, qui eft de cent foixante pieds de longueur, trente-neuf de largeur & quatre de hauteur. M. Titot, dans une thefe latine fur ces eaux minérales, ne fait point difficulté d'avancer que toutes les fources de Plombieres, jointes enfemble, pourroient former une petite riviere (*).

Par l'utilité évidente que l'on retire de la différente température dans les fources & dans les bains que l'on fréquente à Plombieres, on imagine aifément celle qui réfulteroit d'un grand nombre de fources de différente chaleur dans un feul & même endroit. Outre l'avantage de pouvoir par-là convenir à plufieurs perfonnes, on feroit à même, dans les tems que les eaux perdroient de leur chaleur par les pluies ou par les autres variations dans la température de l'air, de faire paffer les malades qui prendroient des eaux ou des bains d'une moindre chaleur à d'autres qui en auroient une fupérieure,

---

(*) *Naturæ & ufus thermarum Plumbariarum brev. defcriptio.* Bafil, 1706, cap. I. Coroll. III.

enfin ces derniers à d'autres qui en auroient une plus considérable.

Dans la supposition, & même dans la certitude que ces autres sources ne sont imprégnées d'aucun minéral, elles n'en seroient pas moins propres à remplir les vues des Médecins & des malades, en tant que douces & légeres : des malades, par exemple, qui auroient besoin d'être disposés & préparés par des eaux foibles à des plus chaudes & plus actives, n'auroient pas besoin de se transplanter, comme font ceux qui vont d'abord passer une quinzaine de jours ou un mois à *Luxeuil*, à *Bains*, d'où ils viennent ensuite à Plombieres.

Cette ressource à Plombieres seroit même d'autant plus nécessaire, que les eaux thermales de *Luxeuil*, & par leur situation éloignée de la ville, & par l'état où elles sont, ne peuvent plus souffrir le parallele avec celles de Plombieres. Quant aux eaux de *Bains*, on peut les mettre au rang de celles auxquelles les sources qui se trouvent à Plombieres pourroient suppléer, en en exceptant, si l'on veut, la *fontaine des Vaches*, appellée aussi la *fontaine du petit Pavillon*, à laquelle on attribue une propriété laxative, qui ne m'a point paru bien constante.

Observations sur le Thermometre plongé dans les souces thermales & froides de Plombieres, & sur l'immersion de l'Aréometre dans les mêmes eaux.

LE 23 Septembre 1755, à onze heures du matin, tems couvert, le thermometre étant au quinzième degré & demi.

Bain des Dames.

Thermometre à l'esprit-de-vin, selon M. de Réaumur, plongé dans le bassin près de la décharge . . . . . . 31^d $\frac{1}{2}$
Il peut aller jusqu'au . . . . . 37.
Mais cela est rare, & ne s'observe que deux ou trois jours de l'année, & le matin.
Présenté sur la source tombante . . . . 44.
Eprouvé avec le pese-liqueur 8.
Fait monter le mercure dans un thermometre construit aussi selon les principes de M. de Réaumur . . . . . . 9.

Fontaine du Crucifix.

Thermom. exposé à la source coulante du robinet . . . . . 43^d 0^i
Fait monter le mercure . . . 9. 6.
Pese-liqueur . . . . 7. 0.

VALLERIUS

Source savonneuse de M. Fleurant.

Thermometre . . . . 14^d & plus.
Pese-liqueur . . . . 5 & plus.

Fontaine Jacotel.

Elle fumoit alors.
Thermometre . . . . 19^d $\frac{1}{2}$.
Pese-liqueur . . . . 6 $\frac{1}{2}$.

Fontaine de Pierrot.

Thermometre, près de . . . 18. 0.
Pese-liqueur . . . . 6 $\frac{1}{2}$.

A la suite de ces eaux, j'ai fait les mêmes examens sur celles des fontaines qui fournissent à la boisson, & qui viennent du bois situé sur la côte occidentale de Plombieres, où elles sont apportées par des tuyaux de bois, pourquoi ces fontaines sont nommées *Fontaines des corps*.

Fontaine des trois corps de la Tour de l'Horloge.

Thermometre . . . . 9^d 0^l
Pese-liqueur . . . . 6. 0.

Fontaine des trois corps de la place de la sourte du Chêne.

Thermometre . . . . 9. 0.
Pese-liqueur ne va pas à . . . 6. 0.

Eau distillée.

Pese-liqueur . . . . 16 & demi.

LOTHARINGIÆ.

Eau de Seine filtrée.

Pese-liqueur . . . . 16ᵈ & demi.

Eau de Seine trouble.

Pese-liqueur . . . . 16. 0.

Eau de Seine reposée & devenue claire.

Pese-liqueur 16ᵈ 0ˡ

Le 23 Septembre, à deux heures & demie après midi, par un très-beau tems, le thermometre étant au 15ᵐᵉ degré ½.

Grand Bain.

Thermometre plongé au milieu du bassin du côté de l'étuve 39ᵈ 0ˡ
Pese-liqueur . . . . 7. 0.

M. Desguerres, Médecin des eaux, a observé que dans l'étuve de ce bain, la liqueur du thermometre monte à 40 degrés dans les plus grandes chaleurs de l'été, & à 61 degrés dans le bassin de cette étuve.

Source chaude du Pilier gauche.

Pese-liqueur 9ᵈ 0ˡ

Source de dessous l'étuve.

Thermometre . . . . 55. 0.
Pese-liqueur . . . . 9. 0.

VALLERIUS

Grande Source du fond, rez le pavé à main gauche en entrant.

Thermometre . . . . 60. 0.

Pefanteur relative à fon degré de chaleur, effet commun à toutes fortes d'eaux.

Eau de la Source fous le pavé de la rue.

Thermometre . . . . 65^d 0^l

Bain des Capucins.

Thermometre . . . . 34. 0.
Pefe-liqueur . . . . 6 & demi.

Source favonneufe des Capucins.

Thermometre en tout tems . 12. 0.
Pefe-liqueur . . . . 5 & 3.

Source favonneufe fur la route de Luxeuil.

Thermometre . . . . du 11 au 12.
Pefe-liqueur . . . . 8. 0.

Fontaine Godet.

Thermometre, au deffous de 8. 0.
Pefe-liqueur, au bas du rond de . . . . 6. 0.

Fontaine de la Blanchiffeufe.

Thermometre . . . . 27 & demi.
Pefe-liqueur . . . . 6. 0.

Du 24 Septembre, à fix heures après midi.

Source du Bain des Capucins, le bassin vuidé.

Thermometre a monté à . . . 40. 0.
Pese-liqueur . . . . 7 & demi.

Source tiede du jardin fleuriste des Capucins.

Thermometre dans un verre sous la chûte de la source, tombante en grande partie sur le tuyau ou sur le globe, la liqueur a monté à 22. 0.
Pese-liqueur . . . . 5. 0.

Extrait du Voyage de Sybérie, par M. l'Abbé CHAPPE D'AUTEROCHE, *de l'Académie Royale des Sciences.*

LEs Montagnes des Vosges forment une chaîne du Sud au Nord, attenante dans la Franche-Comté à la grande chaîne, qui part du Nord de la mer en Galice, traverse d'Orient en Occident une partie du globe, en passant de l'Espagne par la France, la Suisse, s'étend jusqu'à la Chine.

Les Vosges doivent donc être considérées comme une branche de cette grande chaîne, à laquelle elles sont presque perpendiculaires; & allant du Sud au Nord, elles séparent la Lorraine de l'Alsace, traversent une partie du Palatinat & finissent au dessous de Bingen.

Ces deux chaînes enferment ainsi l'Alsace de tous côtés & une partie du Palatinat. L'étendue du Pays compris entre toutes ces Montagnes offre une plaine de près de soixante-dix lieues du Sud au Nord, sur seize d'Orient en Occident.

Si l'on suppose une ligne qui traverse le milieu des Vosges du Sud au Nord, on trouve que les Montagnes les plus hautes se rencontrent sous cette ligne, & qu'elles diminuent ensuite des deux côtés, à mesure qu'elles s'en éloignent & qu'elles se rapprochent de la plaine vers l'Alsace & la Lorraine. On remarque encore que, du côté de la Lorraine, le terrain s'élève insensiblement à mesure qu'on approche des Vosges, & du côté de l'Alsace la chaîne est presque coupée à pic.

Parmi les Montagnes situées sous la ligne, dont on a parlé plus haut, il en est de différentes hauteurs : on en distingue quatre principales, qui s'élèvent en cône de six cens toises environ au dessus du niveau de la mer : telles sont le Bonhomme, vis-à-vis de Schlestat, dont il est éloigné de sept lieues; le Donon, où la Sarre prend sa source; le Pigeonnier, auprès de Wissembourg & le Tonnesberg, près de Falckenstein. Ces quatre Montagnes sont distribuées le long de la chaîne, à peu près à égale distance les unes des autres, & liées par d'autres de toutes sortes de figures. Ces dernieres n'ont communément que trois ou quatre cens toises de hauteur au dessus du niveau de la mer, & se trouvent sous la même ligne que celles ci-dessus.

Les autres Montagnes diminuent de côté & d'autre vers l'Alsace & la Lorraine; elles n'ont que deux cens toises environ au dessus du niveau de la mer, avec cette différence qu'elles sont plus escarpées du côté de l'Alsace que du côté de la Lorraine. Il s'en trouve parmi celles-ci qui sont encore bien inférieures & dont la plus grande élévation n'est que de cinquante à soixante toises au dessus de la plaine. Ces dernieres sont les seules qui sont cultivées, les autres sont couvertes de bois & ne paroissent propres qu'à cette seule production, soit à cause du sol du terrain rempli de rochers, soit à cause de l'escarpement des rampes. C'est au bas de celles-ci que l'on trouve les bois les mieux venans, les pluies y ayant entraîné une partie des terres de leurs sommets. On ne voit sur ces cimes que quelques arbres rabougris de peu de hauteur, & le plus communément des rochers en masse & à découvert. Quelquefois au dessus de ces masses s'élevent des groupes d'autres rochers qui ont quarante à cinquante pieds de hauteur; quelques-uns ayant leurs bases plus étroites que leurs parties supérieures, & étant de figure irréguliere, ne représentent qu'un aspect effrayant, causé par leur énormité en grosseur & redoutable par leurs situations inaccessibles. A juger de l'intérieur de ces Montagnes par tout ce qu'on voit d'apparent, elles ne sont pas de même nature à beaucoup près. La plûpart & généralement les plus hautes ne sont que des rochers rarement par couche ; mais le plus souvent la montagne totale n'est qu'un seul rocher depuis son sommet jusqu'à sa base, où l'on ne remarque aucune couche horizontale. C'est dans ces Montagnes que l'on trouve les mines de cuivre, de plomb, d'argent, ainsi qu'à Géromanie & à Ste. Marie. Elles m'ont toutes paru, depuis cet endroit jusqu'à Walsbronn, de granit & de roc vif en masse, où l'on ne trouve jamais de coquilles.

Les Montagnes de la seconde espece, que j'ai dit diminuer depuis le milieu de la chaîne jusques vers l'Alsace & la Lorraine, ne suivent aucune loi constante dans leur composition, sinon qu'elles sont presque toutes formées par couches horizontales. La plûpart sont composées de lits de rochers, posés en quelques endroits sur du sable, & dans d'autres les couches de rochers soutiennent celles de sable. On trouve dans ces Montagnes de l'agate, des coquilles, de la glaise ; d'autres ne sont composées que de pierres de sable, d'une dureté moyenne, posées par couches de deux pieds d'épaisseur, & qui continuent ordinairement depuis le sommet de la Montagne jusqu'à sa base : la plûpart de celles du Comté de Bitche sont de cette nature. On n'y trouve pas de coquilles, mais seulement quelques pétrifications des végétaux. Ces dernieres Montagnes contiennent généralement de la mine de fer, qu'on appelle *mine de roche* : elle se trouve par veine dans la pierre de sable, dont nous avons parlé. Il paroît que le rocher a été formé en partie par le sable, où le fer avoit été minéralisé. Le produit de cette mine est très-modique. On en trouve dans tout le Comté de Bitche, sur une surface de plus de trente lieues quarrées.

Les Montagnes qui bordent l'Alsace & qui ne sont élevées au dessus de la plaine que de deux cens quarante toises environ, sont encore en partie d'une nature différente. Plusieurs ne sont composées que de poudingues : telles sont celles de Prés, de Vangenmille, de Neuviller & des environs. Quoiqu'on trouve peu de coquilles dans ces dernieres Montagnes, on voit cependant qu'elles doivent leur origine aux eaux de la mer qui ont couvert cette contrée.

Les coquilles sont aussi communes dans les plaines de l'Alsace & de la Lorraine, qu'elles sont rares dans les montagnes des Vosges. On trouve dans ces Provinces beaucoup de gryphites, des cames, des peignes, des entroques, des cornes d'Ammon, des moules, des huitres, des poules

& des coqs & poules. Toutes ces coquilles sont dispersées dans l'Alsace, dont le sol est beaucoup plus bas par la même latitude que le terrain de la Lorraine & du Wirtemberg; & l'Alsace forme un bassin, dont le Rhin est l'endroit le plus bas. J'en ai fait la coupe, qui démontre que la plaine de l'Alsace a été long-tems couverte des eaux de la mer, après qu'elle a eu abandonné la Lorraine & le Wirtemberg.

On trouve encore dans la plaine de l'Alsace quantité de mines de fer de différentes especes.

On en tire auprès de Mulhausen, qu'on appelle *mine plate*, à cause de sa ressemblance avec des cailloux plats, dont les plus gros ont communément six lignes de diametre & quelquefois deux pouces environ. Ceux-ci sont irréguliers & ressemblent à des géodes : ils sont la plûpart remplis de craie, & on y voit dans l'intérieur des ramifications semblables à du fer natif. Cette mine se trouve par tas à sept ou huit pieds de profondeur, plus ou moins, ainsi que les suivantes. Le produit de cette mine est de trente livres de fer par quintal de matiere lavée : le fer qu'elle produit est aigre & n'est guère propre qu'à des boulets & à des tuyaux pour conduire les eaux ; mais alliant cette mine avec d'autres plus douces, il en résulte un fer parfait.

Aldorff, territoire de Neubourg, a dans ses environs de la mine en grains, de figure très-irréguliere : les plus gros ont trois ou quatre lignes de diametre. Cette mine est liante & douce : elle produiroit seule un fer parfait ; mais son produit n'étant que de vingt-quatre livres par cent, on la mêle avec d'autres mines.

Gundershoffen fournit encore de la mine en grains à peu près semblable à celles d'Aldorff : elle a les mêmes qualités, à cela près, qu'elle ne produit que vingt livres par quintal.

Utweiller. La mine de cet endroit est plate & se sépare en écailles : elle est à peu près semblable à celle de Mulhausen : elle a les mêmes qualités & produit aussi trente livres de fer par quintal ; mais on ne trouve point de bélemnites parmi cette mine, ni de géodes.

Meltzenhem. Cette mine est en grains, qui ont cinq ou six lignes de diametre. Il paroît que chaque grain est composé de quantité d'autres, qui, liés ensemble, la rendent d'une figure très-irréguliere. Cette mine a les mêmes qualités que celle d'Aldorff, mais elle est plus riche : elle produit trente livres de fer par quintal.

On trouve encore dans les environs de ce Village une autre espece de mine, qui ressemble parfaitement à du petit plomb à tirer ; elle a les mêmes qualités que celle ci-dessus. On croit que ces deux dernieres mines sont les plus riches du Pays.

Neuviller produit de la mine de fer en gains, médiocre en qualité : le produit en est de vingt-deux livres par cent.

Sare-Louis a dans ses environs quantité de mines de fer : on en trouve une très-riche du côté de Vaudrevange : elle produit trente-cinq à quarante livres de fer par quintal ; mais elle contient une si grande quantité de soufre, que l'exploitation en est très-dispendieuse : d'ailleurs le fer est aigre & très-cassant.

On trouve dans le même endroit une autre mine en roche, ainsi que celle dont nous venons de parler ; elle ne produit que vingt-deux livres de fer par quintal, mais d'une nature liante & douce.

Sarbruck possede aussi des mines de fer en roche, mais d'un produit médiocre.

Si l'on considere maintenant la hauteur de ces mines, par rapport au niveau de la mer, ou à Vangenville pour le terme le plus bas, qui est de quatre-vingt-quinze toises pour le terme le plus haut, prenant Sare-Louis, S. Avold, Vangenville & Walsbronn pour les limites du terrain qui contient de la mine de fer. On est sûr que dans l'étendue du Pays compris entre ces différens endroits, qui a vingt lieues de l'Est à l'Ouest sur cinquante-quatre du Sud au Nord, ou deux cens quatre-vingt lieues quarrées. On a trouvé de la mine de fer, depuis quatre-vingt-quinze toises au dessus du niveau de la mer jusqu'à cent cinquante-six ; & la hauteur moyenne de la couche minérale est de cent vingt-cinq toises au dessus du niveau de la mer.

Les mines de Ste. Marie sont vers le milieu de la chaîne. On en tire principalement de l'argent, du cuivre & du plomb. Celle de S. Nicolas est la plus profonde: elle avoit en 1758 six cens six pieds de profondeur. L'endroit le plus haut ou l'entrée de la mine est à deux cens quatrevingt-six toises au dessus du niveau de la mer, & l'endroit le plus bas à cent quatrevingt-cinq toises. On n'étoit pas par conséquent à beaucoup près au niveau de la plaine, puisque le château, situé au pied des montagnes, est de cent douze toises au dessus du niveau de la mer.

THESIS MEDICA.

De Temperaturâ diversorum Lotharingiæ Tractuum.

AEREM quisquis inspirat, vitæ vel necis, sanitatis aut ægritudinis poculum vel invitùs haurit. Vivere, est aërem indesinenter oscillando suscipere, & in singulas corporis partes dimittere, ad incipiendum & continuandum in ipsis motum; quaslibet corporis nostri cavitates subintrat aër, inest vasis, cellulis; meatibus inest ipsis ossibus, musculis & liquoribus singulis, eosdem immotos alioquin mansuros diversis exagitans rationibus, & in omnimodas fulciendæ vitæ necessarias motuum directiones determinans. Durum vivere non posse nisi per illud & in eo quod ineluctabiles vitæ nostræ plerumque struit insidias: pauperum divitumque tabernas mors æquo pede pulsat, quia penetralia quævis, casas aut laquearia subintrat aër idem sanitatis aut morbi nuntius.

Mors & fugacem prosequitur virum.

Huic terga vertere, quid juvat? cùm nec parcat poplitibus timidoque tergo, sed ex omni parte circumveniat fugientem delitescens in aëre qui facilè vitiatur; nullum est enim corpus magis aptum ad recipiendas cæterorum vibrationes & alterationes quàm ipsemet aër, quantumvis sit diffusus & liber à pressionibus. Verùm si tam facilè vitium capit, facilè quoque potest emendari & ad meliorem indolem reduci: hac aërem corrigendi methodo fit ut mors, seu potius aër, mortifero inquinatus contagio non æquâ celeritate penetret, licèt æquo pede pulset Regum nostrorum turres, pauperumque malè materiatas ædes, via quippe penetrandi non est æquè commoda, sarta nimirùm & tecta, sanioribusque respersa sunt odoribus Principum angustalia, quàm ut conspurcati aëris commercium patiantur, dum neglecta pastorum tuguria viam si nauseabundis quibus scatent sordibus

non

non sternunt contagio, stratam saltem nullis impediunt prætenturis, nullis obstruunt repagulis, quos duriorem vitam nimiùm perdurare tædet.

Vim nocendi vel proficiendi desumit aër, vel à syderibus vel à tellure, sæpiùs & à nobis contra nos arma mutuatur & obtinet infestam vel salubrem aëri qualitatem conciliant syderum, telluris & animalium effluvia, mutando ipsius pondus, densitatem, motum, debilitando vel adaugendo elaterium & ipsius nitrum, nunc acidum nimis, nunc acriùs reddendo.

Sydera vel planetæ variis suis aspectibus, conjunctionibus, oppositionibus, in subjectum aëra varie influunt; lucida cùm sint, in perenni motu intestino posita sunt, innumeraque proinde è sinu suo exire patiuntur. Corpuscula in aërem quem illuminant dimittenda, peculiares ipsi qualitates impertitura. Syderum effluviis adde varias pressiones, quas ipsa exercent in aërem, ex quibus innumeras & dissimiles in motu directiones ipsum sortiri necessum est.

Syderum vel planetarum operationes in inferiora hæc corpora frequentiùs observant in plantationibus, seminationibus, Botanici ; in animalibus & mineralibus, Philosophi ; & in morborum curationibus, Medici. Lunâ silente morbos fieri graviores jamdudum observavit Hyppocrates, capitis vulnera in pleni-lunio sunt magis periculosa quàm in novi-lunio, quia in cerebrum magis turget cranioque fit vici-

Y

nius ; dum in novi-lunio subsidæ, nec à depresso per ictum cranio facit, potest attingi.

E fistulis lunâ crescente (*a*), majorem; decrescente, minorem humorum copiam prodire animadversum est, ob diversa pressionum momenta.

Nec minores ipsâ lunâ effectus habet in aërem vegetationum & generationum præses sol ipse : & quidem sol agit in aërem & in terram eo modo quo ignis per suppressionem agit in vas aliquâ materiâ repletum, excitando nempè materiæ contentæ exitum versùs partem oppositam; sol ergo promovere debet egressum effluviorum è terra in aërem, & nunc abundantiorem, modò pauciorem excitare pro vario sui aspectu & influxu, atque inde fit ut in diversis zonis dissimilis sit aëris temperatura, diversumque semper incolarum temperamentum; ubi sol perpendiculariter agit, ibi (si nihil moderetur) calor magis deurens est, ibique aër in circularem motum adigitur; turbines enim in aëre calor excitat; sic aër sub recipiente reclusus simul cum ferro ignito, plumam pariter inclusam turbinato quo agitur motu involvit; hinc in deurentibus zonis in quibus aër, ob calorem turbinato semper motu progreditur difficilis & anhelosa fit respiratio, quæ non nisi directo & perpendiculari aëris in pulmones ingressu facilè

(*a*) Baglivi. *De statice aëris & liquid.* p. 449.

peragitur : in iisdem regionibus ob eundem rarefacti aëris turbinem, humidum corporis totum penè per auras avolat, pori propter exsiccationem angustiores evadunt, viamque particulis sulphureo salinis acribus & fixis præcludunt, unde ipsas in sanguine prædominari necesse est; inde naturam siccam attrabilariam habent Africani, Itali, Hispani; cùm è contra temperatam satis indolem obtineant Septentrionales, in quorum regiones magis obliquè sol influit; inde fit ut capilli nigri sint in regionibus calidis, dum in frigidis albicantes sunt aut rufi; crispi & breves sunt in iis qui zonam torridam habitant; sicci & rudes, seu asperi, sunt in Æthiopibus : rete cutaneum Maurorum ex tubulis amplissimis compositum, non serum dumtaxat, sed & sanguinem quoque admittit intra suos tubulos, qui sero suo privatus, ob deurentes radiorum solarium influxus, cuti calorem nigrum conciliat. Igitur, ubi perpendicularis est solis influxus, ibi magis exæstuans est aër, & in pertinaciorem turbinem respirationi incommodum agitur, si ventis non perfletur, vel aqueis effluviis non madefiat uti contingit in zona torrida, quæ idcirco non usque adeò deurens est ac existimatur. Sin autem obliquus est solis aspectus, tunc pauciores radii ad nos perveniunt, paucique repercutiuntur à terræ superficie, quam perstringere duntaxat & lambere videntur ; unde minor & temperatior est aëris æstus, faciliusque pulmonum vesiculas ingreditur, quod evenit in iis tractibus qui ad Polos accedunt, aut si Meridiei sint propinquiores, montibus directum solis influxum impedientibus sepiuntur, dum ex alia parte Borealibus patent refrigeriis.

In iisdem zonis circa diversa tempora ob mutatum solis influxum, diversi fiunt aëris motus; mediocres sunt circa æquinoctia, violenti circa solstitium æstivum, debilissimi circa solstitium hyemale: per vigorem ætatis radii solares terram penetrantes eandem exsiccant & defraudant balsamo, quod supra terræ superficiem & in aëre abundantissimum percipimus circa æquinoctia præsertim in Septentrionalibus plagis, quam ob causam aurum ab Aquilone venire dicitur. Per hyemem vero terræ visceribus totus immergitur balsamicus idem liquor non egressurus, nec per aërem vagaturus, nisi rursùm à sole, de novo redeunte, fit prolicitus. Mira præstat in aëre balsamum istud, moderando nocivam activitatem effluviorum per aërem respersorum: balsami istius virtutem præ cæteris norunt Chymici, qui vel solâ liquoris istius imprægnatione potentiora etiam edulcorant corrosiva; norunt & Medici, qui mensibus Maio & Septembri, campestrem commendant aërem.

Ob varias quas in pondere aëris producit mutationes diversus solis influxus, fit ut ab æquinoctio autumnali ad solstitium hyemale qualibet die minuatur perspiratio;

& ex solstitio hyemali ad æquinoctium vernale liberiùs perspirare incipiamus. Ante & post Canis exortum difficiles sunt purgationes, quia tunc corpus in incredibilem transpirationis materiam totum penè colliquatur à calore caniculari, minor proinde & difficilior debet fieri humorum derivatio ad intestina, nec nisi cum sanitatis dispendio ab iis quas affectat viis avertitur natura, sed quò vergit, eò semper ducendum est ex Hyppocratis decreto. Utinam planetarum vires in aërem & corpora nostra penitiùs explorare datum esset! Verùm *superas ascendere ad auras, hoc opus, hic labor est; facilior est descensus Averni.* Terræ viscera quilibet fodere potest, reconditaque in ipsis mineralia eruere & perscrutari; nec inutilis labor erit, cùm ex mineralium varietate diversum solum, diversaque aëris temperatura producatur.

Non omnis fert omnia tellus.

Causam quæris? Hæc non à diversis tantùm syderum aspectibus, ut perperàm contendunt Astronomi; verùm etiam quod præcipuum est, ex mineralium sub tellure jacentium varietate repetenda est; vitriolum vel alumen recondens terra plantas aluminoso sale fœtas effert, soluta namque per aqueas partes aluminosa seu vitriolica salia oscillantes, perpetuò radicum porulos facilè subeunt in plantarum incrementum abitura; hinc in solo Romano, ubi plurimæ aluminis & vitrioli mineræ sunt, vegetabilia salibus vitriolicis & aluminosis potissimùm abundant, cibique quos ex penu suo Romana tellus offert, exigui sunt nutrimenti; vapidam & inertem reddunt sanguinis massam. Aurum est potabile generosum Hungarorum vinum, vitis quippe radices succum aureis impregnatum effluviis exugunt, quem uvis suppeditant. Fabulam à me putas effingi hæc asserendo? Fabulatores (*a*) argue quoscumque istarum regionum peregrinatores, qui juxta Hungaricas auri fodinas arborum folia, eâ parte quâ terram respiciunt, aureo colore obducta videri referunt; & ex iisdem fodinis calidum exhalare vaporem, qui post diem unum vel alterum unctuosus admodum & splendens observatur.

Mineris sulphureis aut bitumine pinguescens tellus odoriferis aërem replet effluviis; sulphureaque & aromatica vegetabilia profert etiam in regionibus frigidis; sic in tractu Cracoviæ, in quo fons est bituminis, herbis aromaticis coopertum reperies montem, qui bituminoso fonti dat originem (*b*); Polonia tamen regio est frigidissima ob abundantiam nitri acidi: eandem ob causam in pluribus Italiæ, Hispaniæ, Occitaniæ, &c. tractibus plantæ

(*a*) Boyle. *De temperie subterr. region. pag.* 17. Joan. Agricol.
(*b*) Chambon. *Pag.* 382.

vegetant aromaticæ, generofa, dulcia, per raro acefcentia vina vites effundunt, dum in aliis ubi nitrum fulphureis eft orbatum nonnifi groffulariæ, pruni fuboriuntur, vinaque fubacida fobolefcunt.

Nec in vegetabilia, ex quibus nutrimentum aut medicamenta fibi defumit homo, fed & in aërem ipfum quem infpirat, fuas exercent vires effluvia è terræ mineris manantia nitrum ipfius immutando. In quibufdam tractibus alkalinum eft, dum in aliis ad acidum propius accedit.

In Ægypto nitrum intenfius effervefcit cum aceto. Hinc Salomon (*a*), ad illuftrandas res fibi invicem fummè repugnantes, aceti & nitri antipathiam affert. Ægypti nitrum alkalinum eft & abfterfivum atque ad muliebrem cutem purgandam idoneum; noftrum verò magis acidum eft & aftringens, nec nifi leviffimè effervefcit cum aceto; in quibufdam regionibus nitrum corrofivum eft, fphacelum inducit ex urinofo & acerrimo animalium fale excrementitio compactum, uti videre eft in India Orientali, in qua ingentium vefpertilionum fal excrementitius propius excoquitur in nitrum. (*b*).

Nitrum regionum quas irrigant aquæ fluminum ENTEI, COASPI & GANGIS (*c*), multò levius eft noftro, atque ex ipfius

---

(*a*) *Proverb. cap. XXV. Jeremiæ. XXII.*
(*b*) *Lifter. De Mor. cap. XXXI. p.* 339.
(*c*) *Boyle. Hydroftat chap. XIV. p.* 2.

miscelâ naturali cum prædictis aquis, evenit ut illæ sint leviſſimæ dum, in regiones noſtras advectæ vix aquâ noſtrâ leviores ſunt, quia tunc imprægnatæ ſunt nitro noſtro, quod eſt multò ponderoſius. In Indiis Occidentalibus & inſulis (*a*), quæ vulgò AZORES nuncupantur, nitrum tantùm aëri & ventis acrimoniam conciliat ut brevi laminas ferreas faciant friabiles, tectorumque lateres in pulverem reducant; & in compluribus zonæ torridæ locis exhalationes naturæ ſunt adeò penetrantis, ut ſæpè cultros & enſes in vaginis exigua quoque horologia in ſuis capſulis rubigine valeant inficere (*b*). Ex mineris ferri quod in GROENLANDIÆ regionibus ita corroſivum eſt ut gangrenam contactu inducat, hæc in aërem exhalant effluvia quæ tantam ipſi conciliant acrimoniam, ut ſi nudam aliquam corporis partem tetigerit, veſiculas in ipſa ſtatim excitet non aliter ac ſi cantharides admotæ fuiſſent. E contra in nova Zembla hyberno tempore aër adeò ſtupidus eſt & iners ſeu craſſus (*c*), ut horologii motum impediat, hanc autem craſſitiem habet ex abundantiori quantitate vaporum frigore addenſatorum.

Propter novam fermentationem reconditorum ſub terra mineralium, evenit ut regiones priſtinam ſuam mutent temperatu-

---

(*a*) Boyle. *De inſign. efficac. Effluv.* cap. III. p. 45.
(*b*) Liſter. *De humor.* cap. XXX. p. 333.
(*c*) Varenn. *Geograph. Gen.* Lib. III. Propoſ. 7.

ram : clima Anglum (*a*) in America multùm perdidisse pristini frigoris referebat missus ad Regem à Gubernatore Coloniæ in nova Anglia, evolutis scilicet & in aërem majori copiâ exhalantibus effluviis sulphureis, ob novum in terraqueis cryptis conceptum motum fermentativum. In Americâ, ante Europæorum adventum (*b*), nihil observabatur de orcanis seu magnis tempestatibus nisi septimo quovis anno, nunc verò ter in anno contingunt, ob frequentiores procul dubio subterraneorum effervescentias. Similem causam agnoscit variatio distantiæ quâ acus magnetica à vero Polo Septentrionali declinat vel ad Orientem vel ad Occidentem, quæ non semper eadem fuit; nam olim prope Londinum anno 1612. acus magnetica undecim gradibus, anno 1633. non ultra quatuor gradus declinabat, nunc tandem vel nihil vel parùm declinare videtur (*c*); eadem ferè variatio fuit observata in Capite Bonæ Spei dicto.

Sed quid ipse extraneas observationes refero, cùm domesticas & familiares habeamus ? Numquid pluribus abhinc annis sensibiles in anni tempestatibus mutationes experti fuimus ? Numquid multò minùs gelidos hyemes, æstates verò magìs exæstuantes observavimus, quorum omnium

(*a*) Boyle. *Suspic. Cosmic. pag.* 5.
(*b*) Rochefort.
(*c*) Boyle. *Suspic. Cosmic. pag.* 5.

causa ex frequentiori ventorum Meridionalium dominio repetenda est ? Hi verò frequentiùs dominantur quia frequentiùs exhalant versùs nostras regiones effluvia sulphurea è cryptis Meridionalium Tractuum.

Multos prisca sæcula morbos tulerunt, alios futuris sæculis posteritas animadvertet (*a*), cùm novæ aëris mutationes contingent ex nova mineralium fermentatione & exhalatione : aër enim ex mineralibus productus multò magìs infestus est animalium vitæ, quàm ille qui ex vegetabilibus elicitur. Ex fumo antimonii, carbonis, mercurii, arsenici, cupri sulphura salibus rigidissimis fœta erumpunt quæ inspirata, in sanguinem infusa subitò totam ejus texturam evertunt, concretâ parte sulphureâ functiones subitò extingunt, nisi aliquando strages & coagulum spirituosis assumptis cohibeatur : sulphura hæc arsenicalia, sales vitriolici acidi, fixiores, ex paludibus, fodinis metallicis, sylvis densioribus, terris defossis, putribus cryptis, sordibus diuturnâ fermentatione maceratis erumpentia & aërem afficientia tacitè venenum suum infundunt sanguini, quem lento & obscuro progressu serpendo figunt, indèque frequentiùs novorum morborum causæ densis tenebris obvolutæ fugiunt perspicacissimos ; indè regularium crisium motus distrahuntur & conturbantur ; inde varii diversorum populorum endemii; inde tan-

---

(*a*) Boyle. *Exper.*

dem epidemici & populariter graſſantes morbi ſuum ſumunt originem.

Peſtilentiæ graves frequenter ſuccedunt poſt terræ motus ob veneniferos, coagulantes, corroſivos, arſenicales habitus è terræ cavernis per illius fragorem erumpentes, atmoſphæramque noſtram inquinantes: ſulphurea namque miaſmata acerrimæ quandoque ſunt indolis, ita ut vincula ſanguinis celerrimè ſolvant diſcerpendo texturam, quâ laxatâ labitur in grumos & ferum exurens; atque ex hoc deducenda ſunt horrenda hæc ſymptomata, quæ patiuntur illi qui peſte aut venenis interimuntur: nec peſtis tantùm & veneniferi morbi, ſed & dolores capitis epidemicè graſſari viſi ſunt ab halitibus ſulphureis è terrâ erumpentibus, quod ante terræ motus plerùmque contingere obſervatum eſt, quo tempore, noctù præcipuè, inſolitus ſulphuris odor percipiebatur, aquæ puteorum lacteæ, graveolentes thermalibus ſulphureis ſimiles evadebant (a).

Sua pariter ſingulæ gentes patiuntur incommoda, ſuus cuivis nationi peculiaris eſt & endemius morbus ex peculiaribus terræ quam habitat effluviis oriundus. Polonis frequenter contingunt apoplexiæ, paralyſes, hydropes, ipſique ſingularis eſt morbus plica dictus, quo capilli contorquentur in plexus ſolutu difficillimos, at-

(a) Baglivi.

que si rescindantur sanguinem effundunt. Nitrum quod abundantes salium fodinæ aëri Polono suppeditant acido salinum est, nimiam cuti soliditatem & crispaturam conciliat (a), ossaque ipsa adeò indurat & addensat ut cranii suturæ deleantur in adultis, unde impeditâ cerebri transpiratione, apoplexiæ, paralyses, crispataque cute crispantur & crines ipsi, serumque salsum abundantiùs retentum, tubulosas capillorum radices laxat, corrodit, penetrat, sicque viam ad ingressum sternit sanguini; atque quod de Polonis dicimus, illud & de aliis populis regiones frigidas saliumque mineris abundantes incolentibus potest utcumque affirmari. Aër marinus imprægnatus salibus duris, rigidis, secantibus, asperis, pungit, secat, stringit, corrodit partes tùm vegetabilium, tùm animalium, quibus occurrit; atque dum aqueis quibus pariter onustus est particulis gingivas laxat, salinis asperis easdem exulcerat; unde scorbuti frequentia in maritimis plagis præsertim ubi paludosi sunt campi. Marinum aërem corrosivum esse probant ædificiorum mari proximorum lapides calcinati, plantæ maritimæ adustæ, siccæ & acriores, ut plurimùm existentes, Remiges qui macres & sicci vix dimidium ætatis tempus attingunt; inde fit ut temperamentis biliosis, pulmonibus tenuioribus ulceratis maximè noceat, licèt externa con-

(a) Chambon.

solidet ulcera abstergendo & siccando, qua de causa humidis temperamentis etiam convenit : aër itaque salibus & nitro fixiore onustus solida exsiccando, stringendo, indurando, mollibus & humidis corporibus robur & firmitatem conciliat ; verùm cùm partes corporis perduxerit ad eum exsiccationis & duritiei gradum qui requisitam in ipsis flexilitatem adimit, functiones tardari, mox interimi necessum est. Hoc tamen non tam facilè continget in oris maritimis quæ atmosphæram habent humidissimam, quales sunt Indorum (*a*) insulæ; inde fit ut advenæ apud Indos diù & fusè sudent mihil interim vel siccitatis oris vel alvi vel urinæ defectum persentientes, imò in ipsis abundat serum per quævis emunctoria proscribendum (*b*).

Mineris aluminosis seu vitriolicis exsiccata tellus, effluvia dimittit in aërem aluminosa, corrosiva & stringentia quæ pulmones exulcerant, pectus stringunt, sanguinem in vappam mutant & coagulant, salivam cui miscentur aluminosam pariter & acerbam reddunt ; inde ejusdem visciditas & inertia, ventris inappetentia & pigrities, capitis gravitas & reliqua ex infirmato seu coagulato cruore oriunda symptomata. Hanc in corpore suo stragem lugent Romani, qui mineras aluminis aut vitrioli copiosas possident, unde fit ut pul-

(*a*) Lister. *De humor. cap.* XXXIX.
(*b*) Bohn, *Circ. Anat.* p. 203.

monum & ventriculi morbis vulgò sint obnoxii, Septentrionalium voracitatis nescii, stomacho infirmi, velint, nolint, abstemii sint oportet, jejuniis sanè ex temperamento comparata Romanorum gens, ex qua plures occidit gladius quàm gula.

Contrarium (a), contrarias ob causas, evenit in Groenlandiæ regionibus, in quibus piscantium præcipuè nautarum insatiabilis est voracitas & celeris supra fidem coctio ob effluvia nitroso sulphurea ex pyrite manantia.

Atmosphæra Anglicana & in primis Londinensis, à quotidiano carbonum fossilium usu & concrematione tales ac tam uberes sulphureo-salinas fixas, attamen acerrimas exhalationes continet ut non solùm utensilia diversa corrodat, horum splendorem obscuret, sed & Anglorum pulmones inflammet & exulceret, lympham coagulando serum corrosivum dimittat in singulas corporis partes; unde tabes & consumptio corporis frequenter apud Anglos observantur. Ob easdem sulphureas crassiores tamen & phlegmate magis irretitas exhalationes è carbonibus fossilibus in plerisque Belgiæ tractibus evenit ut incolæ capiplenio sint obnoxii, frequentesque viscerum obstructiones patiantur.

Ob lutulentas & crassiores salino sulphureas materias, ardore solis protenter evectas in aëra ex Ægyptorum & Syro-

(a) Lister. De humor. cap. XXX. p. 353.

rum tellure contingit ut Syrii, Ægyptii elephantiasi seu lepræ sint obnoxii; nec præcisè religionis quam incolebat munditiâ inductus, sed utique regionis quam incolebat temperaturâ instructus Moyses corporeæ Judæorum saluti prospiciens, Medicique potiùs quàm Legislatoris personam agens Judæis usu porcinæ carnis interdixit; obscœnum quippe istud pecudum genus luto gaudens lutulenta miasmata continuò inspirat, quæ ipsius salivæ mixta eandem ad coagulum salinum disponunt, unde brevi tota pecudis istius lympha leproso inficitur, contagio cæteris quibuslibet ipsius carnem vorantibus facilè communicando.

Humida nimis & aquosa tellus habitatores suos facit capitones, obæso corpore & laxo, labris tumidis, gengivis protuberantibus; hujuscemodi regionum aër ferè quatuordecies ponderosior est aëre regionum siccarum (*a*): magna autem aëris compressio animalibus lethalis est (*b*). Licèt aër ad certum gradum compressus aptior sit ad vitam diù conservandam quàm aër communis (*c*): etenim compressio aëris retardat corruptionem corporum.

Aër montanus seu qui in summitare montium inspiratur cum interno pulmonum aëre, æquilibrium servare non potest; unde ra-

(*a*) Boyle, *Exper.* 17.
(*b*) *Exper.* 6.
(*c*) *Exper.* 3.

rescens hic intrà vesiculas & vasa pulmonum eadem aperit viamque sanguini ad effluendum sternit, inde vomitus & sanguis erumpit iis qui altissimos pervanæ montes vulgò *Pariacaco* vocatos ascendunt. (*a*). Sic etiam qui ad olympi summitatem pervenêre vivere vix possunt, nisi spongias humidas secum afferant, ori opponendas (*b*).

Agris incumbens aër montibusque circumseptus, crassis quibus, conspurcatur vaporibus, liberari nequit, eademque induxit incommoda ac humidus & lutulentus.

Qui regiones mercurialibus mineris abundantes incolunt, nunquam aut raro peste afficiuntur nec mirum, cùm insectorum minimorum primùm in terræ superficie, tùm demùm in aëre ipso pullulantium, ut plurimùm soboles sit pestis, non efficacius enecandis hisce vermiculis remedium reperies quàm effluvia mercurii. Epilepsiâ, quæ gentibus quibusdam endemia est, nunquam aut rarissimè afficiuntur Hungari; causa mihi videtur repetenda ex effluviis manantibus è mineris antimonii, quæ cinnabarum copiosè continent: cinnabarus autem maximè præsentaneum contra epilepsiam remedium est. Ex eadem ab effluviis mineralibus producta temperatura contingit, ut varias apud gentes varia sit medendi methodus; Germani laudant emetica, Batavi diaphoretica, Angli usum opiatorum, dum Hispani sangui-

(*a*) Joseph Acosta.
(*b*) Boyle, *Exper,* 41.

nis missionem extollunt, Galli emeticorum, levium purgantium, venæ sectionis effectus, ex quo facilè ferunt : in aëre Romano remedia volatilia, diaphoretica, aromatica, emetica & moclhica, in forma boli vel pilularum assumpta, nocent potius quàm profunt, nisi aqueis potenter diluantur: pedum ulcera & vulnera Romanis ferè sunt incurabilia, è contra vulnera capitis facili negotio sanantur; Gallis uti & Lotharingis sutura tendinum vulneratorum sat feliciter succedit, dum Romanos in summum vitæ discrimen conjicit.

Neque solùm ad robur & sanitatem corporum, sed utique ad incrementum & colorem eorumdem potenter conferunt, manantia è mineris effluvia per aërem dispersa. Quædam regiones coactæ brevitatis homines producunt, dum aliæ longos & elatos conferunt; ubi dominantur salinæ moleculæ, ibi ossa citius indurescunt nec in longum diù possunt extendi, unde curtum & breve corpus evadit; sin humidum & pingue solum suppeditet aëri pingues facilèque ductiles particulas, hæ diù servabunt in ossibus elongabilitatem & mollitiem corporique sufficiens dabitur mora ad acquirendam altitudinem penè giganteam: (a) sulphureos habitus copiosiores emittens tellus subflavum faciei puncturas percipiunt, venustumque faciei colorem in subflavum mutant & capillos pallescere obser-

(a) Boyle, Exper. Pneum. Titul. XI. p. 26.

vant; è contra qui cuprum machinantur viriles habent capillos.

Neque corpora duntaxat afficere, sed & animos & mores videtur moderari diversa regionum temperatura; insitos enim & ab aëre quem spirant haustos mores, & pueri & lactentes ipsi ante voces exprimunt, indeque non exigua inter homines differentia procedit, quantùm ad timiditatem & audaciam, voluptatem & dolorem, aliasque animi affectiones: quosdam vervecum in crasso jurares aëre natos, quorum mens crassiori obruta corpore, rudis & indigesta moles est (*a*), dum alios ab æthere quasi delapsos affirmares ex summa mentis agilitate. In Septentrionalibus duritas morum & diritas, in Asiaticis comitas apparet & recta indoles; neque qualiscumque sit educationis vis & efficacia tantam in Septentrionalibus mutationem poterit inducere, ut pristinæ nihil supersit duritatis.

Animalia ipsa suum vitiant aërem perspirabilis quantitatem singulis diebus è corpore manantem ritè perpenderit. Mille homines ter mille libras ad minimum quotidie exhalant in aëra, quibus, si addas brutorum in iisdem locis degentium effluvia, agnosces ex immensa illa ex animalibus exhalantis materiæ copia maximam inde mutationem nitro aëreo debere contingere.

Hucusque exotica & peregrina traxerunt nos non memorantes domestica & indigena,

(*a*) Juvenal, *Satyr.* 10.

trahat sua quemque voluptas, singuli suum inspirent aërem, cum aëre Lotharingo vivamus ipsi & recreemur, æquum est ut quas circa ipsum potuimus habere observationes, in sequentibus perhibeamus.

Ex præcedentibus constat ritè dignosci non posse genuinam regionis alicujus temperaturam, nisi habeatur ratio syderum in ipsam influentium mineralium quæ tellus ipsius continet, aquarum quibus irrigatur ipsius solum, plantarum quæ in ipsa germinant, tandem situs & viciniorum ejus.

Atque 1°. cùm perpendicularis solis influxus turbinatum & respirationi incommodum in aëre motum excitet, abundantiorem exhalationum copiam è terra extorqueat, nec volatilia duntaxat sulphura vel salia ad ascensum excitet, sed & crassiora quoque interdum & metallica, coagulantia, deurentia, corrosiva eliciat; sequitur illas regiones, in quas magis perpendicularis est solis influxus, obnoxias esse debere febribus pestilentibus, quæ sæpius à limpha in grumos coacta & serò deurente sumunt originem; talis est Africa & Europæ pars ipsi vicina.

Verùm hanc à pestilentibus morbis stragem non usque adeò vereri debet Lotharingia, quæ sub latitudinis gradu ferè quinquagesimo sita non sibi obliquum solis aspectum sustinet, ita ut telluris Lotharingiæ superficiem lambere duntaxat videantur solares radii paucissimique fundum ipsius penetrent, non alia ferè præter volatilia sulphura vel salia cogere possunt ad ascendendum in aëra, crassiora metallica corrosivave sulphura terræ visceribus immersa relinquentes, nisi violentæ quædam subterraneæ fermentationes crassiorum quandoque faciliorem ascensum reddant: atque cùm nec absolutè obliquus, nec perpendicularis sit solis influxus in Lotharingiæ solum, temperatum solis aërem respirare deberent Lotharingi, si præcisè solaris influxûs haberetur ratio: & reipsà atmosphæra tempestates, nec acerrimo solis æstu torridæ, nec vi frigoris intolerabilis obrigentes, vel si acria quandoque frigora patiatur, hæc diù non sæviunt; frigus quantumvis intensum brevi temperat Meridionalis ventus Borealibus, seu Septentrionalibus succedens, unde nec ferinæ tusses, nec rheumatismi hìc tantoperè sæviunt, ut in illis regionibus quæ ad arctæum gelidam perspectant. Humidam potiùs quàm frigidam hyemem excipit verna tempestas, ex æquo à frigore & æstu recedens, quandoque tamen præsertim sub medium referens hyemis reliquias; nubila & pluviæ calorem æstivum mitigant æstus & imbres, penè æquatis vicibus regnant. Istis vicibus, nec pestis nec morbi contagiosi, qui per zonæ torridæ tractus frequenter grassantur, hìc observantur. Fatendum tamen febres putridas verminosas frequenter in Lotharingia grassari, ob vicissitudines caloris & imbrium per æstatem plerùmque vigentes; atque hujuscemodi febrium quandoque ferax est autumnus fuî principio quod utrumque calidum, maximè humidum est (*a*); æstatis enim declinantis calorem aqueis aliqualiter obrutum vaporibus refert, sub finem verò primos hyemis morsus. Nec dissimulandum per hyemem rara esse in Lotharingia oppida, in quibus circa insignes mutationes tempestatum non aliquot à civibus percutiat ac ex improviso prosternat apoplexia.

Nec insalubrem Lotharingum aërem reddere possunt effluvia ex reconditis sub ipsius tellure mineralibus manantia; etenim si quosdam Lotharingiæ tractus excipias, in quibus æris, argenti & salium fodinæ reperiuntur; cætera quæ continet abundanter mineralia ferrea sunt, innumeros aquarum fontes potenti, quâ pollent aperiendi & roborandi facultate imprægnantia; igitur si mineræ ferreæ sub terra fermentando, sinant quasdam ex sinu suo in aërem avolare particulas, hæ nitrum aëreum roborandis corporum fibris obstructionibusque tollendis magis aptum efficiunt; salivæ sese miscendo miasmata hæc nitro martialia, eandem obtundendis ventriculi acoribus aptissimam efficiunt, ventris chilificationem molientis robur & tonum firmant, roboratis fibris liquidorum stagnationes impediunt, unde melancolicorum, hypocondriacorum non usque adeo fertilis est campus Lotharingia ac existimaretur, si humiditatis ac frigiditatis ipsius ratio duntaxat haberetur.

(*a*) Carol. Piso. *de morbis à colluvie serosa.* p. 88.

Quidam tamen sunt, sed paucissimi Lotharingiæ tractus, qui nihil utilitatis percipiunt à mineris ferreis, à quibus longiùs distant, maximum interim detrimentum patientes ex gypsi fodinis, quæ de suo gypso quidpiam communicantes, vel aquis quibus irrigantur, vel aëri qui ibi inspiratur, nitrum ipsius stipticum reddunt & austerum; inde fit ut plerique istorum tractuum incolæ tumentia bronchocelis guttura habeant, dum alii in eodem solo asthmati cæterisque morbis à limpha coagulata oriundis sunt obnoxii pectoris structuram patiuntur, phisicique plurimi evadunt, quos spectat ad salinos fontes in Lotharingia frequentes, hi equidem dimittunt in aëra immensam copiam salinarum particularum, sed quæ, nec asperæ, rigidæ vel strigentes tantoperè possunt esse, eò quòd aquis potenter dissolvantur.

Loca hæc salubria sunt ex Hyppocrate quæ bonis aquis utuntur, hoc sanè titulo patet & extrà dubium ponitur Lotharingiæ salubritas. Ex omni ferè parte numerosissimi fontes scaturiunt limpidissimi purissimique non ex fœtidis sordidisve cryptis, sed ex rupibus saxosisve montibus erumpentes, nec super uliginoso palustrive solo serpentes, sed siccam arenam insequentes, nihil nisi purissimum aëris nitrum continent, quod mediantibus suis subsultibus abripuerunt; fluvii quibus hi fontes dant originem per arenosos Lotharingiæ campos clari purique currunt, dum per vicinos tractus obscœni turbidique vagantur.

Neque reptilium venenatorumve animalium (quæ funt terræ uliginofæ, aquæ deterrimæ lacuftris, nullo vel pigro lapfu repertis & craffi nec eventilati aëris progenies), ferax effe deprehenditur folum Lotharingicum ; commoda cuncta variis incolarum ufibus aut nutrimento cedentia funt animalia, quibus pafcua fuppeditat hæc tellus.

Aër rufticanus, quia ventorum flabro magis purgatur, abundat, idcirco puriore nitro quàm urbanus, ubi mephitis, fumus, fœtores, cloacæ confpurcant aërem ; intrà fpatium anguftius coarctatus hinc vaporibus aqueis plus jufto infectus aër brevi fuffocat nifi ope ventorum ab humiditatibus liberetur : atmofphœra Lotharingica nec coarctatum nec torpentem habet aërem ; omnes ferè Lotharingiæ tractus ad folem & ventos falubriter fiti funt, nec vallibus profundioribus excavati ; nec altioribus aut frequentioribus montibus cooperti undequàque perflantur à ventis, qui nullis ex parte montium obicibus retardati damnofa. Quævis longè fecum auferunt miafmata, eademque multò faciliùs & abundantiùs expellerent, nifi copia denfitafve fylvarum impediret, ex fylvis ergo frequentioribus & denfioribus præcipuè oritur uliginofa foli Lotharingici natura.

Fruftra falubris eft locus ubi peritur fame, fruftrà fertilis eft ubi aër confpurcatus non finit vivere, regionis fertilitas falubritatis ipfius eft indicium, nec enim fœcundiffimis locis aër infalubris paratur, neque effœtis saluberrimus. Fertilitas terræ, ut & aëris salubritas à nitro sulphureo nec crassiore nec inerti dependet: in Lotharingia ubique ferè salubritas fœcunditatem comitatur, in agris Lotharingis infelix jolium nec steriles dominantur avenæ. Soli Lotharingi fertilitatem innuit Brito quidam Poëta hoc versu:

Hic ubi fertilibus floret Lotharingia campis.

Agri Lotharingi frumenta, fructus, olera omnisque generis legumina in cibos suavissimos, acidos & subdulces numerosissimæ plebi suppeditant; unde potest deduci quòd nitrum aëris Lotharingi non sit merè acidum & salsum, sed acido-sulphureum, si quidem fructus & olera quæ præcipuè imprægnantur sale terræ seu nitro terræ immerso, sub acidum & dulcem saporem referunt.

Frumenta quæ profert tellus, non corruptibilia, non paludoso humore fœta, non denso, rapido & inerti succo compacta, non demùm crasso sulphure pinguescentia, sed ea quæ in farinam non glutinosam, sed levissimam maximè friabilem & divisibilem abeant, quæ ventriculo subacta gelatinam seu cremorem facillimæ coctionis & distributionis, abundantis interim nutritionis singulis corporis partibus suppeditat; unde fit ut etiam inter Lotharingos ii qui ferè solo pane vescuntur, vegeto tamen robustoque sint corpore, nec morbis obnoxii, nec torpentes aut desides, ut alii plerique populi, quibus non nisi fœculentum, iners & crassum alimentum terra præbet. Id arguunt tot pagorum millia, quorum tanta reperitur frequentia, ut civitatum proximarum suburbia esse diceres, Lotharingiamque ferè non nisi vastissimam urbem esse affirmares; nec enim potioribus lutulentis vilioribusque tuguriis, sed numerosis, commodissimèque extructis domibus pagi constant : quis autem insalubre solum dixerit, quod tantâ robustissimorum hominum multitudine teritur ?

Plantæ quas Pharmacopæis subministrat Lotharingia tellus, omnes ferè sunt vulnerariæ, leviter astringentes, balsamicæ, aromaticæ, vermifugæ, stomachitæ, aperientes, anti-scorbuticæ; hæc enim cuncta vegetabilia, quæ alibi rarissima sunt, abundanter colliguntur in Lotharingia; felix fortunatumque solum, in quo non tantùm ea quæ vitæ ducendæ sunt necessaria, sed etiam quæ ad sanitatem & delicias faciunt, falsè tam facili reseeari possunt; felix regio, in qua universa prope modum sanitati conferunt, paucissima morbis dant originem; etenim, si verminosas febres exceperis, quæ grassantur frequentiùs in Lotharingia quàm alibi, nulli sunt endemii, nulli peculiares affectus regionem infestantes, qui non æquâ vi percellant cæteras Europæ plagas, hoc tantùm discrimine, quòd reliqui Europæ populi de peculiaribus & vernaculis quibusdam morbis conquerantur qui prorsùs apud nos ignorantur, dum interim cuncta ferunt sanitatis dispendia quæ & nos ipsi patimur (*a*): unum tamen est quod Lotharingis cum paucioribus duntaxat populis commune est. Nempe quod in solo Lotharingiæ colicus dolor, qui frequens est facilè cum epilepsia, sed omnium frequentissimè cum paralisi commutetur, ut olim annotârunt expertissimi consultissimique Lotharingiæ Medici.

In chronicis pertinacibusque morbis putris & serosæ colluviei, in acutis verò & difficillimi judicii affectibus, latentis & verminosæ putredinis suspicio est habenda in Lotharingo solo.

Lotharingorum indolem si spectemus, hi nec irrequietum variumque & mutabile genus hominum constituunt, ut quidam Europæi, nec adeo tranquillum, ut aliqui Septentrionales, sed inter utramque gentes medii, ita de primorum activitate participant, ut non nihil quoque de postremorum tranquillitate obtineant; verbo, ad quælibet suscipienda promptissimi ubi sollicitantur & iniquâ vi torquentur, tumultuosum facilè deserentes animum ubi suo genio relinquuntur. Ipsi nec sub nigrum Meridionalium, nec pallidum Septentrionalium colorem referunt, quod sanè demonstrat exhalantia ex solo Lotharingico in aërem effluvia, nec deurentia nimis & sulphurea, nec plus æquò aquea esse, sed ex sulphuribus per aqueas partes attemperatis composita.

(*a*) Carol. Piso. p. 244. Nicol. Piso. p. 552.

Urbes istæ salubres sunt, quarum solum nec palustre nec uliginosum est, sed arenosum & tamen pingue, quæ situm habent nec depressum nimis, nec altiorem, ad quas ex omni parte perflare possunt venti nullis sylvarum, aut montium obicibus retardati, quibus limpidi fontes abundantem levissimarum nullo minerali imprægnatarum aquarum copiam effundunt; his omnibus potitur emolumentis Lotharingiæ caput Nanceïum tellus quâ circumscribitur pinguis est arena, nec paludibus infecta, nec consita sylvis, nec montibus obruta qui prohibeant aëris quem inspirat eventilationem; montes, si qui sint, ubi non ita proximi sunt, depressaque ferunt cacumina; sylvæ minores, remotiores quàm ut venti qui per eas transeunt, uliginem ipsarum ad urbem usque possint deferre; scaturiunt in ipsius solo fontes qui suburbiis & civitati deferunt aquam limpidissimam, suavissimam, nullo minerali saltem nocivo conspurcatam.

Etenim si marmoreas quasdam lapidicinas excipias propè Nanceïum existentes, quæ nihil impertiri possunt aquis, nulla quam sciam minera in solo Nanceïano reperitur, quæ istius aquæ salubritatem possit infirmare, hæc levitate suâ non superat quidem, sed adæquat Entei, Coaspi & Gangis aquas, quorum ex omnibus fluminibus Reges Persarum, Parthorum, Mogolorum potum sibi assumebant, feliciori pro valetudine successu quàm Regiæ suæ Celsitudines experiuntur, dum singulis diebus in unum domesticum Nanceïanas aquas Lunevillam jubent deferri. Neque perperàm ex aquarum istarum levitate salubritas aëris Nanceïani deducitur, siquidem exinde maximè probatur subtilitas nitri quo istius urbis aër imprægnatur; etenim ubi nitrum leve, subtile, ibi pariter aquæ leves existunt; crassiore è contrà & ponderosiore existente nitro, ponderosiores aquas evadere necessarium est, indè fit ut aqua fluminis Gangis (*a*) quæ levior est quintâ parte Europæorum aquâ, vel levissima, in regiones nostras advecta, æqualis evadat ponderis ac nostra, quia tunc absorbet nitrum aëris Europæi, quod cùm sit multò ponderosius nitro regionum Entei, Coaspi & Gangis, necessariò pondus addit prædictis aquis. Igitur qui ex locis quibusdam ad alia curant aquas deferri, ipsi pariter caveant nè delatæ serventur in vasis apertis, brevi namque suavitatem & levitatem mutarent. Ex iis fontibus Nanceïanis rivuli nascentes & plateas & vicos urbis alluentes, crassiora sordium purgamenta ex ipsis eliminant, dum venti liberè perflantes, per apertissima eorumdem vicorum spatia propellant ex urbe quidquid foetidi vel corrupti exhalare potuit in aera; indè forsan est quod rarissimè nec diù epidemici morbi in ipsa grassentur, tamque securâ valetudine fruantur cives, ut interdum per maximam anni partem (quod sanè miraberis in urbe amplissima simul &

(*l*) Boyle, Médecin. *Hydrost. c. XIV. p. 2.*

populatissima) nè unus quidem æger repertus fuerit, sic referentibus Medicis Regiæ suæ Celsitudinis, jussu ægros declarandi causâ convenientibus.

Lunevillanum aërem ab omni improperio vindicâsse videntur Regiæ suæ Celsitudinis Lunevillam in angustate domicilium eligendo. Hoc unum constat quòd Principum præsentia, Lunevillanorum animos exhilarando, eorumdem corpora aeris istius injuriis minùs sensibilia reddat; ipsi enim continuò in Principem intuentes dilatant mentem atque idcircò non percipiunt corporis stricturam inferendam sanè à nitro stiptico, quod ab uliginoso gypseoque solo exurgit. In apertissimo tamen campo sita urbs, uliginosos vapores diù non retinet iique partim à frigore diuturno condensantur, sicque nocendi vim amittunt; nitrum Lunevillanum cùm ad montani nitri naturam propiùs accedat, acidum est & austerum proindèque cohibendis humorum putredinibus, roborandisque corporis fibris aptissimum; illud tamen ex ipso verendum nè licèt limpham coagulando varias in glandulosis visceribus & præcipuè mesenterio obstructiones efficiat, fibrasque vehementiùs constringendo: indeque exsiccando citatiorem senectutem inducat; senectus enim nihil aliud est quàm durities & inflexibilitas fibrarum corporis, ob nimiam exsiccationem & crispaturam.

Lunevillæ viciniorum humidum & stipticum esse aërem observaverat illustrissimus

Carolus Piso, Henrico secundo Consiliarius Intimus & Archiater, Facultatisque Medicæ Ponti-Mussanæ Decanus, qui inter cætera de Cœnobio Bellopratensi hæc asserit.

Cœnobium Belloprati (*a*) tertium ab Urbe Lunæ lapidem distantis undique sylvis cinctum & uliginoso admodùm solo positum est, ut ex columnis templi infernè viridantibus, colligere est : ob id evenit ut alii ex religiosis cruciatibus alvi, cum ejusdem astrictione & febre pertinaci, alii ex his doloribus in paralysim brachiorum inciderent, alii epilepticis insultibus crebris ex intervallis vehementer concutiebantur, nonnulli lethargo & ineluctabili sopore detinebantur, &c.

Ex his facile est conjicere quòd istius soli aër stypticis & palustribus effluviis refertus sit, atque inde fit ut difficillimi sint judicii pertinaciúsque remediis resistant in istis tractibus morbi qui non nisi emollitis laxativè sufficienter fibris cedere possunt, quales sunt variolæ, morbilli, pleuritides siccæ, asthmata convulsiva, viscerum obstructiones, limphæ glandulosæ coagulationes : ob crispaturam ab aëris istius stypticitate inductam corpori, difficillimum & onerosum est opus morbos idcirco pro malignis habitos ad vulgares & salutares crises deducere, nisi levia diaphoretica jungantur oleosis, mucilaginosis, emollientibus, & leviter laxantibus.

(*a*) *De morbis à colluvie serosa,* pag. 240.

Vallibus incumbens aër, peraltis, & feré contiguis montibus circumseptus, liberari nequit crassis, quibus conspurcatur vaporibus, cùm expirantia à lacubus putribus & sordidâ uligine fœtidis, effluvia sint onusta, crassioribus sulphuribus, corrosivas utcumque salinasque moleculas continentibus; etenim omnia sulphura crassa, aliquid salini, corrosivi semper continent, imò sulphura crassa non evadunt, nisi quia intra ipsorum filamenta impingunt salinæ fixæ ideòque corrosivæ moleculæ nitrum aëreum magis acidum, & fixum reddunt pulmonibus mollibus, delicatulis maximè infensum, unde phtyses pectorisque morbi, præterea cùm aquarum stagnantium putredo innumeris insectis det originem, necesse est in locis ubi stagnant præsertim, si non perflentur propter montium obices, frequenter oriri putridas, & mali moris febres; hæc vel ex his pleraque experiantur Vogesorum montium incolæ, multò graviora etiam passuri, nisi corrosiva vis nitri abundantiori lactis, quo utuntur, copiâ, corrigetur, & densus ille quem inspirant; aër volatilis utcumque redderetur ope effluviorum salino sulphureorum balsamicorum ex pino & abiete arboribus Vogesorum tellure gaudent abietes, nisi quia in ipsâ succum balsamicum, sulphureum nutriendis & ampliandis suis ramis congruum reperiunt, nec rarum inter Vogesos reperire qui vitam ad centum & plures annos prolongaverint, vegetumque & viride corpus diù confervaverint, multòque plures provectiffimam ad ætatem pervenirent, nifi exoticarum deliciarum avidi Vogefi de vino fuas in regiones adferendo tantoperè forent folliciti; nec enim amica funt inter fe lac & vinum, atque in perniciem induftria fuppeditat vinum, ubi natura lac duntaxat obtulerat. Et quidem vino acuitur corrofiva aëris Vogefi qualitas, quæ folo lacte debuiffet temperari : remedium itaque non alimentum Vogefis fit vinum, fi in aëre fuo velint falubriùs degere lacte vefcendo impedient ne nitrum quòd ibi acido aufterum acerbum eft vifcerum vaforumque fibras ad duritiem conftringat, ficque vitæ brevitatem inducat, quæ præmatura vibrarum conftrictione & duritie femper contingit, acidum & aufterum effe Montanorum nitrum probant fructus, &c. qui femper aliquid acido-aufteri habent.

Marfalienfe, Dieuzenfe, Vicenfe, hifque vicinum Lotharo-Germanicum folum, uliginofum eft, paluftre, aquis deterrimis lacuftribus, nullo vel pigro lapfu repentibus irrigatum, denfioribus & frequentioribus confitum fylvis, craffioribus, terrifque vaporibus fumidis aërem confpurcat; inde levior ille redditur, refpirationique & humorum circulationi, minùs opportunus. Miraberis fortaffe quòd ex craffiorum, fumidorumque vaporum mifcelâ cum aëre deducam ipfius levitatem ; experimentum pneumaticum id probabit ; fumi replentes recipiens aëre vacuum, inclufæ veficæ
dilatationem

dilatationem non impediunt (*a*); ergo nec fumi tetri replentes aëris spatia premunt in subjecta corpora, nimiamve vaporum dilatationem prohibent. Canales itaque & contentos in ipsis liquores liberos à compressione relinquit aër fumidus, proindèque sanguinis circulatio lentior debet evadere; igitur apud Marsalienses &c. sanguinis motus tardior futurus est : & reverà cùm fumidus pariter & humidus sit aër quem inspirant quatenùs fumidus est, sufficientem & necessariam ad æquilibrium, pressionem in corpora non exercet, quatenùs autem humidus est, laxat, solvit, debilitat vasorum tonum & fibrarum elaterium; respirationem efficiendo tardiorem, serum pulmonum retinet, auget, accumulat; unde tusses peripneumoniæ, serosæ, diarrheæ; laxando vasa, motum humorum minuit, retardat; unde torpor, corporis segnities, in actionibus lentor & pigrities; vaporosoque & fumido sic existente aëre, si magnum frigus superveniat tunc in corpore redundabit serosa colluvies, oriundique ex ipsa morbi contingent, quales sunt catharri, articulares, affectus, scorbutici, convulsivi : sin è contra denso huic putridisque vaporibus imprægnato aëri jungatur æstivus calor, latentia sub aquis putridis insectorum ova fœcundabuntur, febresque putridæ verminosæ orientur; calor enim humidus movere quidem, sed

_____

(*a*) Boyle. Exper. XIV. pag. 36.

evacuare non potest densos & transpirationi pertinaciter resistentes humores; unde cùm propter conceptum ab æstivo calore humido motum non evacuentur in corporibus palustre solum incolentibus, intra vasa debent necessariò putrescere; quæ singula pro diversis anni tempestatibus vulgò grassantur in Marsalienses, Dieuzenses, Vicenses cæterosque vicinos.

Pingue & humidum, neque tamen palustre vel uliginosum solum habet Valdemontanus tractus; telluris pinguedo si nimiâ pluvialium aquarum copiâ demergatur, cogitur ingrumos, mandato terræ semini inutiles; sin verò siccioribus æstivis caloribus rarefiat & evolvatur abundantissimum istud in agris Valdemontanis oleum; intimiùsque misceatur cum aqueis partibus quibus ex natura sua sufficienter madefiunt tractûs istius rura, tunc centuplum & ultra referunt mandata terræ semina, messemque copiosissimam offerunt; atque reverâ ex omnibus Lotharingiæ tractibus, Valdemontanum solum cujuslibet generis frumentorum feracissimum est: in hoc solo nec sylvæ densiores, nec frequentium montium cacumina torpescere faciunt aërem; in hoc potissimùm tractu terra suppeditat aëri & corporibus in ipso degentibus, calidum istud innatum & humidum primigenium ab antiquioribus Medicis tantoperè decantata, à recentioribus parùm intellecta. Inde, fit quòd robusta valde vegetaque corpora obtineant istius tractûs

LOTHARINGIÆ.

Incolæ durioribus quibuslibet laboribus ferendis non impares, atque in hos præcipuè cadit, quod de omnibus Lotharingis generaliter circumfertur, nempè quòd nullo unquam labore frangenda sit natio. Indomiti istius roboris in Valdemontanis causam scire desideras? Hæc ex pinguedine terræ & abundante cœli rore repetenda est; quo ferè gressu continuus ipsisque familiaris labor corporis fibras exsiccare videtur, eodem balsamum istud pingue ex humido nec tamen putri, sed pingui solo exhalans in aëra, nimiam fibrarum corporis crispaturam & siccitatem impedit, requisitamque in ipsis mollitiem & flexilitatem conservat: Tractûs Valdemontani tellus compacta cùm sit, humida diù remanet, vixque calores æstivi vehementiores omne humidum ipsi possunt abripere; unde præsertim æstate febres putredinosæ Valdemontanos adoriuntur, quo tempore calida quidem sed utcumque humida est ipsorum atmosphæra, ex calido autem & humido putredinem oriri constat inter Naturalistas, conducunt itaque Valdemontanis diaphoretica acidis temperata, vermifugisque conjuncta, peractis priùs evacuationibus.

Non multùm à Valdemontano dissimile solum est Barro-Ducæum, minùs aqueum tamen sulphureque magis evoluto imprægnatum: ipsius terra nec plus æquo friabilis est, nec ultra modum compacta habitatores nutrit robustos satis & vegetos,

A a ij

uti probare facile est in exemplum addu-cendo mulieres Barro-Ducæas, quæ ut plurimùm sunt habitu corporis ad viragines accedente, verùm Barro-Ducæam tellurem inter cætera commendat vinum quod abundanter incolis suis suppeditat, ab omnibus Europæ Regibus non ad delicias tantùm, sed ad sanitatem quoque tantoperè expetitum, & quibuslibet sumptibus comparatum, nec inconsultò, etenim ubique suavitatem salubritati junctam habet: neque crudeliter furit in caput Burgundum, nec pectus immaniùs dilacerat, nec in ventriculo & visceribus bilem adauget, eamve in efferatos motus adigit, uti Hispanicum, Italicum, Græcum; nec corpus emanat veluti Campanum, nec demùm sanguinis limpham coagulat, serumve ipsius salso-acidum reddit, indeque corpus ad arthrititem, rheumatismum, & calculos disponit uti Rhenanum vel Mosellanum: sed faucibus gratissimum, stomacho dulce & amicum, pectori balsamicum, capitique nec volatile nimìs nec turbidum est, ut constat experientiâ, atque cùm terræ sanguinem vitis exugat, ex vini qualitatibus potissimùm dignosci potest quænam sit natura effluviorum quæ terra suppeditat aëri, & cùm vinum Barro-Ducæum balsamicam valdè, cephalicam, pectoralem & stomachicam virtutem obtineat, nullum debet esse dubium quin easdem quoque virtutes possideant ea quæ ex tellure Barro-Ducæa in aërem exhalant miasmata. Nitrum atmosphæræ Barrisiensis sulphureum siccum, & vehementer explosivum est; hinc pulvis pyrius Ligniacus ex hoc nitro confectus cæteris quoad vim explosivum antecellit. Nec dubitandum quin aliquid pariter conferat nitrum istud ad temperamentum Barrisiensium.

Scientiarum Metropolis Ponti-Mussana civitas solum habet arenosum vix pingue, situm obtinet aspectu suo amœnissimum, ventis abundè perflatum, in Orientem & Septentrionalem sufficienter apertum, Meridionalibus ventis non usque adeò patentem; saluberrimus profectò foret agri & urbis Ponti-Mussanæ aër, si non tantoperè depressus foret ipsius situs, solumque ipsius arenosum aquis tam profundè non esset immersum, ex hoc enim maxima atmosphæræ ipsius humiditas conciliatur. Non idcircò tamen putes nocivum esse ipsius aërem, quinimò salubris & temperatus satis est ille; vapores enim aquei qui ipsi miscentur non uliginosi, non palustres, non ex fœtidis putridisve lacubus emergentes, sed ex limpidissimo, & arenosas semitas perambulante fluvio erumpentes, per arenæ porulos tanquam per cribrum percolati, nihil impuri secum vehunt in aëra, nihil corrosivi, nihil fœtidi & malè olentis, sed intra singulas ambientis aëris spirulas puram levissimamque spargunt aliquam, quæ nimium aëris elaterium aliquantulùm moderatur, aëreum nitrum in minutissimas moleculas dividit, salsedinemque ipsius attemperat; unde nihil corrosivum, nihil pungens percipitur in aëre Ponti-Mussano, qui æstate præsertim celeberrimus & temperatissimus est, obtundendæque bilis acrimoniæ opportunus, hyeme tamen (quo præcipuè tempore aquis totum immergitur solum) mollis nimis & humidus, atque idcircò corporibus fibras aliunde molles & laxas habentibus minimò commodus; in his enim potissimùm obtundit ingenii acumen, ut in biliosis efferati humoris acrimoniam retundit, in his obscurat animum dum in istis corpus illustrat; etenim cùm vagantia per aërem salia ex prædominio aquearum maximè soluta sint & comminuta, non possunt violento motu impetere in cutis fibras, aut aliquas in ipsâ corrugationes excitare, inde perpolita & æqualis remanet cutis superficies, nihil rude tangenti nihil asperum offert; non mireris itaque in muliebri sexu Ponti-Mussano, nihil rudis esse, nihil austeri, aër quo ibi vivitur, humidus est; & mollis nullaque nisi maximè perpolita salia continet, eâque proportione quâ emollit corpora eâdem & animos intenerescere facit.

Ob inductum corporis fibris mollitiem & laxitatem ab aëre humido fit ut Ponti-Mussani facilè ferant venæ sectiones, ipsisque valdè conferant; etenim cùm emollitæ ob atmosphæram humidam vasorum fibræ contractiones suas sufficienti elasticitatis robore non possint peragere, sanguis, defectu impulsûs cumulari debet, intra vasa hærere, inspissari tandemque putrescere, nisi venæ sectione tollas nimiam sanguinis resistentiam ad vasa pellentia: unde sufficiens venis & arteriis robur adveniat ad propellendum sanguinem. In solo præsertim Ponti-Mussano vulgaris est plethora ad vires quam hodie perperàm rejiciunt Medici.

Ut non omnes omni gaudent volucres aëre, ita nec homines; quibusdam siccus convenit, dum aliis humidus est opportunior; hi salubriùs degunt in denso, isti non nisi tenuioris & levioris pondus ferre possunt, alii colles, valles alii in habitaculum feliciter eligunt; & quidem cùm fibræ corporis nostri contorqueantur, seu componantur ex filamentis intortis, quasi hygrometrum singulæ constituunt, siccoque proinde aëre debent magìs contorqueri dum humido laxantur; atque sicut ex hygrometris quædam sunt quæ facilè & levi de causâ, vel etiam à minima vaporum quantitate detorquentur & laxantur, ea scilicèt quorum filamenta laxiùs intorta sunt, dum alia quæ strictiores & frequentiores intorsiones habent, non nisi in locis maximè humidis laxari possunt; ita etiam ex hominibus quidam corporis fibras tam laxè intortas habent ut vel leviter humido aëre offendantur & laxentur, dum alii quorum fibræ strictiùs contorquentur vix ab humidissimo aëre damnum aliquod patiuntur: verùm si corporis nostri fibræ totidem hygrometra componere videntur, quæ magìs vel minùs laxantur ab humido aëre, ita etiam corporis vasa thermometra constituunt, intra quæ contentus liquor variis suis motibus majoris vel minoris in aëre levitatis aut densitatis dat indicia, singulorumque hominum sanguis, in uno potiùs quàm in alio aere, æquilibrium invenit & acquirit.

Chêne Fossile trouvé dans les fondations des nouveaux murs de Nancy.

Extrait de la XXXIV. Lettre Périodique sur les Végétaux.

Vous ne serez pas fâché, M. si je vous communique dans la présente la découverte qu'on a faite l'année derniere (1768) en creusant les fondations des nouveaux murs de Nancy, capitale de la Province de Lorraine. On a trouvé un chêne d'environ cinquante pieds de longueur sur cinq de diametre ; ce chêne étoit de couleur d'ébene tant à l'intérieur qu'à l'extérieur ; il étoit néanmoins très-sain, à l'exception de quelques nœuds qui se trouvoient changés en une espece de charbon fossile. Il est probable que cet arbre y étoit enterré depuis plusieurs siecles, & qu'il n'a été entiéremeut couvert de terre qu'à la longue, par le changement de lit de la riviere de Meurthe qui passe actuellement à près de trois cens toises de l'endroit marécageux où il s'est trouvé, & où il étoit enfoncé environ à cinq pieds de profondeur.

Observation de M. Monnet, *des Académies de Turin & de Rouen,*

Sur la formation de la mine de plomb verd de la Croix en Lorraine.

La mine de plomb de la Croix en Lorraine offre en plusieurs endroits une espece de mine de fer grisâtre en place de gangue, qui paroît de peu de valeur, elle est toute remplie de cavités inégales ; c'est dans ces cavités qu'on trouve en quantité des crystaux de plomb verd.

On s'est apperçu que cette même roche de fer, mise dehors parmi les décombres, devenoit en peu de tems verte, aussi-bien que d'autres qui se trouvent à Ste. Marie. La curiosité m'ayant fait examiner ce que ce pouvoit être qui verdissoit ainsi ces roches, je crus réconnoître que c'étoit autant de petits cryptaux de plomb verd; d'où l'on voit que ces cryptaux s'étoient formés depuis que cette mine avoit été exposée à l'air.

M. Schereiber, Directeur de la mine, qui s'en étoit apperçu il y avoit long-tems, pour examiner la chose avec plus d'attention & pour avoir une plus grande certitude là-dessus, prit quelques morceaux de cette mine de fer, desquels il sépara exactement tout ce qui auroit été capable de rendre la chose équivoque. Il les lava bien & puis il les exposa dans son jardin sur une muraille. Il vit avec plaisir ces morceaux devenir insensiblement verds & au bout des six mois il y avoit des cryftaux très-sensibles à la vue, quoique les pluies eussent été très-fréquentes pendant ce tems.

Enfin au bout d'une année, tems auquel j'étois à Ste. Marie, M. Schereiber & moi examinâmes les morceaux de mine de cette maniere, pour nous assurer si ces cryftaux étoient véritablement du plomb verd. Nous les pilâmes d'abord & nous en fimes le lavage. Tout ce qui étoit verd, se précipita constamment au fond du vaisseau, pendant que nous survuidions l'eau pour faire sortir le fer. Nous eûmes dèslors une espece de certitude que c'étoit là effectivement de la mine de plomb, & cela fut confirmé par ce qui suit. Nous prîmes ce dépôt de plomb verd, nous le mêlâmes avec la premiere partie de son poids de flux noir. Nous mîmes ce mêlange dans un creuset d'essai : l'ayant placé dans le feu, nous l'y laissâmes pendant un bon quart d'heure, & nous en obtînmes un petit régule de plomb.

Pour voir si ce plomb contenoit de l'argent, nous le coupellâmes, & nous eûmes un petit bouton d'argent qui par son poids répondoit à un quart de l'or par quintal.

C'est là effectivement la quantité qu'en donne le plomb verd de la Croix.

Nous conclurons de cette observation que l'argent, ainsi que le plomb, se forme continuellement.

Plantes omises ou mal démontrées dans le Tournefortius Lotharingiæ.

ON trouve dans les bains de Plombieres une plante qu'on nomme *Byssus*. *Tremella palustris vulgari marinæ similis, sed minor & tenerior. Dill. Hist. Musc. c. 2. v. f. 2.*

On trouve auprès de l'Abbaye d'Hérival du *Globularia* & du *Gentiana cruciata*.

Mr. Saint-Denis, Médecin Stipendié à Dieuze, a observé dans les haies aux environs de cette Ville la saponaire à fleurs doubles. *Lychnis seu saponaria flore pleno.* Elle a une odeur agréable, fort approchant de celle de la fleur d'orange.

Ce Médecin a aussi observé dans la prairie de Dieuze, de même que dans des marais proche l'étang de Lindre & de Marsal, de la passepierre, fenouil-marin, bacile, herbe de S. Pierre. *Crithmum sive fœniculum maritimum minus. Pin.* 288. *Erithmum multi, sive fœniculum marinum. J. B. l.* 3. 2. *p.* 194. *Fœniculum marinum, sive em-*

petrum, aut calcifraga. Lob. icon. 392. *Crithmum marinum. Dod. Perupt.* 706. *Baticula five parva batis. Cæf.* 276.

Auprès de Héange on trouve du *Chryfanthemum foliis ferratis.*

Sur la route de Toul, auprès de Gondreville, de la turquette, *Herniaria.*

Aux environs de Toul & de Champé, auprès de Pont-à-Mouſſon, du *Xanthium*; on en voit auſſi dans l'iſle de Chambiere, près de Metz, de même que l'héliotrope, en abondance.

Entre Toul & Nancy, dans les bois de Haie, il y a de la pyrole & du cabaret.

Dans le bois de Hetcourt, village limitrophe de la Lorraine, on remarque de la petite centaurée, du millepertuis, de l'euphraiſe, du geneſt de deux eſpeces & de la tormentille.

Depuis Bar juſqu'à Ligny on y cultive une quantité de chanvre & de navets de la groſſe eſpece; on y voit croître naturellement de la millefeuille à fleurs purpurines, du *Blattaria* de deux eſpeces; dans les bois auprès de Void il y a beaucoup de genievre. Le *Doronicum radice ſcorpii*, n'eſt pas le tabac des Voſges, ainſi qu'il a été dit dans le Tournefort de Lorraine; la phraſe qui lui convient eſt le *Doronicum plantaginis folio alterum. Pin.* 185.

F I N.

TABLE
Des Noms Génériques.

A

Achates, 43.
Alkali, 59.
Amethystus, 48.
Anamites, 95.
Antimonium, 72.
Aqua, 135-136-138-139-140-141-142-143-144-145-146-147-148-149-150-151-152-153-154-155-156-157.
Ardesia, 33.
Arena, 17-18-19.
Argilla, 6-7-8-9.
Arsenicum, 70.
Astroïtes, 99.
Aurum, 79.

B

Belemnita, 87.
Bellaria, 127.
Bolus, 10.
Brocatella, 41.
Bucardites, 107.
Bucciniti, 101.

C

Calcareus, 20-21-22-23-24.
Canus, 110.
Caput, 84.
Cardiolithes, 8-7.

Cepaunia, 67.
Cerebrites, 109.
Chalcedonius, 42.
Chamiti, 102.
Chrystallus, 47.
Cobaltum, 71.
Cochlea, 105.
Cochlites, 117.
Cæruleum, 76.
Concha Veneris, 113.
Cornu, 83-93.
Cos, 34-36-38.
Creta, 5.
Cuprum, 75.

D

Dendrites, 124.
Dens, 81-82.
Dentaliti, 92.

E

Echiniti, 98.
Entrochitæ, 97.

F

Ferrum, 73.
Flos ferri, 30.
Fossilis, 32.
Fragmenta, 86-90.
Frondipora, 104.

C
Capax, 64.
Glacies, 140.
Glarea, 14.
Globositi, 121.
Granatus, 49.
Grando, 134.
Gryphiti, 100.
Gypsum, 26-27-28.

H
Hæmetites, 74.
Humus, 1-2-3-4.
Hyacinthus, 50.
Hydrargyrum, 68-69.

J
Jaspis, 44-45.

L
Lapis, 35-37-54-55-125.
Lignum, 123.
Lithontrax, 62-63.
Lumbrici, 122.
Luna, 78.

M
Marcassita, 66.
Marga, 11.
Marmor, 25.
Musculus, 94.

N
Nautilus, 111.
Nix, 131.

O
Ochra, 13.
Ossa, 85.
Ostracites, 96.

P
Passus, 112.
Patallites, 120.
Pectinites, 91.
Pectonculites, 115.
Pes, 80.
Plumbum, 77.
Pluvia, 130.
Pruina, 132-133.
Pseudo Corallum, 119.
Pyrites, 65.

Q
Quartzum, 46.

R
Rastellum, 106.
Rivus, 137.
Ros, 127-128-129.

S
Sabulum, 15-16.
Sal, 57-58-60-61.
Saxum, 52, 53.
Silex, 39-40.
Spathum, 29.
Stalamites, 31.

T
Talcum, 51.
Tellini, 114.
Terra, 12.
Troci, 108.
Tubularia, 118.

V
Voluti, 116.
Uva, 126.

Fin de la Table des Noms Génériques.

TABLE
Des Noms Synonymes.

A

Æs, 75.
Alabastrum, 26.
Aphronatum, 59.
Ammonia, 93.
Ammonites, ibid.
Aqua, 137-140.
Argentum, 78.
Astacolythus, 118.
Azutum, 76.

C

Cadmia, 71.
Canaliti, 92.
Cinnabaris, 59.
Conchytes, 89.
Cochlea, 117.
Cuculliti, 116.

E

Echinodermata, 98.

G

Gemma, 49-50.
Glarea, 14.
Gypsum, 27.

L

Lithocardites, 89.

M

Minera rubra, 69.
Mytuli, 94.

N

Neptuni cerebrum, 109.

O

Onix, 42.

P

Porphyrites, 45.

S

Saturnus, 77.
Schistus, 62-74.
Selenites, 28.
Silex, 39-46.
Stibium, 72.
Succinum, 64.

T

Terebratulæ, 95.
Tubuliti, 92.
Turbo, 103.

V

Venus, 75.
Volvolæ, 97.

Fin de la Table des Noms Synonymes.

TABLE
Des Noms François.

A

Agathe, 43.
Albâtre, 26.
Améthyste, 48.
Antimoine, 72.
Ardoise, 32-33.
Argille, 6-7-8-9.
Argent, 78.
Arsenic, 70.
Azur, 76.

B

Bélemnites, 87.
Bleu, 76.
Bois, 123.
Bol, 10.
Boucardes, 89-107.
Buccinites, 101.

C

Cailloux, 39-40-41.
Calcédoine, 42.
Cérébrites, 109.
Chamites, 102.
Charbon, 62.
Crystal, 47.
Cinnabre, 69.
Cobalt, 71.
Cœur, 89.
Conque de Venus, 113.
Cornes, 83-93.
Cornets, 116.
Cos, 34.
Crabe, 110.

Craie, 8.
Crête de coq, 106.
Cuivre, 75.

D

Dendrites, 124.
Dent, 81-82.
Dentalites, 92.
Dragées, 127.

E

Eau, 136-138-139-140-141-
142-143-144-145-146-147-
148-149-150-151-152-153-
154-155-156-157.
Ecrevisse, 86.
Entroques, 97.
Escargots, 117.

F

Faux corail, 119.
Fer, 73.
Fragmens, 86.

G

Gazons, 90.
Gelée, 132.
Glace, 140.
Grais, 35-36-37-38.
Granit, 52.
Gravier, 15, 16.
Grêle, 134.

Grenat

Grenat, 49.
Gryphites, 100.
Gyps, 27-28.

H

Hématite, 74.
Houille, 63.
Huitres, 96.
Hyacinthe, 50.

J

Jafpe, 44.
Jayet, 64.

L

Lepas, 120.
Limaçons, 117.

M

Madrepore, 104.
Marbre, 25.
Marcaffite, 66-67.
Mercure, 68.
Moules, 94.
Mufculites, ibid.

N

Nautilite, 111.
Neige, 131.
Néricitie, 105.

O

Ochre, 13.
Or, 79.
Os, 85.
Ourfins, 98.

P

Pas de poulain, 112.

Patoncle, 115.
Patte, 80.
Peignes, 91.
Pierres, 20-21-22-23-24-54-55-99-125.
Plomb, 77.
Pluie, 130.
Porphyre, 45.
Pyrite, 65.

Q

Quartz, 46.

R

Raifin, 126.
Roche, 53.
Rofées, 127-129.
Ruiffeau, 137.

S

Sables, 14-17-18-19.
Sabots, 108.
Sel, 57-58-59-60-61.
Serein, 128.
Spath, 29.
Stalactite, 30.
Stalagmite, 34.

T

Talc, 51.
Tellinites, 114.
Terebratules, 95.
Terre, 1-2-3-4-11-12.
Terreau, 1.
Tête, 84.
Tonnes, 120.
Tubulaires, 118.

V

Verglas, 123.
Vers, 122.
Vis, 103.
Volutes, 116.

Fin de la Table des Noms François.

TABLE

Des Villes & Villages.

A

Ashe, 137.
Agincourt, 152.
Ajaret, 97.
Albe, 138.
Ailloncourt, 65.
Aire, 138.
Aisne, *ibid.*
Alteville, 37.
Amancieule, 138.
Amonville, 36.
Ancerville, 47.
Angecourt, 36.
Apach, 2.
At, 137.
Attainville, 73.
Auger, 137.
Aviere, 138.
Auterupt, 79.
Autreville, 91-94-96.

B

Baccarat, 37.
Badonviller, 91.
Bagecourt, 65-91-93-97.
Bagniécourt, 152.
Baignerot, 138.
Bains, 145.
Bancourt, 89.
Bar, 10-89-93-126.
Baronville, 36.
Barrois, 73.
Basaumont, 123.
Bazoilles, 138.
Beaumarais, 73.
Beaulong, 137.
Belleau, 85-93-125.
Belliard, 137.
Belvutte, *ibid.*
Berick, 142.
Benestroff, 36.
Bening, 9.
Besaumont, 96.
Betting, 73.
Bezange, 152.
Bievre, 138.
Bisbak, 27.
Blâmont, 47.
Blanc-Chesne, 152.
Blauberg, 75-76.
Blette, 138.
Blise, *ibid.*
Bourville, 23-93.
Boncourt, 73-96-103-118-120-121.
Bonnefontaine, 149.
Boulay, 50-77-92.
Bourmont, 87-89-96-111.

Bouconville, 139.
Bouxieres-aux-Dames, 91-94-96.
Brems, 138.
Brenou, ibid.
Brichet, 137.
Brotterhorff, ibid.
Bruyeres, 17.
Buiſſoncourt, 15-28-94-95.
Bullia, 137.
Bult, 43-94.
Buſſang, 75-78-146.
Buthegnémont, 22.

Conflans, 73-93.
Coſné, 138.
Contrexéville, 147.
Corrupt, 96.
Couvay, 47.
Créange, 63-73-117.
Creve, 93-96-122.
Crevy, 88-91-93-96-99-100-101-102-114-116.
Croix-aux-mines, 75-78.
Crugelborn, 5.
Crune, 138.
Cuſtine, 91-94-96.

C

CalmezWeiller, 43.
Caſtel, 73-75.
Ceronner, 91.
Chalaine, 36.
Champigneulle, 91-94-96.
Champogney, 36.
Champs-aux-Bœufs, 22.
Charleville, 93-100.
Charmois, 98.
Château-Regnault, 33.
Château-Salins, 57-142.
Chatenoy, 87.
Chavelot, 91.
Chaumont, 137.
Chez, 138.
Chiers, ibid.
Choloy, 91.
Chonville, 137.
Chypal, 25-68-71-75-77-78-79.
Clement, 36.
Clévant, 91-94-96.
Colmey, 137.
Colombey-aux-Belles-Femmes, 36.
Colon, 137.
Commercy, 31-36-66-73-89-118-139.

D

Dann, 149.
Delme, 37-90.
Deſtord, 65-91-93-96.
Dieuze, 31-36-57-60-139-142.
Dieulouard, 82-89-93-98-106-112.
Dombaſle, 142.
Domèvre, 65-91-93-96-97-152.
Dompierre, 65-91-93-98-99.
Domptaille, 102.
Domvillers, 36.
Doncieres, 91-96.
Donon, 73.
Dun, 104-107.

E

Eaugrogne, 138.
Eigle, ibid.
Eiguel, ibid.
Einville, 26.
Engreshin, 137.
Epinal, 47-65-93-97-105-113.
Eſcherange, 36.

Espence, 137.
Eulmont, 152.
Evron, 138.

F

Fanche, 137.
Falck, 77.
Fauconcourt, 102.
Faves, 138.
Fautter, 66.
Faux, 152.
Fay, 98.
Fenche, 138.
Féneſtrange, 139.
Ferrieres, 73.
Flavigny, 124.
Flins, 10.
Floing, 37.
Fontenoy, 47-65-88-91-93-97-98-99-100-101-105-107-111-122.
Fontet, 152.
Fontigny, *ibid*.
Fougerol, 137.
Fraiſen, 43.
Framont, 19-73-74.
Frambar, 137.
Freſne, 152.
Freſſe, 75.
Friſon, 152.

G

Gerarmer, 141.
Germigny, 36-137.
Geſluter, 50-90-93-96-97.
Girecourt, 65-91-93-96-98-99-101-102.
Girouet, 137.
Golbey, 91.
Gorze, 137.
Graſigny, 87.

Grieſborn, 63.
Grimont, 41.
Gros Termes, 152.
Guentrange, *ibid*.
Guenange, 21-37.
Gugnécourt, 65-91-93-96.

H

Hablainville, 91.
Haraucourt, 73-88-91-93-96-99-100-101-102-114-116.
Hardoncourt, 93-102-113.
Hargarten, 62-63-77.
Harreville, 73.
Haucheloupt, 152.
Heange, 73.
Helhing, 27-36.
Helpelmont, 19.
Hemmering, 36.
Hermé, 33.
Hermomont, 93-123.
Hettange, 73.
Houdremont, 37.
Hincange, 35.
Hondelfangen, 63.
Horn, 138.
Houdemont, 22.

I

Illon, 137.
Iron, 138.
Iſch, *ibid*.
Juſtemont, 87.

K

Knutanger, 73.

L

La Chapelle, 57.

LOTHARINGIÆ. 379

La Chauſſée, 139.
La Croix, 68-71-77-79.
Laimont, 152.
Lalay, 62.
La Marche, 73.
Langres, *ibid.*
Lanterne, 138.
Lapierre, 36.
Laudemont, 93-96-123.
Laxou, 22.
Lehack, 73.
Leber, 138.
Les Remilly, 36.
Leſſy, 89-91-98-99.
Lezey, 142.
Lievre, 77.
Liffel, 98.
Ligny, 12-36-38-73.
Lindre, 139.
L'Iſle-en-Barrois, 85.
Liſſey, 39.
Liverdun, 98.
Lixheim, 139.
Loizy, 93-96-123.
Longeau, 137.
Longuemer, 141.
Longueville, 28-91-93-94-99-100-102.
Longwy, 12-56-125.
Lorquin, 73.
Lorry devant Metz, 89-91-99.
Lorry devant le Pont, 104.
Louvigny, 100.
Lubine, 75.
Lucey, 91.
Luneville, 22-27-73.
Luſſe, 75-78.

M

Madin, 138.
Madon, 138-152.
Magnieres, 91-102.
Maid, 137.
Malmaiſon, 73.
Mance, 137.
Mangiennes, 73.
Marthon, 77.
Martigny, 22-87-91-102.
Marſal, 142.
Marſoupe, 137.
Maxéville, 25.
Menil-la-Tour, 91.
Metz, 3-12-14-15-21-23-28-36-37-41-62-66-73-80-81-87-88-99-102-103-104-112-114-123-142-152.
Meurthe, 15-138.
Meuſe, 39-40-46-138.
Millery, 23-51-62-66-85-86-87-89-91-93-94-102-111-115-117-123-152.
Miſloch, 75-77-78.
Mirecourt, 91.
Moyemont, 102.
Moivron, 73.
Montet, 22.
Montmédy, 36-125.
Mont Ste. Marie, 94-124.
Morbache, 89-93-98-106-112.
Morhange, 91-142.
Mortagne, 138-152.
Mory, 137.
Moſelle, 15-39-40-43-54-93-124-138.
Mouſſon, 36-84-150.
Mouzon, 138.
Moyen, 91-93-95-96.
Moyenmoutier, 34-47.
Moyenvic, 7-57-73-142.

N

Nancy, 9-12-20-22-25-32-

VALLERIUS

36-46-58-73-87-93-97-100-102-107-150.
Natain, 82.
Neuné, 137.
Neufchâteau, 38-73-91-138.
Neuvillers, 18.
Neuveville, 97.
Niderhoff, 36.
Nied Allemande, 138.
Nied Françoise, *ibid.*
Nomecourt, 91.
Nomeny, 96.
Norroy devant le Pont, 22-36-88-91-93-94-95-98-99-101-103-106-107-117-118-123.
Nossoncourt, 91-96.
Novian, 98.

O

Obstetein, 43.
Ornain, 138.
Orne, *ibid.*
Oron, 91-93-100-102.
Ottain, 138.

P

Padoue, 91.
Pagny, 104.
Pagney-la-Blanche-Côte, 36.
Paterhut, 141.
Paray, 95.
Pierre, 37.
Pierry, 137.
Plaine, 138.
Plane, *ibid.*
Plantieres, 93, 94.
Platteville, 89-91-95-98-99-152.
Plombieres, 11-47-55-96-97-143-144.

Pompey, 93-95-124.
Porcelite, 36-73.
Porcieux, 152.
Pont-à-Mousson, 9-51-85-86-87-89-91-93-96-97-100-102-107-109-111-115-117-123.
Puttelange, 63-73.

R

Ramberviller, 43-65-91-93-96-97-101-113-152.
Rapodon, 138.
Reignier-la-Salle, 36.
Remiremont, 11-47-49-65-75-77-78.
Remouoville, 98.
Retournemer, 141.
Richemont, 87.
Roden, 15.
Romont, 93-102-113.
Rosieres, 27-51-58-91-93-95-142.
Rosselle, 138.
Rupt-de-Mad, 89-98-106-122.

S

Saizeray, 89-93-98-106-122.
Salone, 142.
Salsbroon, *ibid.*
Sanon, *ibid.*
Saralbe, *ibid.*
Sarmoise, 152.
Sarre, 15.
Sare-Louis, 35-36-50-63-73-76-90-96-97.
Sarbruck, 63.
Savoniere en Perthois, 36.
Scarpane, 82-89-98-105-122-123.

Schambourg, 5-13-42-43-44. Saint-Nicolas, 77-97-116.
Schwalbe, 138. Saint-Pancré, 73.
Scy, 89-91-98-99. Saint-Praye, 34-47.
Sedan, 36. Saint-Quentin, 28-37-92-94-
Seille, 82-100-138-142. 114.
Semouze, 138. Saint-Thiébault, 73-150.
Serbeville, 27.
Serriere, 85-93-123. T
Servigny, 36. Tamary, 31.
Sierck, 25-35-48. Teintrux, 137
Signi-Mont-Libert, 73. Thiaucourt, 89-93-98-105-
Siſtroff, 36. 122-139.
Spin, 138. Thicourt, 73-81-91-93-95-97-
Sorcy, 85. 98-101-103-111-117-120.
Saint-Amand, 73. Thillot, 75-78.
Saint-Avold, 9-36-50-92. Thimonville, 91-93-100.
Sainte-Barbe, 25-62. Thionville, 21-25-27-36-37-
Saint-Blaiſe, 85-89. 48-90-152.
Sainte-Croix, 78. Thuiley-aux-Groſeilles, 137.
Sainte-Catherine, 25-87-89- Toul, 36-37-85-87-98-101-
126. 102-104-116-117-152.
Saint-Epvre, 152. Toutweiller, 63.
Saint-Geneſt, 102. Tremont, 36.
Saint-Germain, 36.
Sainte-Genevieve, 22-93-96- V
123.
Saint-Gorgon, 96-97-101. Vadonville, 138.
Sainte-Hélene, 96-97-101. Vagney, 42-43-45-47-137.
Saint-Hoïlde, 152. Val d'Ajol, 43-47-65-96.
Saint-Hypolite, 62. Val-de-Lievre, 70-71-75-78.
Saint-Julien, 41. Val-de-Ville, 62.
Saint-Laurent, 12. Val-Saint-Diey, 75.
Sainte-Marie, 25-29-30-66- Valliere, 14.
69-70-75-77-78-88-98-126. Vallois, 91.
Sainte-Marie-aux-Mines, 47- Valmerange, 36.
70-77. Vandeuvre, 22.
Saint-Maurice, 102-113. Vaucouleurs, 36.
Saint-Mihiel, 87-88-89-91- Vaudrevange, 75-76.
92-93-94-95-99-100-101- Verbach, 137.
103-105-107-108-114-116- Verdun, 37-89-93-119.
118-120-121-124-125-126- Veſon, 152.
127-139. Vezelize, *ibid.*
Saint-Mont, 47-51. Vezouze, 138.
Vic, 15-23-24-27-100-152.

VALLERIUS

Vicheray, 137.
Vieville-en-Haie, 89-93-98-106 122.
Ville-Issey, 36.
Villers, 22-93-137.
Villers-le-Prud'homme, 123.
Villoncourt, 91-93-96.
Viterne, 22-36.
Vitry, 36.
Void, 138.
Vomécourt, 43.

Vologne, 138.
Vraine, *ibid*.
Vosges, 45-73.
Walsbroon, 148.

X

Xaffeviller, 91-96.
Xirey, 73.

Z

Zelle, 138.

Fin de la Table des Villes & Villages.

TABLE GÉNÉRALE
Des Matieres.

Dédicace,	iij
Préface,	v
Introduction,	1
Classe I. Des Sables & Terres,	ibid.
Classe II. Des Pierres & Cailloux,	8
Classe III. Des Minéraux & Métaux,	20
Classe IV. Des Fossiles & Pétrifications,	31
Classe V. Des différentes espèces d'eau,	50
Observations sur le Regne Minéral de la Lorraine,	67
Mines anciennement exploitées en Loraine, & dont quelques-unes le sont encore de nos jours,	68
Cabinets de Minéralogie,	71
Professeur en Chymie,	93
Amateurs en Chymie & Histoire Naturelle,	94
Extrait d'une Lettre de M. Lottinger sur les Eaux minérales de Sarbourg,	96
Observations & Recherches sur l'ancienne Fontaine de Pétrole du Comté de Bitch,	98
Dissertation sur les Eaux de Bussang, par M. Bagard,	119
Extrait de l'Essai sur la Lorraine, par M. Andreu de Bilistein,	139
Analyse des Eaux savonneuses de Plombieres, par M. Malouin,	140
Mémoire sur les Eaux minérales de Nancy, par M. Bagard,	172
Dissertation sur deux maladies compliquées & très-dangereuses, guéries au moyen de l'eau de S. Thiébaut, par M. Marquet,	177
Mémoire en forme de Lettre, par le P. Bonnetier, sur les Fossiles des environs de Scarpone,	184
Mémoire pour servir à l'Histoire Naturelle des environs de Pont-à-Mousson, par le P. Lejeune,	188
Énumération des Fossiles de la Lorraine, du Barrois & des Trois-Evêchés, par M. d'Argenville,	207

Extrait de l'Essai sur les Duchés de Lorraine & de Bar, par M. Andreu de Biliſtein, 220

Extrait d'un Mémoire ſur l'Oriȼtologie Lorraine, par M. Guettard, 222

Carriere de marbre découverte en Lorraine, 244

Diſſertation ſur les Eaux minérales de Walſbroon, par M. Bagard, 245

Eſſai analytique ſur les Eaux minérales de Walſbroon, par M. Willemette, 258

Obſervations ſur la terre & les pierres de Plombieres, par M. Andry, 261

Mémoire ſur les Eaux thermales de Bains, par M. Morand, 264

Obſervatins ſur le Thermometre & l'Aréometre plongés dans les eaux de Bains, 272

Noms des Auteurs qui ont écrit ſur les Eaux minérales de Plombieres, 273

Fontaines minérales peu connues en Lorraine, dont on n'a aucune analyſe, 275

Sentimens & autorités des Auteurs ſur la fontaine de Walſbroon, 277

Mémoire pour ſervir à l'Hiſtoire Naturelle & Médicale des Eaux de Plombieres, par M. Morand, 279

Obſervation ſur le Thermometre plongé dans les eaux thermales de Plombieres, 313

Extrait du voyage de Syberie, ſur les montagnes des Voſges, 317

Theſis Medica de Temperatura diverſorum Lotharingiæ Tractuum, 366

Chêne foſſile trouvé dans les fondations des nouveaux murs de Nancy, 366

Obſervation de M. Monnet ſur la formation de la mine de plomb verd de la Croix en Lorraine, 367

Plantes ômiſes ou mal dénommées dans le Tournefortius Lotharingiæ, 369

Table des Noms Génériques, 371

Table des Noms Synonymes, 373

Table des Noms François, 374

Table des Villes, Villages, Rivieres & Ruiſſeaux, 376

Fin de la Table Générale.

APPROBATION.

J'Ai lu, par ordre de Monseigneur le Vice-Chan-lier, un manuscrit intitulé : *Vallerius Lotharingiæ, ou Catalogue des Mines, Terres, Fossiles, Sables & Cailloux de la Lorraine, avec leur usage en Médecine;* par M. Pierre-Joseph BUC'HOZ, &c. L'Auteur parle encore dans cet Ouvrage des Eaux minérales & de celles qu'on boit ordinairement. Il donne de plus des Mémoires qui lui ont été communiqués, des Lettres à lui écrites, des Extraits d'Ouvrages ou de Mémoires qui ont déja été imprimés par différens Naturalistes, & qui regardent les Eaux ou les Minéraux de la Lorraine. Cette Collection donnera une idée de la Minéralogie & & de l'Hidrologie de cette Province. Je crois qu'elle peut être imprimée & qu'elle ne contient rien qui puisse en empêcher l'Impression. A Paris, ce 29 Mars 1768. GUETTARD.

PERMISSION DU ROI.

LOUIS, par la grace de Dieu, Roi de France & de Navarre : A nos amés & féaux Conseillers, les Gens tenans nos Cours de Parlement, Maîtres des Requêtes ordinaires de notre Hôtel, Grand Conseil, Prévôt de Paris, Baillifs, Sénéchaux, leurs Lieutenans Civils & autres nos Justiciers qu'il appartiendra : Salut. Notre amé le Sieur BUC'HOZ, Docteur en Médecine, Nous a fait exposer qu'il desireroit faire imprimer & donner au public : *Un Ouvrage de sa composition, intitulé:* Vallerius Lotharingiæ, *ou Catalogue des Mines, Terres, Fossiles, Sables de la Lorraine, avec leur usage,* s'il Nous plaisoit lui accorder nos Lettres de Permission pour ce nécessaires. A ces causes, voulant favorablement traiter l'Expofant, Nous lui avons permis & permettons par ces Préfentes, de faire imprimer ledit ouvrage autant de fois que bon lui femblera, de le faire vendre & débiter partout notre Royaume pendant le temps de trois années confécutives, à compter du jour de la date des Préfentes. Faifons défenfes à tous Imprimeurs, Libraires, & autres perfonnes, de quelque qualité & condition qu'elles foient, d'en introduire d'impreffion étrangere dans aucun lieu de notre obéiffance. A la charge que ces Préfentes feront enrégiftrées tout au long fur le régiftre de la Communauté des Imprimeurs & Libraires de Paris, dans trois mois de la date d'icelles ; que l'impreffion dudit ouvrage fera faite dans notre royaume & non ailleurs, en beau papier & beaux caracteres, que l'Impétrant fe conformera en tout aux Réglemens de la Librairie, & notamment à celui du 10 Avril 1725, à peine de déchéance de la préfente Permiffion ; qu'avant de l'expofer en vente, le manufcrit qui aura fervi de copie à l'impreffion dudit ouvrage, fera remis dans le même état où l'approbation y aura été donnée, és mains de notre très-cher & féal Chevalier, Chancelier de France, le fieur DE LAMOIGNON, & qu'il en fera enfuite remis deux exemplaires dans notre Bibliotheque publique, un dans celle de notre Château du Louvre, un dans celle dudit Sieur DE LAMOIGNON, & un dans celle de notre très-cher & féal Chevalier, Vice-Chancelier & Garde des Sceaux de France, le fieur DE MAUPEOU : le tout à peine de nullité des Préfentes ; du contenu defquelles vous mandons & enjoignons de faire jouir ledit Expofant & fes ayans caufes, pleinement & paifiblement, fans fouffrir qu'il leur foit fait aucun trouble ou empêchement. Voulons qu'à la copie des Préfentes qui fera imprimée tout au long, au commencement ou à la fin dudit ouvrage, foi foit ajoutée comme à l'original. Commandons au premier notre Huiffier ou Sergent sur ce requis, de faire pour l'exécution d'icelles, tous actes requis & nécessaires, sans demander autre permission, & nonobstant clameur de haro, charte Normande & lettres à ce contraires; Car tel est notre plaisir. Donné à Versailles le quatrieme jour du mois de Mai l'an mil sept cent soixante-huit & de notre regne le cinquante-troisieme.

Par le Roi en son Conseil.
LE BEGUE.

Régistré sur le Régistre XVII. de la Chambre Royale & Syndicale des Libraires & Imprimeurs de Paris, N°. 1661. Fol. 428, conformément au Réglement de 1723. A Paris, le 10 Mai 1768.

GANEAU, *Syndic.*

CESSION.

J'Ai cédé au Sieur CLAUDE-SIGISBERT LAMORT, Imprimeur à Nancy, la présente Permission. A Paris, ce 20 Juillet 1768. BUC'HOZ.

Régistré la présente Cession sur le Régistre XVII. de la Chambre Royale & Syndicale des Libraires & Imprimeurs de Paris, No. 470. conformément aux anciens Réglemens confirmés par celui du 28 Février 1723. A Paris, ce 22 Juillet 1768.

BRIASSON, Syndic.

Additions & Corrections.

A L'article des Professeurs de Chymie, quand nous avons dit que malgré qu'il y eut à Pont-à-Mousson un Professeur de Chymie, on n'y enseignoit pas cette science ; ce n'étoit pas par défaut de capacité dans le Professeur qui étoit fort éclairé sur cet objet ; mais c'étoit faute de laboratoire, de vaisseaux chymiques & de fonds suffisans pour en démontrer les opérations.

A l'article des observations de M. Audry sur l'*Arnica*, il est fait mention de certains vers qui se trouvent sur cette fleur ; la description qu'il en donne, n'est pas tout-à-fait conforme aux observations des Naturalistes modernes ; ce qu'il appelle feve dans ces vers, est leur état de Chrysalide.

Le Mémoire de M. Morand, qu'il nous a communiqué depuis près de deux ans & qui se trouve dans ce Recueil, est actuellement imprimé dans les Mémoires des Savans Etrangers que l'Académie Royale des Sciences a publié sur la fin de l'année 1768. Ce Médecin a rédigé pendant son séjour à Plombieres, un petit ouvrage badin, qu'il a intitulé, *Amusemens de Plombieres*, dans le goût des Amusemens de Spa ; il se propose de mettre incessamment cet Ouvrage au jour.

www.ingramcontent.com/pod-product-compliance
Lightning Source LLC
Chambersburg PA
CBHW071858230426
43671CB00010B/1392